21世纪高等院校教材

GPS定位技术与应用

主　编　吴学伟　伊晓东
副主编　龚文峰　徐　锋
主　审　郭英起

科学出版社
北　京

内 容 简 介

本书重点介绍了GPS定位技术的基本理论和方法,并列举了GPS在经济建设多个领域的发展思路和实施方案。全书共8章,主要内容包括:绪论;GPS卫星运动轨道及卫星定位信号;GPS定位基本原理;GPS定位误差分析;GPS测量的技术设计与实施;GPS测量数据处理;GPS接收机;GPS定位技术的应用。本书结构简洁,内容翔实,简单易懂。

本书可作为高等院校土木工程、测绘专业本科生教材,也可供相关领域的科研工作者和技术人员参考。

图书在版编目(CIP)数据

GPS定位技术与应用/吴学伟,伊晓东主编.—北京:科学出版社,2010
21世纪高等院校教材
ISBN 978-7-03-029653-5

Ⅰ.①G… Ⅱ.①吴…②伊… Ⅲ.①全球定位系统(GPS) Ⅳ.①P228.4

中国版本图书馆CIP数据核字(2010)第231849号

责任编辑:杨 红 赵 冰/责任校对:朱光兰
责任印制:徐晓晨/封面设计:耕者设计工作室

科学出版社出版
北京东黄城根北街16号
邮政编码:100717
http://www.sciencep.com
北京捷迅佳彩印刷有限公司 印刷
科学出版社发行 各地新华书店经销
*
2010年12月第 一 版 开本:B5(720×1000)
2019年11月第五次印刷 印张:14 3/4
字数:290 000

定价:49.00元

(如有印装质量问题,我社负责调换)

前　言

全球定位系统(GPS)技术的出现,是20世纪后人类在空间信息技术探索中的一次革命,由于GPS定位技术具有精度高、速度快、操作简单等优点,因此它已是测绘空间信息采集的主要手段。从载波相位相对测量定位技术到差分定位技术再到广域差分定位技术,GPS定位精度已达厘米级甚至毫米级以上,这是常规测量技术难以比拟的。

随着GPS定位技术不断走向成熟,其应用的领域也在广度和深度上得到发展和扩大。除了传统的测绘领域外,GPS技术在军事部门、交通部门、邮电部门、地矿石油部门以及农业、气象、旅游、土地管理、防灾减灾、建筑、物流等部门和行业都得到了普及和应用。

自从1993年GPS定位系统开始正式实施以来,由于GPS软硬件设备的不断完善,面向对象应用的功能不断加强,其价格也在不断下降,这为GPS定位技术的应用走向普及提供了便捷的通道。

而现代GPS定位技术已经进入了一个基于网络化并与多学科交叉的实用阶段,并能为与空间信息定位有关的行业提供动态、快速、准确、全域的定位服务。仅以测绘行业应用为例就可见一斑:

首先,GPS作业有着极高的精度。它的作业不受距离限制,小到一个施工现场点位定位,大到全球范围的地壳形变监测。

其次,GPS定位技术大大提高了定位工作的速度和质量。例如,在工程测量中,相对于常规测量方法,GPS定位技术不仅降低了劳动作业强度,而且使作业效率提高3倍以上。

最后,GPS定位技术彻底改变了传统测量模式。例如,GPS-RTK能实时地给出所在位置的空间三维坐标。这给与实时定位工作有关的工程测图、放样、建筑物的结构健康监测等都带来了便捷。

因此,本书就是在上述GPS定位技术应用背景框架的思路下编写的。书中首先介绍了GPS定位技术的发展现状,重点分析了GPS定位系统的组成和参考基准。在介绍GPS定位基本原理时,对两种主要的GPS差分定位方式(包括基于伪距差分测量和载波相位差分测量)进行了介绍。由于GPS面向应用的行业的多样性,不同行业对GPS精度的选择也不同。在第4章中,主要介绍了GPS定位误差的来源和影响大小及其削弱方法。从测量专业的角度出发,第5章和第6章从GPS测量的外业工作和内业工作出发,分别对GPS测量实施方法、GPS网平差进行了较详细的介绍。本书的一个重点是突出了 GPS 的应用,在第 8 章,用了较大的篇幅分析了 GPS 定位技术在各个行业尤其是与测绘技术有关的应用现状。考虑到卫星定位技术的迅速发展,本书也对其他卫星定位系统,如俄罗斯的“格洛纳斯”卫星导航系统(GLONASS)、我国的“北斗”卫星导航系统(CNSS)、欧洲“伽利略”卫星导航系统(Galileo)进行了介绍和比较。全书既强调了 GPS 基础理论和方法的重要性,也兼顾了 GPS 在应用领域的现实性。

全书共 8 章,分别由东北林业大学、大连理工大学、黑龙江大学等高校相关教师协作完成。其中第 2、4、5、7 章和附录由东北林业大学的吴学伟执笔,第 1、6 章和第 8 章的前四节由大连理工大学的伊晓东执笔,第 3 章由黑龙江大学龚文峰执笔,第 8 章的后两节由大连理工大学城市学院的徐锋执笔。全书由黑龙江工程学院的郭英起主审。

本书主线清晰、结构简洁,以面向应用为重点,既适合高等院校测绘类专业本科生使用,也适合高等工科院校非测绘类本科生或研究生使用;同时也可供从事与 GPS 定位和导航工作相关的科研工作者和技术人员参考。

书中借鉴了许多同行的应用实例,在此表示衷心的感谢。同时,由于作者水平有限,书中不足之处在所难免,诚请广大读者和同行提出宝贵的意见。

编　者

2010 年 9 月

目　　录

第1章　绪　　论

进入20世纪后，人类对空间信息技术的开发进入快速发展时期，从航空摄影测量技术开始，人类第一次可以站在高空观测并描绘自己居住的家园。而随着1957年第一颗人造卫星SPUTNIK-1的发射成功，人类又站在更高的太空上以更广的视野去观测自己生活的星球。20世纪知识大爆炸的背景，大大促进了多种空间信息科学技术的发展，全球定位系统就是其中的典型代表。

全球定位系统(GPS)即“授时与测距导航系统/全球定位系统”(NAVSTAR/GPS，navigation system timing and raging/global positioning system)的简称，它由美国政府组织研究，历经约20年的探索和试验，从1973年开始，到1993年全部建成并投入使用。GPS是伴随现代科学技术的迅速发展而建立起来的新一代精密卫星导航和定位系统，不仅具有全球性、全天候、连续的三维测速、导航、定位与授时能力，而且具有良好的抗干扰性和保密性。其作业特点具体体现在如下三个方面。

(1) 全球、全天候工作：GPS能为用户提供连续、实时的三维位置、三维速度和精密时间，不受天气的影响。

(2) 定位精度高：目前GPS单机定位精度优于10m，若采用差分定位，精度可达厘米级和毫米级。

(3) 功能多、应用广：GPS不仅在测量、导航、测速、测时等方面体现出其便捷和快速，而且在其他方面也得到了广泛的应用。GPS技术率先在大地测量、工程测量、航空摄影测量、海洋测量、城市测量等测绘领域得到了应用，并在军事、交通、通信、资源、管理等领域展开了研究并得到广泛应用。

随着全球定位系统的不断改进，软、硬件的不断完善，GPS应用的领域也正在不断地拓展，目前已遍及国民经济各个部门，并开始逐步深入到人们的日常生活中。

1.1　GPS定位技术发展概述

1.1.1　GPS定位技术的提出

GPS定位技术的出现不是偶然的，它是多种学科成果发展和融合的结果，包括卫星在轨技术、空间大地测量技术、无线电数字通信与导航技术等，下面列出几个支持GPS发展的关键支持技术。

1. 多普勒频移效应与子午卫星定位技术

1）多普勒频移效应

当波源与观测者做相对运动时，波源发射频率与观测者接收频率产生了频移现象，这一现象由奥地利物理学家多普勒于1842年发现，被称为多普勒频移效应。

如图1-1所示，设 f_S 为卫星波源发射频率，f_R 为测站接收频率，C为光速，α 为卫星波源运动方向与测站方向间的夹角，v 为波源运动速度，测站接收频率与卫星波源发射频率有如下关系：

$$f_R = \frac{c}{c - v \cdot \cos\alpha} \cdot f_S \tag{1-1}$$

而 $\Delta f = f_S - f_R$ 称为多普勒频移。

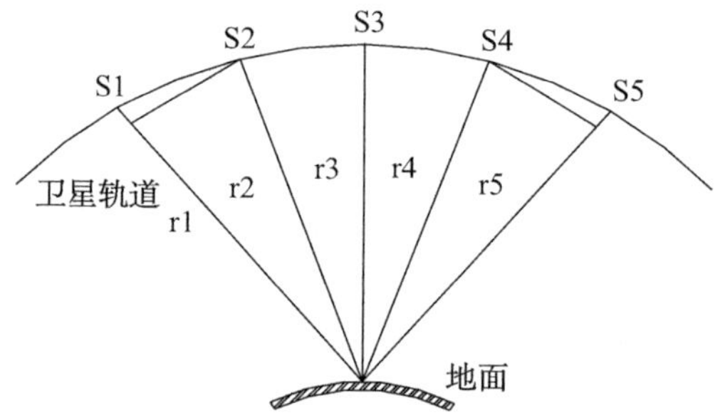

图1-1　多普勒频移效应

产生多普勒频移的主要原因是卫星到测站的径向相对速度 v_1 变化，即

$$v_1 = \frac{\mathrm{d}r}{\mathrm{d}t} = -v \cdot \cos\alpha \tag{1-2}$$

若把式(1-1)代入式(1-2)中，则有

$$f_R = \left(1 - \frac{v_1}{c}\right) \cdot f_S \tag{1-3}$$

或

$$v_1 = c \cdot \frac{\Delta f}{f_S}$$

因此，多普勒频移与卫星到测站的径向相对速度 v_1 成正比，如果等时间间隔求算出卫星S1和S2、S2和S3……之间的平均频移量，就能利用积分方法求出相应的时间间隔段 dt 下径向平均相对速度，再乘以 dt，就可以求得测站到两个不同卫星间的距离差 Δr，即

$$\Delta r = r_2 - r_1 \tag{1-4}$$

如图 1-2 所示，根据几何学中双曲线的定义，如果以相邻的两个卫星位置为双曲线焦点，则每一个距离差可作出一对双曲线，而测站必在此双曲线左枝或右枝上，若取三个距离差来作双曲线，必能交会出测站位置。这一原理称为多普勒距离差法测量，是子午卫星导航定位系统所依据的主要理论思想。

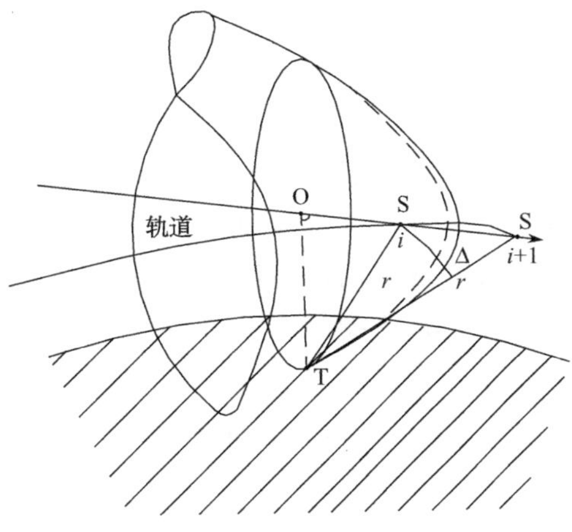

图 1-2 多普勒距离差法测量

2）子午卫星系统

子午卫星系统（Transit）是美国海军研制、开发、管理的第一代卫星导航定位系统，又称海军导航卫星系统（navy navigation satellite system，NNSS）。

1957 年，苏联发射了人类第一颗人造地球卫星，美国约翰·霍普金斯大学应用物理实验室的古尔博士和魏芬巴哈博士对该卫星发射的无线电信号的多普勒频移产生了浓厚的兴趣。他们的研究表明，利用地面跟踪站上的多普勒测量资料可以精确确定卫星轨道。在应用物理实验室工作的另外两位科学家麦克卢尔博士和克卜纳博士则指出，对一颗轨道已被准确确定的卫星进行多普勒测量的话，可以确定用户的位置。这个“反向观测方案”设想为子午卫星系统的诞生奠定了基础。

子午卫星导航设备的用户设备为卫星多普勒接收机，其基本工作原理是：接收一颗通过用户上空的子午卫星发送的导航定位信号，测量该信号的多普勒频移，并从导航电文中解调出在视卫星的在轨实时点位和时标信息，从而解算出用户点位坐标。

在实际定位时，进行卫星多普勒测量后我们即可根据多普勒频移计数 N，求得观测时域$[t_1, t_2]$内始终点卫星至接收机的距离差

$$(\rho_2 - \rho_1) = [N - (f_g - f_S)(t_2 - t_1)]\lambda \tag{1-5}$$

式中：λ、f_g 分别为卫星多普勒接收机本极振荡的波长和频率；f_S 为子午卫星发射信号的频率。

若该卫星的轨道已被确定，则 t_1、t_2 时刻卫星在空间的位置(x_1, y_1, z_1)和(x_2, y_2, z_2)是已知的，针对地面用户(x_u, y_u, z_u)，那么我们就能列出式(1-6)

$$\begin{aligned}(\rho_2 - \rho_1) =& \sqrt{(x_2 - x_u)^2 + (y_2 - y_u)^2 + (z_2 - z_u)^2} \\ &- \sqrt{(x_1 - x_u)^2 + (y_1 - y_u)^2 + (z_1 - z_u)^2}\end{aligned} \tag{1-6}$$

根据式(1-5)和式(1-6)，利用在视子午卫星多个观测时段数据，可以建立多组观测方程，并利用最小二乘原理求算出地面用户位置(x_u, y_u, z_u)。

子午卫星在几乎是圆形的极轨道(轨道倾角约90°)上运行。卫星离地面的高度约为1070km,卫星的运行周期为107min。子午卫星星座一般由6颗卫星组成。如图1-3所示,这6颗卫星应均匀地分布在地球四周,即相邻的卫星轨道平面之间的夹角均应为30°。但由于各卫星轨道面的倾角j不严格为90°,故进动的大小和符号各不相同。这样,经过一段时间后,各轨道面的分布就会变得疏密不一。位于中纬度地区的用户平均1.5h左右可观测到一颗卫星,但最不利时要等待10h才能进行下一次观测。

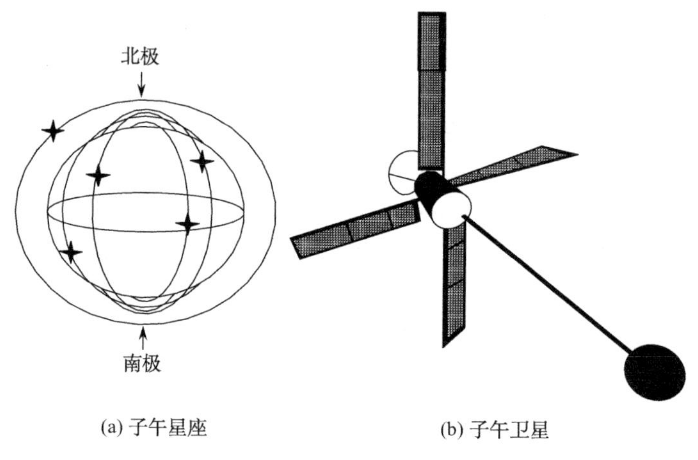

图1-3　子午卫星及星座

虽然美国“海军导航卫星系统”是导航技术的一大创举,但是该系统还存在一定的缺陷。由于NNSS卫星数目少(5～6颗),地面观测站至轨道卫星之间信号传播时间间隔较长(平均约1.5h以上),卫星运行轨道高度低(约1000km),难以精密定轨,卫星上射电频率低而难以补偿电离层效应影响,因此本系统难以充分满足军事要求,尤其是对高动态目标导航的要求。

2. 卫星制作技术

人造卫星(天体)用于导航与测量,是从几何原理和动力学原理两个方面考虑的,人造卫星离地球近且质量小,它的运动取决于地球引力场;从几何上看,人造卫星可以认为是一个空中的运动目标(点)。

就研究地球本身来说,人造卫星一般可分为气象卫星、海洋卫星、地球物理卫星、大地测量卫星、通信卫星、导航卫星等。但是总体来说,这些卫星都是起着一种信息传感或中继的作用,都共同有一些需要解决的问题,即测定卫星轨道,测定地球重力场,以及如何更有效地传输信息。因此,这些卫星的任务互有联系,彼此需要密切配合。大地测量卫星,实际上并不单纯为了收集大地测量本身所需要的数据，它的设备是综合其他学科的需要而装备的。其他卫星也同样如此。这样，凡是有适用设备的卫星都可用于大地测量。

用于大地测量的卫星（其他卫星也类似），除了要考虑它的大小、质量、高度、传输信息的设备等因素外，还要考虑它运动所经的空间环境不同于在地面的运动环境，并采取相应措施。

一个卫星的功能性设备应包括电源部分、跟踪遥感及数据处理部分、各类传感设备部分。

电源主要利用太阳能，用几片由半导体组成的翼形集能板，可将太阳能转换为电能存储在镍镉电池中。跟踪遥感部分应有双向无线电通信系统，通过多普勒信标或应答器保持与地面控制站的联系，包括将卫星测出的地面信息数据，卫星自身的工作状态，以及设备的各种参数传输给地面站，并接受地面指令完成指定动作。卫星上的计算机同时进行必需的数据处理并加以储存，传感部分主要包括适于各种用途的发射、接收、测量仪器，如雷达测高仪、激光测距仪、红外辐射仪、多普勒测频仪及时钟等。

我国已发射的“嫦娥一号”，就搭载了多项科学考察设备，如测绘月球地图的 CCD 传感器，完成月球表面每个探测点的高度测量的激光高度计；探测月球上 14 种元素分布的 γ/X 射线谱仪，测量月球土壤厚度和氦-3 的总量及分布的微波探测仪等。

自 20 世纪 70 年代后期以来，发射的卫星趋向于多功能、高效率、高精度。除了专题研究以外，为单一项目目的而设计的卫星并不太多，而是着重于发展卫星群，例如，前面提到的 NNSS 子午卫星群，以及后面将要介绍的 GPS 卫星星座（群）等。

3. 无线电通信信号

为了保证卫星和地面接收机之间的信息联系，卫星本身应具备双向通信能力，即它可以发射无线电信号，也可以接收无线电信号。同样为了利用多普勒频移进行定位测量，需要提供一定频率的发射信号，如在 NNSS 中，子午卫星的射电频率有两个，分别为 400MHz 和 150MHz。

通常由于发射的这些信号频率较低，难以穿透大气层及电离层，因此还需要把这些信号进行调制加载到其他高频信号里进行传输。可运载调制信号的高频振荡波称为载波。

在卫星无线电通信中，为了更好地传送相关信息，我们往往将这些信息调制在高频的载波上，然后再将这些调制波播发出去，而不是直接发射这些信息。

子午卫星和 GPS 卫星等发射的无线电信号均由载波、测距码和导航电文三部分组成。

为了识别GPS卫星群中不同卫星信息，同时也是为了保密需要，在卫星信息通信中，还要采用编码技术进行接收信号识别。

在一般的通信中，当调制波到达用户接收机并解调出有用信息后，载波的作用便告完成。但在全球定位系统中情况有所不同，载波（包括L1和L2两个微波段）除了加载包括测距码和导航电文等调制波外，还可以利用载波作为测距信号，从而获得较高的测量定位精度，这是由于载波为高频电磁波信号，其波长通常比测距码波长要短得多，而采用高频率载波可以更精确地测定多普勒频移和载波相位（对应的距离值），从而提高GPS测速和定位的精度。

1.1.2 GPS的建立及应用

1. GPS的建立

为了满足军事部门和民用部门的需要，实现全天候、全球性和高精度的连续导航定位的迫切要求，1973年12月，美国国防部批准陆海空三军联合研制一种新的军用卫星导航系统NAVSTAR/GPS，通称为GPS卫星全球定位系统，简称GPS。

GPS是一种以空间卫星为基础的无线电导航与定位系统，是一种被动式卫星导航定位系统，能为世界上任何地方，包括空中、陆地、海洋甚至于外层空间的用户，全天候、全时间、连续地提供精确的三维位置、三维速度及时间信息，具有实时性的导航、定位和授时功能。

GPS计划的实施共有三个阶段，如表1-1所示。

表1-1 GPS卫星发展过程

产品级别	名称	卫星类型	卫星数量	发射时间	用途
第一代	概念证实卫星	BLOCK Ⅰ	11	1978～1985年	实验
第二代	工作生产卫星	BLOCK Ⅱ(A)	28	1989～1994年	工作
第三代	后期补充卫星	BLOCK ⅡR	20	1997年至现在	改进GPS
第四代	升级卫星	Block Ⅲ		2012年开始	换代

第一阶段为方案论证和初步设计阶段。1973～1979年，共发射了4颗试验卫星（BLOCK）。研制了地面接收机，建立了地面跟踪网。

第二阶段为全面研制和试验阶段。1978年，第一颗GPS试验卫星的成功发射，标志着工程研制阶段的开始。1979～1984年，又陆续发射了7颗试验卫星，研制了各种用途的接收机。试验表明，GPS定位精度远远超过设计标准。

第三阶段为实用组网阶段。1989年，第一颗GPS工作卫星成功发射，GPS宣告进入生产作业阶段。GPS工作卫星的发射成功也表明了GPS进入工程建设阶段。1993年底实用的GPS网即(21+3)GPS星座已经建成,今后将根据计划更换失效的卫星。

到1993年7月,已进入轨道可正常工作的Block Ⅰ试验卫星、BlockⅡ和BlockⅡA工作卫星总数已达14颗,全球定位系统已具备全球连续导航定位能力,故美国国防部于1993年11月8日正式宣布全球定位系统已具有初步工作能力。这是研制组建全球定位系统过程中具有重要意义的事件。它标志着研制、试验阶段已结束,系统已进入运行阶段。它意味着除特殊情况外,美国政府必须以公开承诺的精度向全世界用户提供连续的全球导航定位服务。

1995年4月27日,美国空军指挥部空间部宣布全球定位系统已具有完全的工作能力,进入轨道能正常工作的Block Ⅱ和BlockⅡA工作卫星数量之和已达到14颗。

1996年3月28日,美国政府以总统指令的形式公布了美国政府新的GPS政策,对国防部宣布的原GPS政策作了较大的调整。

2000年5月2日(UTC 4时左右),美国政府终止了已实行多年的SA政策,民用方在使用GPS时所受到的限制已明显减少。此外,美国政府也承诺要进一步改进、完善全球定位系统,实现全球定位系统的现代化。

美国陆续发射了系列GPS卫星,目前在太空有32颗以上GPS工作卫星。至此,GPS导航定位系统进入了成熟阶段。

2. GPS的特点及应用

1) GPS的特点

由于GPS卫星数目较多,分布合理,在地球任何地点均可连续同步观测到至少4颗卫星,在我国最多可同时观测到13颗卫星(按运行的27颗卫星推算),从而保障了全球、全天候连续的三维定位。

实时确定运动目标的三维位置和速度,既可保障运动载体沿预定航线的运行,也可监视和修正航行路线,以及选择最佳航线。

定位精度高。目前在大于1000km的基线上,相对定位精度可达10^{-9};100km可达10^{-8}。观测站之间无需通视,又可使观测时间缩短。

实时定位这一导航技术是现代化的重要标志,它使GPS的应用领域不断拓宽,成为20世纪最大科技成就之一。

2) GPS技术应用

GPS卫星所发送的导航定位信号,是一种可供无数用户共享的空间信息资源;陆地、海洋和空间的广大用户,只要持有一种能够接收、跟踪、变换和测量

GPS信号的接收机，就可以全天候和全球性地测量运动载体的七维状态参数和三维姿态参数；其用途之广，影响之大，是任何其他接收设备望尘莫及的；上至航空航天器，下到打鱼船、导游、摄影、移动通信和精细农业，都可以利用GPS信号接收机。

图1-4反映了GPS功能及部分应用领域。

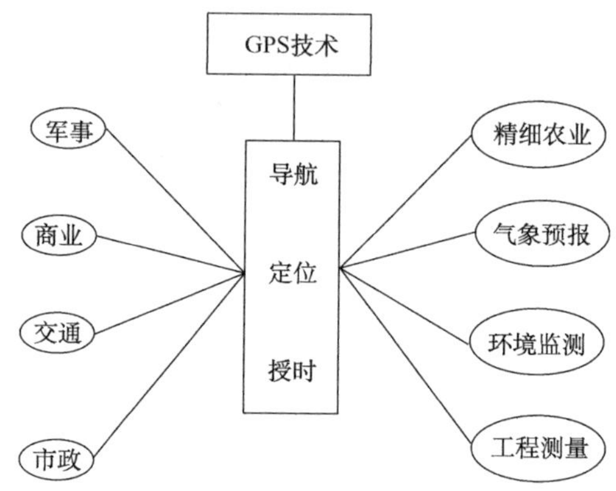

图1-4　GPS功能及部分应用领域

1.1.3　GPS技术现代化

GPS现代化包括地面监控部分和空间卫星部分。GPS现代化政策主要有三点：一是要发展军码和强化军码的保密性能，加强抗干扰能力，保护美方和友好方的使用；二是在必要时施加SA、AS(反电子欺骗技术)等技术进行干扰，干扰敌对方的使用；三是保持有威胁地区以外的民间用户能更精确、更安全地使用。

20世纪90年代以来，微电子技术和数字化技术已获得重大进展，卫星导航/定位的理论也日趋成熟。时至今日，GPS的现代化已成为可能。

GPS空间卫星现代化首先是把剩余的9颗Block ⅡR卫星改造为Block ⅡR-M(ⅡR-Modified)卫星，使它们具有一些新的功能。其中第一颗Block ⅡR-M已于2005年9月26日发射升空。

Block ⅡR-M卫星具有下列特点：在L2上加载第二民用码C/A码；在L1和L2同时加载新的军码(M码)；提高卫星测距码P码和C/A码信号的发射功率；增加应变能力，例如，实现GPS卫星间测距和数据通信，在轨自主更新GPS卫星的广播星历等，以减少对地面监控系统的依赖程度，增强GPS的自主导航能力。

在L2上加载第二民用码C/A码后，民间用户就可以用L1-C/A码和L2-C/A码进行导航定位，实现精确而又实时的电离层改正，从而提高定位、测速和定时的精度。

在对 Block ⅡR 改造的同时，美国军方对卫星进行了进一步升级，从 2007 年开始，发射了新型的 Block ⅡF 型卫星，截至 2009 年 8 月已发射了 21 颗此类卫星。它除了具有 Block ⅡR-M 型卫星的功能外，还进一步强化了发射 M 码的功率并增加了第三民用频率，即 L5 频道，其载波频率为 1176.45MHz。预计到 2012 年，在空中运行的 GPS 卫星中，至少有 18 颗ⅡF 型卫星，达到初始工作能力，以保证 M 码的全球覆盖。到 2015 年达到完全工作能力。

GPS 卫星的第三民用导航定位信号分为载波频道(carrier channel)和数据频道(data channel)；前者不传送数据码，只是简化了 GPS 信号接收机对 GPS 信号的捕获和跟踪；数据频道的设立，使 GPS 信号接收机能够快速地获取 GPS 卫星导航电文，更能加速 GPS 动态用户导航定位的测量过程。

第四代 GPS 工作卫星 Block Ⅲ(GPS Ⅲ)，已于 2001 年开始了实质性的研制，预计 2012 年将发射第一颗 GPS Ⅲ卫星。GPS Ⅲ卫星全部投入运行后，将改变现行的六轨道 GPS 卫星星座的布局和结构，构建成高椭圆轨道和地球静止轨道相结合的新型 GPS 混合星座。

图 1-5 是 Block Ⅲ卫星系统的主要特点。

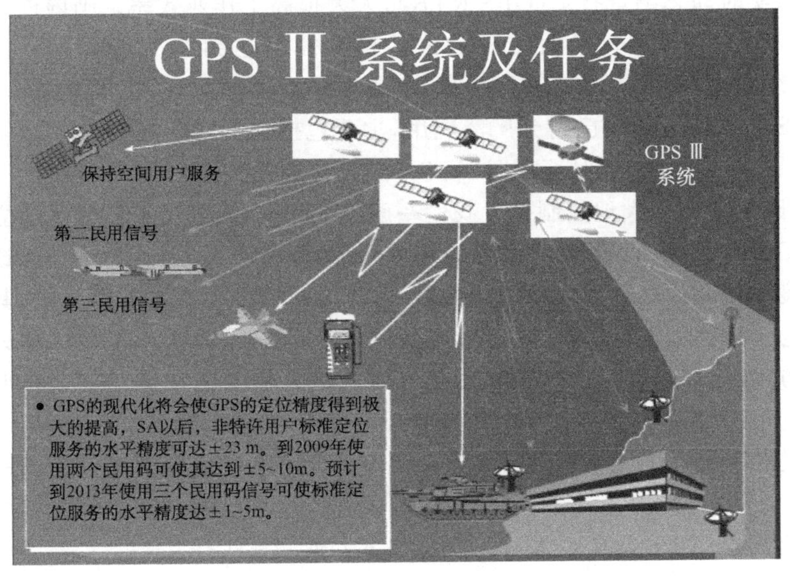

图 1-5 Block Ⅲ卫星系统

采用三个导航定位信号，可以拓宽 GPS 信号的实用范围。Block Ⅲ卫星，不仅将和 Block ⅡF 卫星一样采用 L1、L2、L5 三个导航定位信号，为民间用户提供厘米级的实时点位测量精度，而且将 GPS 卫星及其导航定位信号故障的预警时间，从现行的30min缩短到60s以内，使GPS导航定位可以在高动态环境下使用。

强化军用功能，提高军用信号发射功率，实施点波束定区发射技术。在实现军民信号分离后，将军用伪噪声码——ME码的发射功率提高20dB左右；这不仅强化了抗干扰能力，而且便于(兵)器载GPS信号接收机的高速有效作业。再加上GPS信号对所选地区的点波束发射，进一步强化了美国军队的实用功能。

对民间用户而言，GPS现代化后，第二和第三民用信号的增加将改善民用导航和定位的精度；扩大服务的覆盖面和改善服务的持续性；提高信号的完好性和可用性；加强对无线电频率干涉的抗干扰性。第二和第三民用信号将在飞机的进港着陆、测绘、精细农业、机器控制和地球科学研究等应用领域发挥重要的作用。

1.1.4 GPS技术与测绘工作

GPS定位技术自问世以来，就以其精度高、速度快、操作简单等优点引起了测绘界的普遍关注。GPS定位技术在测绘行业深入最早，也是精度最高的应用领域。发展至今，定位技术从载波相位相对测量定位技术到差分定位技术再到广域差分定位技术，其定位精度已达厘米级甚至毫米级；作业方式也从原来的静态测量到目前的实时动态测量技术(GPS RTK)，大大提高了作业效率。国内外大量的实践表明，利用GPS进行平面相对定位的精度能够达到 $0.1\times10^{-6}\sim1\times10^{-6}D$ (D为基线长度，单位为km)甚至更高，这是常规测量技术难以比拟的。

GPS在测绘工作中已得到广泛应用，主要包括如下四个方面。

(1) 大地控制测量：时至今日，可以说GPS定位技术已经完全取代了用常规测角、测距手段建立大地控制网。我们一般将应用GPS卫星定位技术建立的控制网称为GPS网。归纳起来，大致可以将GPS网分为两大类：一类是全球或全国性的高精度GPS网，这类GPS网中相邻点的距离在数千千米至上万千米，其主要任务是作为全球高精度坐标框架或全国高精度坐标框架，为全球性地球动力学和空间科学方面的科学研究工作服务，或用以研究地区性的板块运动或地壳形变规律等问题。另一类是区域性的GPS网，包括城市或矿区GPS网、工程GPS网等，这类网中的相邻点间的距离为几千米至几十千米，其主要任务是直接为国民经济建设服务。

因此，利用GPS定位技术可以实施如下大地测量工作：

1) 建立和维持高精度三维地心坐标系统；

2) 不同大地控制网之间的联测和转换；

3) 建立新的地面控制网(点)；

4) 检核和改善已有地面网；

5) 对已有的地面网进行加密；

6) 研究与精化大地水准面。

(2) 海洋测绘:GPS在这方面涉及面广,内容丰富,如海洋资源与地球物理勘探,海洋大地测量包括海岛联测、水深测量、海底与海面地形测量、海域划界、各种海洋工程测量、海洋重力测量等。

(3) 形变测量:包括全球板块运动、地震监测、大坝、桥梁等建筑物形变监测等。

(4) 工程测量:全球定位系统在工程测量方面的应用,是目前GPS定位技术应用的一个重要领域,如多等级测量平面控制网建立、精密工程测量、地形及地籍测量、建筑物放样等。

1.2 全球定位系统的组成

GPS由GPS卫星星座(空间部分)、地面监控系统(地面控制部分)和GPS信号接收机(用户设备部分)三部分组成,如图1-6所示。

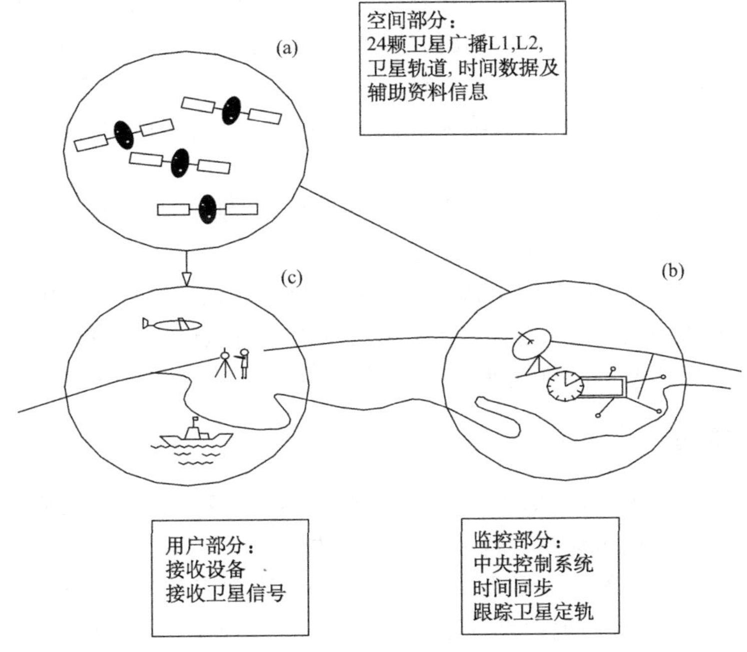

图1-6 全球定位系统构成

1. 卫星星座

如图1-7所示,GPS工作卫星及其星座由21颗工作卫星和3颗在轨备用卫星组成,记作(21+3) GPS星座。24颗卫星均匀分布在6个轨道平面内,轨道倾角

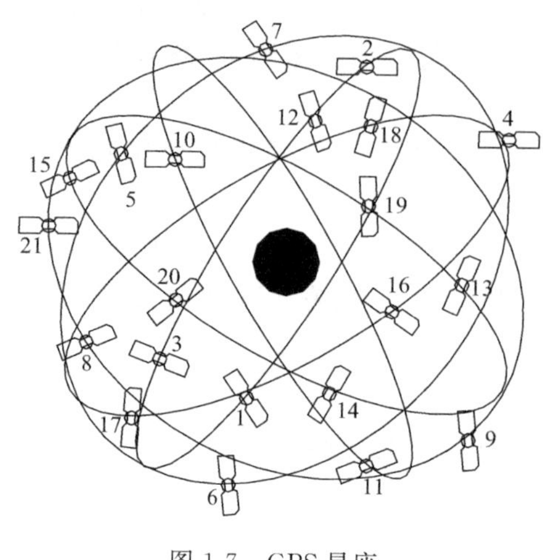

图 1-7　GPS 星座

为 55°，各个轨道平面之间相距 60°，即轨道的升交点赤经各相差 60°。每个轨道平面内各颗卫星之间的升交角距相差 90°，某一轨道平面上的卫星比西边相邻轨道平面上的相应卫星超前 30°。在 20 000km 高空的 GPS 卫星，当地球对恒星来说自转一周时，它们绕地球运行两周，即绕地球一周的时间为 12 恒星时。这样，对于地面观测者来说，每天将提前 4min 见到同一颗 GPS 卫星。位于地平线以上的卫星颗数随着时间和地点的不同而不同，最少可见到 4 颗，最多可见到 11 颗。在用 GPS 信号导航定位时，为了解算测站的三维坐标，必须至少观测 4 颗 GPS 卫星，称为定位星座。这 4 颗卫星在观测过程中的几何位置分布对定位精度有一定的影响。对于某地某时，甚至不能测得精确的点位坐标，这种时间段称为“间隙段”。但这种时间间隙段是很短暂的，并不影响全球绝大多数地方的全天候、高精度、连续实时的导航和定位。

GPS 卫星向地面发射两个波段的载波信号，分别是频率为 1575.42MHz 的 L1 波段和 1227.60MHz 的 L2 波段，卫星上安装了精度很高的原子钟（10^{-12}级），以确保频率的稳定性，在载波上调制有表示卫星位置的广播星历、用于测距的 C/A 码和 P 码以及其他系统信息，能在全球范围内，向任意多用户提供高精度的、全天候的、连续的、实时的三维测速、三维定位和授时。

2. 地面监控部分

对于导航定位来说，GPS 卫星是一动态已知点。卫星的位置是依据卫星发射的星历——描述卫星运动及其轨道参数得到的。每颗 GPS 卫星所播发的星历，是由地面监控系统提供的。卫星上的各种设备是否正常工作，以及卫星是否一直沿着预定轨道运行，都要由地面设备进行监测和控制。地面监控系统另一重要作用是保持各颗卫星处于同一时间标准——GPS 时间系统。这就需要地面站监测各颗卫星的时间，求出钟差。然后由地面注入站发给卫星，卫星再由导航电文发给用户设备。

GPS 的地面控制部分由设在美国本土及分布在全球包括海外领地的 5 个监控站组成，这些站不间断地对 GPS 卫星进行观测，并将计算和预报的信息由注入站实现对卫星信息更新。其中主控站位于美国科罗拉多州的斯平士，如图 1-8 所示。

图 1-8 GPS地面监控站分布

另外,GPS工作卫星的地面监控系统由三个注入站和五个监测站以及通信和辅助系统组成。

1) 主控站

主控站是整个地面监控系统的行政管理中心和技术中心,其主要作用是:

(1) 负责管理、协调地面监控系统中各部分的工作。

(2) 根据各监测站送来的资料,计算、预报卫星轨道和卫星钟改正数,并按规定格式编制成导航电文送往地面注入站。

(3) 调整卫星轨道和卫星钟读数,当卫星出现故障时负责修复或启用备用件以维持其正常工作。无法修复时调用备用卫星顶替,维持整个系统正常可靠地工作。

2) 注入站

注入站是向GPS卫星输入导航电文和其他命令的地面设施。三个注入站分别位于迪戈加西亚、阿松森群岛和卡瓦加兰。注入站能将接收到的导航电文存储在微机中,当卫星通过其上空时再用大口径发射天线将这些导航电文和其他命令分别“注入”卫星。

3) 监控站

监测站是无人值守的数据自动采集中心,设有GPS用户接收机、原子钟、收集当地气象数据的传感器和进行数据初步处理的计算机。

整个全球定位系统共设立了5个监测站,它们分别位于科罗拉多州(美国本土)、阿松森群岛(大西洋)、迪戈加西亚(印度洋)、卡瓦加兰和夏威夷岛(太平洋)。其主要功能是:

(1) 对视场中的各GPS卫星进行伪距测量。

(2) 通过气象传感器自动测定并记录气温、气压、相对湿度(水汽压)等气象元素。

(3) 对伪距观测值进行改正后再进行编辑、平滑和压缩,然后传送给主控站。

4) 通信和辅助系统

通信和辅助系统是指地面监控系统中负责数据传输以及提供其他辅助服务的机构和设施。全球定位系统的通信系统由地面通信线、海底电缆及卫星通信等联合组成。

图1-9为GPS地面监控系统构成。

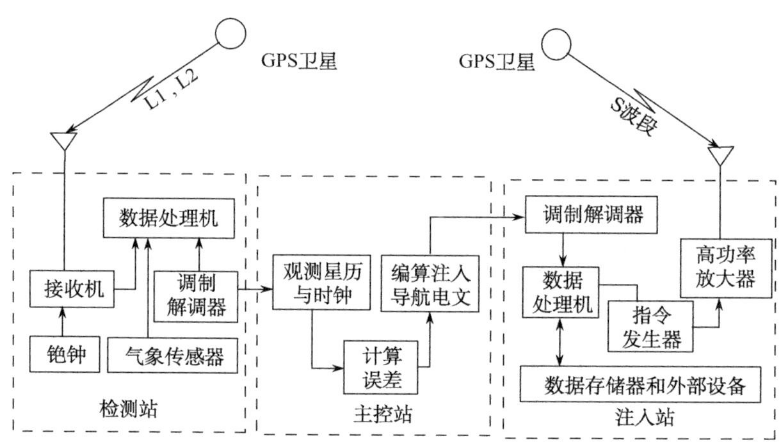

图1-9　GPS地面监控系统构成

3. GPS用户

GPS的用户是非常隐蔽的,它是一种单程系统,用户只接收而不必发射信号,因此用户的数量也是不受限制的。

GPS用户的主要设备为GPS信号接收机,它接收GPS卫星发射信号,以获得必要的导航和定位信息,经数据处理,完成导航和定位工作。GPS接收机硬件一般由主机、天线和电源组成。

GPS信号接收机的任务是:能够捕获到按一定卫星高度截止角所选择的待测

卫星的信号，并跟踪这些卫星的运行，对所接收到的 GPS 信号进行变换、放大和处理，以便测量出 GPS 信号从卫星到接收机天线的传播时间，解译出 GPS 卫星所发送的导航电文，实时地计算出测站的三维位置，甚至三维速度和时间。

在 GPS 静态定位中，GPS 接收机在捕获和跟踪 GPS 卫星的过程中固定不变，接收机高精度地测量 GPS 信号的传播时间，利用 GPS 卫星在轨的已知位置，解算出接收机天线所在位置的三维坐标。而动态定位则是用 GPS 接收机测定一个运动物体的运行轨迹。GPS 信号接收机所位于的运动物体称为载体（如航行中的船舰、空中的飞机、行走的车辆等）。载体上的 GPS 接收机天线在跟踪 GPS 卫星的过程中相对地球而运动，接收机用 GPS 信号实时地测得运动载体的状态参数（瞬间三维位置和三维速度）。

接收机硬件和机内软件以及 GPS 数据的后处理软件包，构成完整的 GPS 用户设备。GPS 接收机一般用蓄电池做电源，同时采用机内、机外两种直流电源。设置机内电池的目的在于更换外电池时不中断连续观测。在用机外电池的过程中，机内电池自动充电。关机后，机内电池为 RAM 存储器供电，以防止数据丢失。

1.3　GPS 定位参考基准

点位的确定总是借助于一定的坐标系框架，从几何角度说，GPS 为一复杂的包括时间和空间变化的基于四维坐标基准下运行的系统，在描述卫星或地球上点位时，首先需要分别定义一个三维空间坐标系。

坐标系统是由坐标原点位置、坐标轴指向和尺度所定义的。在 GPS 定位中，坐标系原点一般取地球质心，而坐标轴的指向具有一定的选择性，为了使用上的方便，国际上都通过协议确定某些全球性坐标系统的坐标轴指向，这种共同确认的坐标系称为协议坐标系（conventional system，CS）。

GPS 卫星定位技术中，地面点坐标是由该点上架设的接收机同时接收不少于 4 颗卫星的信号后获得的。这里无论是地面点还是卫星在观测中都是处在运动中，只不过接收机相对于地球是静止不动的，为了能求得统一解，就需要建立 GPS 坐标系，根据坐标轴的指向不同，分为两类坐标系，即天球坐标系和地球坐标系。前者主要描述卫星的运行位置和状态，而后者用于描述地面测站的位置。同时为了便于这两套系统下点位的统一和比较，还需要建立两套坐标系间的转换模型。

在天文学和空间科学技术中，时间系统是精确描述天体和卫星运行位置及其相互关系的重要基准，也是利用 GPS 卫星进行定位的重要基准。其与前述的描述点位的三维空间坐标系构成了四维定位系统。

1.3.1 GPS坐标框架系统

1. 天球的建立

天球是指以地球质心为中心，半径 r 为无穷大的一个假想球体。天文中的运动天体均投影到这一天球球面上。

为建立天球球面坐标系统，必须确定球面上的一些参考点、线、面和圈。为此需要建立如下几个概念。

(1) 天轴与天极：地球自转轴的延伸直线为天轴，天轴与天球表面的交点称为天极，与地球北极对应的称为北天极，与地球南极对应的称为南天极。

(2) 天球赤道面与天球赤道：通过地球质心与天轴垂直的平面为天球赤道面，该面与天球相交构成的大圆(其半径无穷大)称为天球赤道。

(3) 天球子午面与天球子午圈：包含天轴并经过地球上任一点的平面为天球子午面，该面与天球相交的大圆称为天球子午圈。

(4) 时圈：通过天轴的平面与天球表面相交的半个大圆。

(5) 黄道：地球公转的轨道面与天球表面相交的大圆，即当地球绕太阳公转时，地球上的观测者所看见的太阳在天球上的运动轨迹。黄道平面与赤道面的夹角称为黄赤交角，其大小约为 23.5°。

(6) 黄极：通过天球中心，垂直于黄道面的直线与天球表面的交点。其中靠近北天极的交点称为北黄极，靠近南天极的交点称为南黄极。

(7) 春分点：太阳由天球南半球向北半球运行时，经过的天球黄道面与天球赤道面的交点位置。

在天文学和卫星大地测量学中，春分点和天球赤道面是建立参考系的重要基准点和基准面。

天球各概念之间的具体关系如图 1-10 所示。

2. 天球坐标系

基于天球下的运动天体，可以建立天球坐标系来描述其运动位置，坐标系有天球空间直角坐标系和天球球面坐标系两种形式。

(1) 天球空间直角坐标系的定义：原点位于地球的质心，z 轴指向天球的北极 P_N，x 轴指向春分点 r，y 轴与 x、z 轴构成右手坐标系。

(2) 天球球面坐标系的定义：原点位于地球的质心，赤经 φ 为含天轴和春分点的天球子午面与经过天体 A 的天球子午面之间的交角，赤纬 γ 为原点至天体的连线与天球赤道面的夹角，向径 r 为坐标原点至天体 A 的距离。

天球空间直角坐标系与天球球面坐标系在表达同一天体的位置时是等价的，

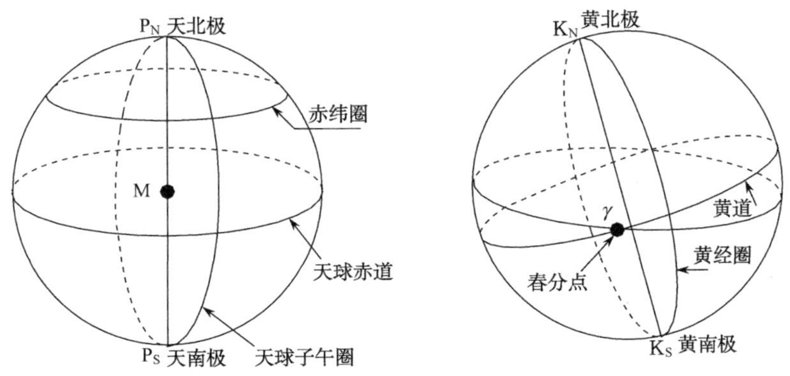

图 1-10 天球各概念之间的关系

二者可相互转换，即

$$\begin{bmatrix} x \\ y \\ z \end{bmatrix} = r\begin{bmatrix} \cos\delta\cos\alpha \\ \cos\delta\sin\alpha \\ \sin\delta \end{bmatrix} \tag{1-7}$$

式中：$r=\sqrt{x^2+y^2+z^2}$；$\alpha=\arctan\dfrac{y}{x}$；$\delta=\arctan\dfrac{z}{\sqrt{x^2+y^2}}$。

3. 地球坐标系

天球坐标系与地球自转无关，导致地球上的固定观测点在天球坐标系中的坐标随地球自转而变化，应用不方便。为了描述地面观测点的位置，有必要建立与地球体相固连的坐标系，即地球坐标系（有时称地固坐标系）。

地球坐标系的表达方式也有两种，即空间直角坐标系和大地坐标系。其中地心空间直角坐标系的定义为：原点与地球质心重合，z 轴指向地球北极，x 轴指向格林尼治平子午面与赤道的交点 E，y 轴垂直于 XOZ 平面，并构成右手坐标系。

而地心大地坐标系的定义为：地球椭球的中心与地球质心重合，椭球短轴与地球自转轴重合，大地纬度 B 为过地面点的椭球法线与椭球赤道面的夹角，大地经度 L 为过地面点的椭球子午面与格林尼治平大地子午面之间的夹角，大地高 H 为地面点沿椭球法线至椭球面的距离。任一地面点在地球坐标系中可表示为(X,Y,Z)和(B,L,H)，两者有如下换算关系，即

$$\begin{aligned} X &= (N+H)\cos B\cos L \\ Y &= (N+H)\cos B\sin L \\ Z &= [N(1-e^2)+H]\sin B \end{aligned} \tag{1-8}$$

式中：N 为椭球的卯酉圆曲率半径；e 为椭球的第一偏心率，它们的表达式为

$$N = a/\sqrt{(1 - e^2 \sin^2 B)}$$

$$e^2 = \frac{a^2 - b^2}{a^2}$$

式中：a 为椭球长半轴；b 为椭球短半轴。

4. 协议天球坐标系

1）*岁差和章动*

上述介绍的天球坐标系的建立是假定地球的自转轴在空间的方向上是固定的，春分点在天球上的位置保持不变。实际上地球接近于一个赤道隆起的椭球体，在日月和其他天体引力对地球隆起部分的作用下，地球在绕太阳运行时，自转轴方向不再保持恒定，而是如同一个巨大陀螺，使北天极绕着北黄极顺时针旋转，这种运动轨迹非常复杂，从天文学角度看，地球自转轴的这些顺时针旋转变化可以分解为长周期运动和短周期运动。

其中，岁差为地球自转轴的长周期变化量：一般约 25 800 年绕黄极为一周。它使春分点产生每年约 50.2″的长期变化，称日月岁差。春分点除因地球自转轴的方向改变引起的变化外，还有黄道的缓慢变化（行星引力对地球绕日运动轨道的摄动）而变化，称行星岁差。

在岁差的影响下，地球自转轴在空间绕北黄极顺时针旋转，因而使北天极也以同样方式绕北黄极顺时针旋转在天球上，这种顺时针规律运动的北天极称为瞬时平北天极（简称平北天极），相应的天球赤道和春分点称为瞬时天球平赤道和瞬时平春分点。

另外，在太阳和其他行星引力的影响下，月球的运行轨道及月地之间的距离在不断变化，北天极绕北黄极顺时针旋转的轨迹十分复杂。因此，在日月引力等因素的影响下，瞬时北天极将绕瞬时平北天极产生旋转，轨迹大致为椭圆。这种现象称为章动。它是一系列短周期地球自转轴的变化，幅度最大的约为 9″。

由于岁差和章动的影响，瞬时天球坐标系的坐标轴指向不断变化，在这种非惯性坐标系统中，不能直接根据牛顿力学定律研究卫星的运动规律。为建立一个与惯性坐标系相接近的坐标系，通常选择某一时刻 t_0 作为标准历元，并将此刻地球的瞬时自转轴（指向北极）和地心至瞬时春分点的方向，利用 GIVENS 正交变换矩阵 $\boldsymbol{R}$，经过该瞬时岁差和章动的二次旋转改正后，作为 z 轴和 x 轴，由此构成的空间坐标系称为所取标准历元的平天球坐标系，或协议天球坐标系，也称协议惯性坐标系（conventional inertial system，CIS）。这里“历元”是天文术语，意思为“起始时刻”，例如，历元平北天极和历元平春分点指某个时刻的平北天极和相应的春分点。

2) 协议天球坐标系的定义和转换

为了将协议天球坐标系的卫星坐标，转换到观测历元 t 的瞬时天球坐标系，通常分两步进行。

首先将协议天球坐标系中的坐标，换算到观测瞬间的平天球坐标系统[式(1-9)]，再将瞬时平天球坐标系的坐标，转换到瞬时天球坐标系统[式(1-10)]。

$$\begin{bmatrix} X \\ Y \\ Z \end{bmatrix}_{\mathrm{ct}} = R_{ZYZ}(-\eta, \theta, -\xi) \begin{bmatrix} X \\ Y \\ Z \end{bmatrix}_{\mathrm{ct_0}} \tag{1-9}$$

$$\begin{bmatrix} X \\ Y \\ Z \end{bmatrix}_{\mathrm{ct瞬}} = R_{ZYZ}(-\varepsilon, -\Delta\varepsilon, -\psi, \varepsilon) \begin{bmatrix} X \\ Y \\ Z \end{bmatrix}_{\mathrm{ct平}} \tag{1-10}$$

5. 协议地球坐标系

由于地球内部质量不均匀，地球自转轴相对于地球体的位置不是固定的，而是在地球体内部运动，由此造成地极点在地球表面上的位置随时间而变化，这种变化称为极移，其轨迹为一不规则的圆形螺旋线。由于地极点作为地球坐标系的重要基准点，极移将使地球瞬时自转轴在地球上随时间而变化，使地球上的测站在地球坐标系内得不到一个确定不变的坐标，因此也需要定义一个稳定的固定极的协议地球坐标系，或称平地球坐标系。

国际天文学联合会 IAG 和大地测量学协会 IUGG 在 1967 年建议，采用国际上 5 个纬度服务站，以 1900～1905 年的平均纬度所确定的平均地极位置作为基准点，平均地极的位置是相应上述期间地球自转轴的平均位置，通常称为国际协议原点(conventional international origin，CIO)，简称平极。采用 CIO 作为协议地极(conventional terrestrial pole，CTP)，与 CIO 原点相应的地球赤道面称为平赤道面或协议赤道面。以协议地极 CTP 为基准点(z 轴指向)的地球坐标系称为协议地球坐标系(conventional terrestrial system，CTS)或平地球坐标系，而与瞬时极相应的地球坐标系称为瞬时地球坐标系。

平地球坐标系和瞬时极地球坐标系的转换关系为

$$\begin{bmatrix} x \\ y \\ z \end{bmatrix}_{\mathrm{em}} = R_y(-x''_p) R_x(y''_p) \begin{bmatrix} x \\ y \\ z \end{bmatrix}_{\mathrm{et}} \tag{1-11}$$

式中：em 为平地球坐标系；et 为对应 t 时刻的瞬时极地球坐标系；x''_p 与 y''_p 分别为 t 时刻以角度表示的相对极移值。

6. 瞬时极天球坐标系和瞬时地球坐标系变换

地球坐标系随同地球自转，可看作固定在地球上的坐标系，便于描述地面观测站的位置，而天球坐标系与地球自转无关，便于描述人造卫星的位置。为使两坐标系原点重合，取地球质心为原点；为使 z 轴重合，共同取瞬时地球自转轴方向（真天极）为 z 轴，建立同为右手坐标系的瞬时极天球坐标系 $O\text{-}x_{ct}y_{ct}z$ 和瞬时地球坐标系 $O\text{-}x_{et}y_{et}z$，如图 1-11 所示。

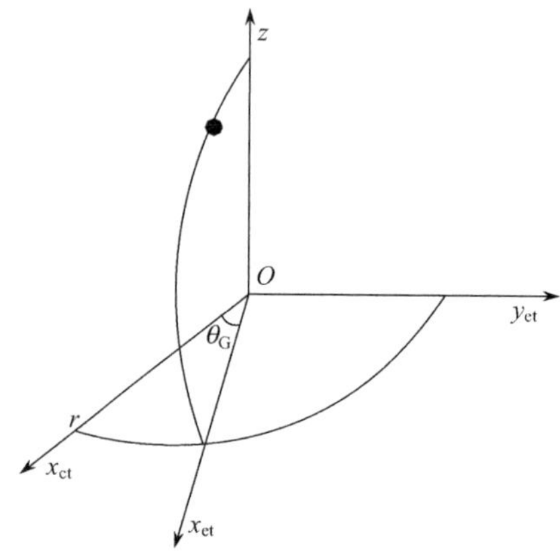

图 1-11　瞬时极天球坐标和瞬时地球坐标系关系

按照上述坐标系定义，对瞬时极天球坐标系而言，x 轴指向瞬时春分点（真春分点）。而瞬时地球坐标系定义的 x 轴则指向瞬时赤道面和包含瞬时地球自转轴与平均天文台赤道参考点的子午面之交点。

两者的转换关系为

$$\begin{bmatrix} x \\ y \\ z \end{bmatrix}_{et} = R_z(\theta_G)\begin{bmatrix} x \\ y \\ z \end{bmatrix}_{ct} \tag{1-12}$$

式中：et 为对应 t 时刻的瞬时极地球坐标系；ct 为对应 t 时刻的瞬时极天球坐标系；θ_G 为对应平格林尼治子午面的真春分点时角。

在 GPS 定位测量中，为了解天体运动与地面观测站点间的关系，通常需要做（历元）协议天球坐标系到协议地球坐标系的变换，结合上述介绍，这一过程可以描述为图 1-12。

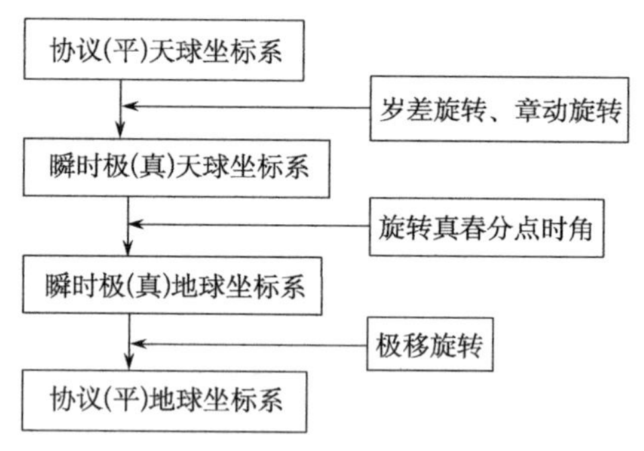

图 1-12　协议天球坐标系与协议地球坐标系变换过程

1.3.2　GPS 时间系统

时间包含“时刻”和“时间间隔”两个概念。时刻是指发生某一现象的瞬间。在天文学和卫星定位中，与所获取数据对应的时刻也称为历元。时间间隔是指发生某一现象所经历的过程，是这一过程始末的时间之差。时间间隔测量称为相对时间测量，而时刻测量相应地称为绝对时间测量。

时间系统与坐标系统一样，有尺度(时间单位)与原点(起始历元)。只有把尺度与原点结合起来才能给出时刻概念。

在天文学和空间科学技术中，时间系统是精确描述天体和卫星运行位置及其相互关系的重要基准，也是利用卫星进行定位的重要基准。

在 GPS 卫星定位中，时间系统的重要性表现在三个方面。

(1) GPS 卫星作为高空观测目标，位置不断变化，在给出卫星运行位置同时，必须给出相应的瞬间时刻。例如，当要求 GPS 卫星的位置误差小于 1cm 时，则相应的时刻误差应小于 2.6×10^{-6}s。

(2) 准确地测定观测站至卫星的距离，必须精密地测定信号的传播时间。若要距离误差小于 1cm，则信号传播时间的测定误差应小于 3×10^{-11}s。

(3) 由于地球的自转现象，在天球坐标系中地球上点的位置是不断变化的，若要求赤道上一点的位置误差不超过 1cm，则时间测定误差要小于 2×10^{-5}s。

可见，时间系统的准确性对 GPS 定位意义重大，无论是对卫星跟踪站还是 GPS 接收机，高精度的时间定位是保证观测精度高的关键。

随着观测技术发展及更加稳定的周期运动(原子物质)的发现，满足 GPS 理论需要的时间系统已经可以实现。实践中由于所选用的周期运动现象不同，便产生不同的时间系统。

一般符合下列要求的任何一个可观察的周期运动现象均可用作确定时间的基准：

(1) 运动是连续的、周期性的；

(2) 运动的周期应具有充分的稳定性；

(3) 运动的周期必须具有复现性，即在任何地方和时间，都可通过观察和实验，复现这种周期性运动。

在实践中，因所选择的周期运动现象不同，便产生了不同的时间系统。

1. 恒星时(sidereal time，ST)

以春分点为参考点，由春分点的周日视运动所确定的时间称为恒星时。

以通过本地子午圈时刻为起算原点，春分点连续两次经过本地子午圈的时间间隔为一恒星日，一恒星日为 24 恒星时。其在数值上等于春分点相对于本地子午圈的时角，同一瞬间不同测站的恒星时不同，具有地方性，也称地方恒星时。

由于岁差和章动的影响，地球自转轴在空间的指向是变化的，春分点在天球上的位置也不固定。对于同一历元，相应的真北天极和平北天极，也有真春分点和平春分点之分。相应的恒星时就有真恒星时和平恒星时之分。

2. 平太阳时(mean solar time,MT)

由于地球公转的轨道为椭圆,根据天体运动的开普勒定律可知,太阳的视运动速度是不均匀的,如果以真太阳作为观察地球自转运动的参考点,则不符合建立时间系统的基本要求。假设一个参考点的视运动速度等于真太阳周年运动的平均速度,且在天球赤道上做周年视运动,这个假设的参考点在天文学中称为平太阳。平太阳(视太阳均匀运动)连续两次经过本地子午圈的时间间隔为一平太阳日,一平太阳日为24平太阳时。平太阳时以平太阳通过本地子午圈时刻为原点,也具有地方性。

3. 世界时(universal time,UT)

以平子午夜为零时起算的格林尼治平太阳时定义。世界时与平太阳时的尺度相同,起算点不同。时间尺度(秒)定义为一平太阳日的1/86 400,由于地球自转的不稳定性,通过在UT中加入极移改正得UT1,随着时间度量精度(如石英钟)的提高,发现地球自转速度的不均匀,UT1经过地球自转角速度的季节改正变为UT2,这样新的秒长定义为回归年长度的1/31 556 925.9747。

虽然经过改正,世界时UT2中仍包含地球自转角速度的长期变化和不规则变化的影响,因此它不是一个严格均匀的时间系统,在GPS测量中,主要用于天球坐标系和地球坐标系之间的转换计算。

4. 原子时(international atomic time,ATI)

物质内部的原子跃迁所辐射和吸收的电磁波频率,具有很高的稳定性,由此建立的原子时成为最理想的时间系统。

原子时的秒长定义为位于海平面上铯原子C_8^{133}基态的两个超精细能级间跃迁辐射振荡9 192 631 170周所持续的时间。原子时秒为国际制秒(SI)的时间单位。其起点为1958年1月1日0时0秒(与UT2相差0.0039s),即原子时的原点为AT=UT2－0.0039s。

不同地方的原子时之间存在差异,为此,国际上大约有100座原子钟,通过相互比对,经数据处理推算出统一的原子时系统,称为国际原子时。

在卫星测量中,原子时作为高精度的时间基准,普遍用于精密测定卫星信号的传播时间。

5. 力学时(dynamic time,DT)

在天文学中,天体的星历是根据天体动力学理论建立的运动方程而编算的,其中所采用的独立变量是时间参数 T,这个数学变量 T 定义为力学时。

根据天体运动方程所对应的参考点不同,力学时分为两种。

(1) 质心力学时(barycentric dynamic time,TDB)是相对于太阳系质心的运动方程所采用的时间参数。

(2) 地球力学时(terrestrial dynamic time,TDT)是相对于地球质心的运动方程所采用的时间参数。

TDT 的基本单位是国际制秒(SI),与原子时的尺度一致。国际天文学联合会(IAU)决定,1977 年 1 月 1 日原子时(IAT)零时与地球力学时的严格关系定义为

$$\mathrm{TDT} = \mathrm{IAT} + 32.184'' \tag{1-13}$$

在 GPS 定位中,地球力学时作为一种严格均匀的时间尺度和独立的变量,被用于描述卫星的运动。

6. 协调世界时(coordinated universal time,UTC)

在进行大地天文测量、天文导航和空间飞行器的跟踪定位时,仍然需要以地球自转为基础的世界时。但由于地球自转速度有长期变慢的趋势,近 20 年,世界时每年比原子时慢约 1s,且两者之差逐年积累。为避免发播的原子时与世界时之间产生过大偏差,从 1972 年开始,采用了一种以原子时秒长为基础,在时刻上尽量接近于世界时的一种折中时间系统,称为协调世界时。

采用原子时的秒长,并采用跳秒(闰秒,每年 12 月末或 6 月末,具体日期由国际时间局安排并通告)的方法使协调时与世界时的时刻接近。它既保持时间尺度的均匀性,又能近似反映地球自转变化。

7. GPS 时(GPST)

为了保证导航和定位精度,GPS 建立了专门的时间系统,简称 GPST。

GPST 采用原子时 IAT 秒长为时间基准,时间起点定义则为 1980 年 1 月 6 日 UTC0 时,它与 ATI 间存在一常量偏差 19s,即

$$\mathrm{IAT} - \mathrm{GPST} = 19'' \tag{1-14}$$

随着时间推移,GPST 与协调时 UTC 间差异表现为秒的倍数,到 1987 年,差值已达 4s,这种差异会定期发布。GPST 由 GPS 主控站原子钟控制。

1.3.3 大地测量基准与 GPS 测量坐标框架

1.3.1 节所介绍的两种坐标系统解决了 GPS 定位对象所需要的参考基准,实际上根据需要,地球坐标系基准还有其他表示形式,如地球参心坐标系、天文坐标系、站心坐标系、高斯平面直角坐标系等。

其中地球参心坐标系为传统上测量采用的大地测量基准。其与质心坐标最大区别是坐标原点不在地球质心上，而在不与质心重合的椭球中心。

1. 旋转椭球与参心坐标

我们居住的地球自然表面虽然地貌起伏不定，山海高低相差甚大，但相对6371km的地球平均半径而言，其比值亦不过1/318.9。因此，人们设想用占地球表面70.9%的海水面来描述地球形体。这就引出大地水准面概念，它是由平均海平面延长到大陆、岛屿的下面，并到处保持着与重力线垂直相交而形成的闭合曲面，而它所包围的地球形体，称为大地体。由于地球内部质量分布的不均匀，重力分布也不均匀，这导致大地体是一个凹凸不平、很不规则的椭球体，甚至可以用一梨形来描述，因此大地水准面，不能作为GPS卫星导航定位的数据处理的计算基准面。

长期的理论研究和实践表明，当一个通过南北极的子午椭圆，绕地球南北两极旋转一周而形成一个旋转椭球体，用其椭球面代替大地水准面，是一个理想的计算基准面，也就是说，用两极稍扁的旋转椭球体取代大地体，满足了与大地体符合最好，且与地球形状和大小最接近的条件。这一旋转椭球，称为总地球椭球体，一般用四个量来描述总地球椭球的基本特征。

（1）a，地球椭球长半径(m)；

（2）J2，地球重力场二阶带谐系数；

（3）GM，地球引力与地球质量乘积(km/s^2)；

（4）ω，地球自转角速度(rad/s)。

传统的大地测量基准由一组确定测量坐标系（参考面）在地球内部的位置和方向，以及描述参考面形状和大小的参数（包括椭球）来表示。其中一个最能表征该国或该地区的地球形状和大小的地球椭球体称参考椭球。

在常规大地测量中，提取一个参考椭球体面作为本国（或本地区）大地测量的基准面。该参考椭球体的几何元素和它的定位是用弧度测量方法在满足大地水准面差距平方和最小的条件下求得的，因此用这种方法求得的参考椭球体，其中心一般不会和地球质心重合，通常可相差数百米。所以，用常规大地测量方法一般只能建立参心坐标系。参心和质心不重合在常规大地测量中是允许的。

我国目前常用的两个国家坐标系均是参心坐标系，具体如下所述。

2. 1954年北京坐标系

中华人民共和国成立前，我国一直没有统一的坐标系统。中华人民共和国成立初期，为适应迅速开展的测绘工作的需要，根据当时的具体情况，将我国东北呼玛、吉拉林、东宁三个一等基线网与苏联大地网相连，从而将苏联1942年普尔科沃坐标系延伸到我国，定名为1954年北京坐标系。高程异常是以苏联1955年大地水准面差距为依据，按我国天文重力水准路线传递而得。因此，我国1954年北京坐标系实际是苏联1942年坐标系的延伸，其原点不在北京，而在苏联的普尔科沃。其参考椭球体为克拉索夫斯基椭球，对应几何参数如表1-2所示。

表1-2　地球椭球和参考椭球的基本几何参数

参数名称	地球椭球	参考椭球	
	WGS-84	1980年西安坐标系	1954年北京坐标系
长半轴 a/m	6 378 137	6 378 140	6 378 245
短半轴 b/m	6 356 752.314 2	6 356 755.288 2	6 356 863.018 8
扁率 α	1/298.257 223 563	1/298.257	1/298.3
第一偏心率平方 e^2	0.006 694 379 990 13	0.006 694 384 999 59	0.006 693 421 622 966
第二偏心率平方 e'^2	0.006 739 496 742 227	0.006 739 501 819 47	0.006 738 525 414 683

1954年北京坐标系虽然是苏联1942年坐标系的延伸，但二者并非完全相同。因为在该系统中，高程异常是以苏联1955年大地水准面差距为起算数据，按我国天文水准路线推算而得，而高程又采用我国1956年青岛验潮站的黄海平均海水面为基准。

1954年北京坐标系建立之后，我国用该坐标系统完成了大量的测绘工作，获得了许多测绘成果，在国家经济建设和国防建设的各个领域中发挥了巨大作用。但是，随着科学技术的发展，这个坐标系的先天弱点也显得越来越突出，难以适应现代科学研究、经济建设和国防尖端技术的需要，它的缺点主要表现在：

(1) 克拉索夫斯基椭球参数同现代精确的椭球参数相比，误差较大，长半径约长了105～109m，这不仅对研究地球几何形状有影响，特别是该椭球参数只有两个几何参数，不包含表示物理特性的参数，不能满足现今理论研究和实际工作的需要，对于发展空间技术也带来诸多不便。

(2) 椭球定向不明确，既不指向国际通用的CIO极，也不指向目前我国使用的JYD极，椭球定位实际上采用了原苏联的普尔科沃定位，该定位椭球面与我国的大地水准面呈西高东低的系统性倾斜。东部高程异常达60余米。而我国东部地势平坦、经济发达，要求椭球面与大地水准面有较好的密合，但实际情况与此相反。

(3) 该坐标系统的大地点坐标是经局部平差逐次得到的，全国天文大地控制点坐标值实际上连不成一个统一的整体。不同区域的接合部之间存在较大隙距，同一点在不同区的坐标值相差1～2m，不同区域的尺度差异也很大。而且坐标传递是从东北至西北西南，前一区的最末点即为后一区的坐标起算点，因而坐标积累误差明显，这对于发展我国空间技术、国防建设和国家大规模经济建设不利，因此有必要建立新的大地坐标系统。

3. 1980年西安大地坐标系

1978年，我国决定建立新的国家大地坐标系统，并且在新的大地坐标系统中进行全国天文大地网的整体平差，这个坐标系统定名为1980年西安大地坐标系统。1980年西安坐标系的大地原点设在我国的中部，处于陕西省泾阳县永乐镇，椭球参数采用1975年国际大地测量与地球物理联合会推荐值，具体数值如表1-2所示。

为了弥补1954年北京坐标系统的不足，使新定义的1980年西安大地坐标系参考椭球尽可能地接近我国范围内的大地水准面，椭球定位按我国范围内高程异常值平方和最小为准则求解参数，并要求椭球的短轴平行于由地球质心指向1968.0地极原点(JYD)的方向，起始大地子午面平行于格林尼治天文台子午面。1980年西安大地坐标系的长度基准与国际统一长度基准一致，高程基准以青岛验潮站1956年黄海平均海水面为高程起算基准，水准原点高出黄海平均海水面72.289m。

1980年西安大地坐标系建立后，利用该坐标进行了全国天文大地网平差，提供全国统一的、精度较高的1980年国家大地点坐标。据分析，1980年西安大地坐标系下大地点坐标精度完全可以满足1∶5000比例尺测图的需要。

从20世纪50年代开始，空间技术和远程武器得到了迅速的发展。人造卫星和远程武器入轨后都是围绕地球质心飞行的，因而只有在地心坐标系中才能方便地对它们的飞行轨迹进行计算。

同样，远程武器发射时发射点的坐标，以及精密定轨时卫星跟踪站的坐标也必须属于地心坐标系，因此提供高精度的地心坐标以满足空间技术和远程武器的需要就成为卫星大地测量的任务之一。

表面上看，质心坐标既能满足常规大地测量的需要，又能满足空间大地测量的需要，因而可用地心坐标系来替代参心坐标系。但实际则不然，因为地心坐标系和参心坐标系各有其特殊的用途：对于仅涉及一个国家(或地区)内的点与点之间相对位置的大量常规工作而言，一般仍以采用局部性的参心坐标系为宜，这是因为：

(1) 一般采用参心坐标系可以使本国(或地区)范围内大地水准面与椭球体面符合得更好，大地水准面差距较小，有利于把观测资料归化到椭球面上去。

(2) 国家大地点坐标涉及面广，一旦确定后就要求保持相对稳定，不允许经常变动。而地心坐标只涉及卫星跟踪站和导弹发射台，这些台站的地心坐标要求不断精化，因而经过若干年，积累了一定观测资料后，就要重新解算以建立新的地心坐标。

(3) 有利于地心坐标的保密。

考虑到上述原因,在1980年西安大地坐标系建立过程中,同时建立了80质心坐标系和80参心坐标系。

4. WGS-84大地坐标

1987年1月10日开始采用的1984世界协议大地坐标(world geodetic system)是由美国国防部研制的。其几何定义为:原点位于地球质心,z轴指向国际时空局BIH于1984年定义的协议地球极(CTP)方向,x轴指向BIH1984零子午面和CTP赤道的交点,y轴按构成右手坐标系取向,如图1-13所示。同时对应的有WGS-84椭球,其主要计算参数如表1-2所示。

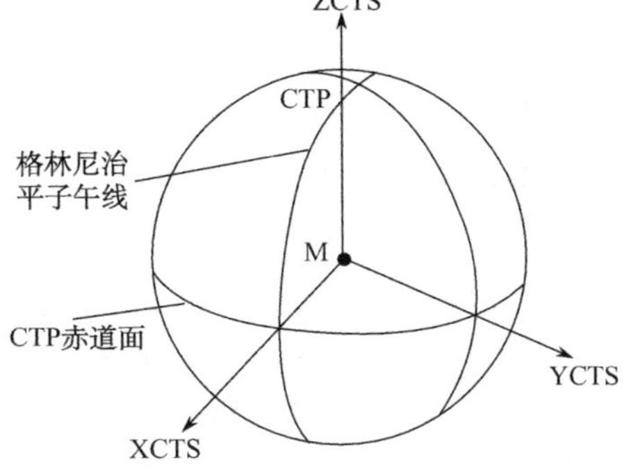

图1-13 WGS-84大地坐标框架

5. 高精度大地测量基准框架

近些年,随着空间信息技术的发展,如甚长基线干涉测量(VLBl)、卫星激光测距(SLR)、地月激光测距(LLR)等,尤其是高精度GPS应用领域的普及,使建立和维持一个基于空间技术的现代化大地坐标参考系统成为可能。其中精度最高、使用最广泛的是国际地球自转服务局(IERS)所建立的国际地球参考框架(international terrestrial reference frame,ITRF)。

IERS于1988年开始建立ITRF国际地球基准坐标系,其主要任务就是维持天球坐标系统框架和地球坐标系统框架的运行,从1988年的初始型ITRF88,目前发展到了最新型ITRF97。ITRF的核心体现的是国际地球参考系统ITRS。

ITRS(international terrestrial reference system)是一种协议地球参考系统,它的定义为:

(1) ITRS所定义的地心为包括海洋和大气的整个地球的质量中心;

(2) ITRS的长度为米(SI),是在广义相对论框架下的定义;

(3) ITRS坐标轴的定向与国际时间局BIHl984.0历元的定义一致;

(4) ITRS系统的时间演变基准是使用满足无整体旋转NNR(No-Net Rotation)条件的板块运动模型,来描述地球各块体随时间的变化。

ITRS的建立和维持是由IERS全球观测网,以及观测数据经综合分析后得到的站坐标和速度场来具体实现的,即国际地球参考框架ITRF。

借助ITRS,1994年6月,美国国防制图局(DMA)对WGS-84世界大地坐标系进行了精化：它用DMA-GPS跟踪站、美国空军AirForce跟踪站和部分IGS观测站的GPS数据，并以IGS观测站在ITRF91国际地球基准坐标系内的站坐标为固定值，精细解算出了GPS跟踪站在1994.0时元的站坐标值，进而解得了一个精确的WGS-84世界大地坐标系，被称为WGS-84(G730)系。此处的G为GPS,730表示GPS星期数，其起算点为1994年1月2日。相关研究表明，WGS-84(G730)坐标和ITRF92坐标的较差优于10cm，从而使WGS-84坐标系统得到精化。

另外，根据特殊服务对象或目的，还需要建立相关坐标系框架。

例如，测量工作以测站为原点，所构成的坐标系称为测站中心坐标系（简称站心坐标系）。站心坐标系分为站心地平直角坐标系和站心极坐标系。

站心地平直角坐标系的 z 轴与过测站的椭球法线重合。x 轴垂直于 z 轴（与过测站的大地子午线相切）并指向椭球的短轴，y 轴垂直于ZToX平面（与过测站的大地平行圈相切），并构成左手坐标系。

再如，前述测量成果均是在曲面上求算点位，如何把曲面上的坐标求算转换到平面上进行，这就需要建立高斯坐标系及地方独立平面直角坐标系。

图1-14表达了大地坐标系统下坐标的表述。

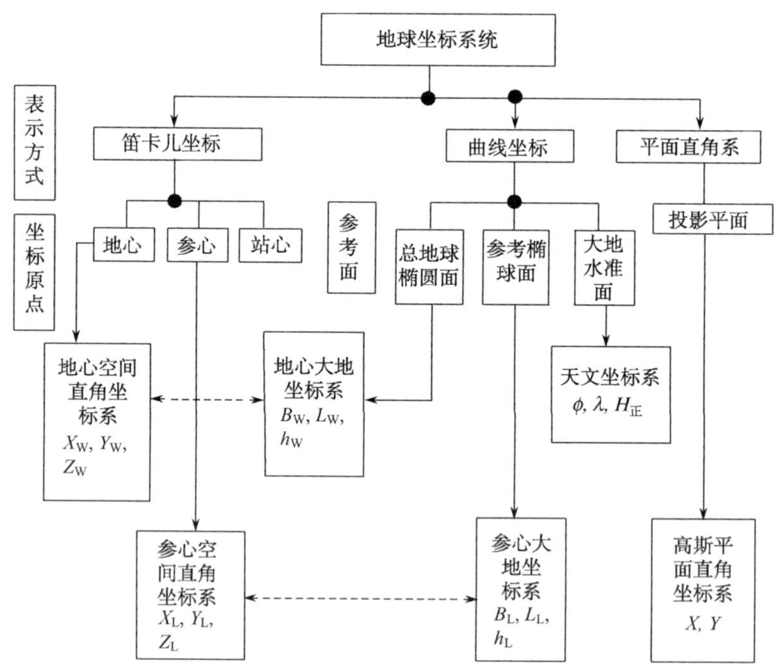

图1-14　地面点的坐标描述

6. 基于高斯-克吕格投影下曲面大地坐标和平面坐标的转换

1）高斯-克吕格投影

高斯-克吕格投影是一种横轴等角切椭圆柱投影。它是将一椭圆柱横切于地球椭球体上，该椭圆柱面与椭球体表面的切线为一经线，投影中将其称为中央经线，然后根据一定的约束条件即投影条件，将中央经线两侧规定范围内的点投影到椭圆柱面上，从而得到点的高斯投影(图 1-15)。

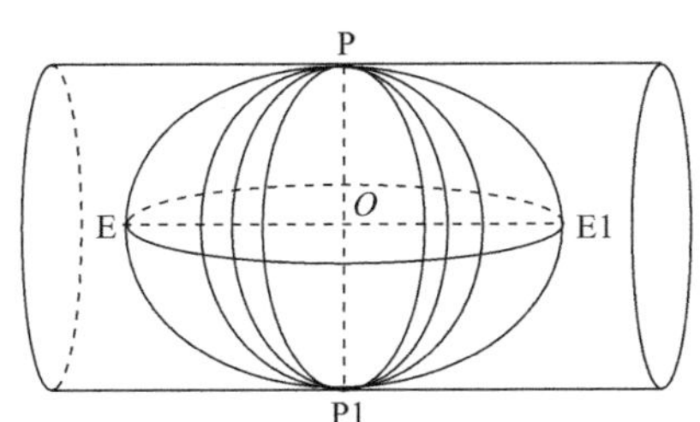

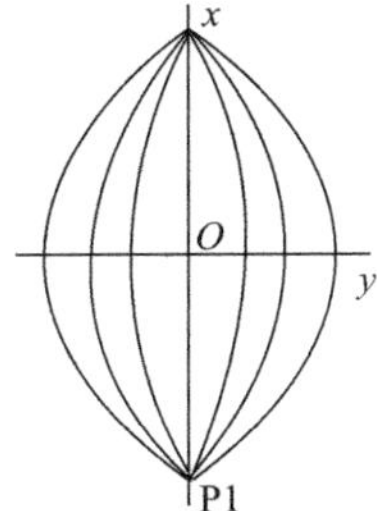

图 1-15　高斯投影

高斯投影的条件为：

(1) 中央经线和地球赤道投影成为直线，且为投影的对称轴；

(2) 等角投影；

(3) 中央经线上没有长度变形。

高斯投影由于是等角投影，故没有角度变形，其沿任意方向的长度比都相等，其面积变形是长度的两倍。

2）由大地坐标(B,L)推算高斯平面直角坐标(x,y)，即由曲面坐标转换成平面坐标这一解算过程称为正解

根据高斯投影的条件，基于式(1-11)，推导出的高斯-克吕格投影的正解计算公式为

$$\begin{cases} x = S + \dfrac{\lambda^2 N}{2}\sin\varphi\cos\varphi + \dfrac{\lambda^2 N}{24}\sin\varphi\cos^3\varphi(5 - \tan^2\varphi + 9\eta^2 + 4\eta^4) - \cdots \\ y = \lambda N\cos\varphi + \dfrac{\lambda^2 N}{6}\cos^3\varphi(1 - \tan^2\varphi + \eta^2) + \dfrac{\lambda^5 N}{120}\cos^5\varphi(5 - 18\tan^2\varphi + \tan^4\varphi) + \cdots \end{cases} \tag{1-15}$$

式中：x、y 分别为转换点的平面直角坐标系的纵、横坐标；纬度 B、经度 L 为转换点的地理坐标，以弧度计；λ 为点的精度 L 与中央经线 L_0 差，即

$$\lambda = L - L_0 \tag{1-16}$$

S 为由赤道至纬度 φ 处的子午线弧长；对于 1954 年北京坐标系所用的克拉索夫椭球而言：

$$S = 111\ 134.861\ 1B^0 - (32\ 005.779\ 9\sin B + 133.9602\sin^3 B + 0.6976\sin^5 B + 0.0039\sin^7 B)\cos B$$

N 为纬度 φ 处的卯酉圈曲率半径：

$$N = C/\sqrt{1+\eta^2} \tag{1-17}$$

式中：η 为地球的第二偏心率；a、b 分别为地球椭球体的长短半轴。

$$\eta^2 = e'^2\cos^2 B \tag{1-18}$$

$$e'^2 = (a^2 - b^2)/b^2 \tag{1-19}$$

$$C = a/\sqrt{1-e^2} \tag{1-20}$$

3）由高斯平面直角坐标 (x,y) 推算大地坐标 (B,L)

这一解算过程称为反解。

同样，设 B 为高斯投影纬度，L 为经度，过中央子午线的经度 L_0。

$$B = B_f^0 - \frac{t_f}{2N_f^2\cos B_f}(1+\eta_f^2)y^2 + \frac{t_f}{24N_f^4\cos B_f}(5+3t_f^2+6\eta_f^2 - 6t_f^2\eta_f^2 - 3\eta_f^4 + 9t_f^4\eta_f^4)y^4 - \frac{t_f}{720N_f^6\cos B_f}(61+90t_f^2+45t_f^4+107\eta_f^2 + 162t_f^2\eta_f^2 + 45t_f^4\eta_f^4)y^6 + \cdots \tag{1-21a}$$

$$L = L_0 + \frac{1}{N_f\cos B_f}y - \frac{1}{6N_f^3\cos B_f}(1+2t_f^2+\eta_f^2)y^3 + \frac{1}{120N_f^5\cos B_f}(5+28t_f^2+24t_f^4+6\eta_f^2+8t_f^2\eta_f^2)y^5 + \cdots \tag{1-21b}$$

式中：f 为与转换点有关的量；N_f 为此处卯酉圈曲率半径；B_f^0 为底点纬度，对于 1954 年北京坐标所用的克拉索夫椭球而言：

$$B_f^0 = 27.111\ 153\ 725\ 95 + 9.024\ 682\ 570\ 83(S-3) - 0.005\ 797\ 404\ 42(S-3)^2 - 0.000\ 435\ 325\ 72(S-3)^3 + 0.000\ 048\ 572\ 85(S-3)^4$$

$$t_f = \tan B_f \tag{1-22}$$

$$\eta_f^2 = e'^2\cos^2 B_f \tag{1-23}$$

借助程序，高斯坐标换算可以实现自动解算。

习　　题

1. GPS 有哪些特点？
2. 子午卫星系统的组成及其特点是什么？
3. GPS 系统的功能？
4. GPS 卫星定位技术的发展包括哪三个阶段？
5. GPS 现代化的政策主要有哪些？
6. GPS 在测绘工作中的应用主要包括哪些方面？
7. 全球定位系统由哪些部分组成及它们的主要功能是什么？
8. 天球的基本概念是什么？
9. 协议天球坐标系和协议地球坐标系的定义分别是什么？
10. 岁差与章动的概念是什么？
11. 符合什么条件的可观察的周期运动现象可用做确定时间的基准？
12. 时间系统都有哪些？各自含义是什么？
13. 大地测量基准坐标系有哪些？

第 2 章　GPS 卫星运动轨道及卫星定位信号

2.1　卫星在轨定位方法

2.1.1　开普勒定律

卫星在空间的运行规律可用德国天文学家开普勒(Kepler,1571～1630 年)所发现的行星运动三大定律来进行描述。这是因为行星围绕太阳的运动与卫星围绕地球的运动具有相同的力学关系。

1. 开普勒第一定律

开普勒第一定律:卫星运行的轨道是一个椭圆,而该椭圆的一个焦点与地球的质心相重合。

这一定律表明,在中心引力场中,卫星围绕地球运行的轨道面是一个通过地球质心的静止平面。轨道椭圆一般称为开普勒椭圆,椭圆的形状和大小不变。在椭圆轨道上,卫星离地球质心最远的一点称为远地点,卫星离地球质心最近的一点称为近地点。它们在惯性空间的位置是固定不变的,如图 2-1 所示。

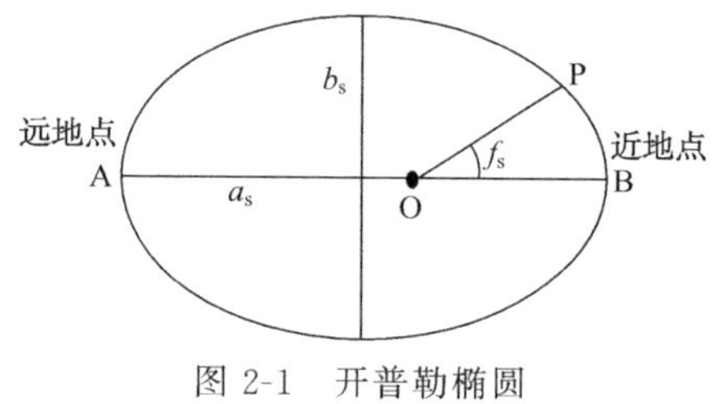

图 2-1　开普勒椭圆

卫星围绕地球质心运动的轨道方程为

$$r = \frac{a_s(1 - e_s^2)}{1 + e_s \cos f_s} \tag{2-1}$$

式中:r 为卫星与地球质心的距离,通常称为卫星的地心向径;a_s 为开普勒椭圆的长半径;e_s 为开普勒椭圆的偏心率;f_s 为真近点角,是用来描述任意时刻卫星在轨道上相对于近地点的位置,它是时间的函数。

2. 开普勒第二定律

开普勒第二定律:卫星的地心向径,即地球质心与卫星质心间的距离向量,在相同的时间内所扫过的面积相等。

卫星在轨道上运行与其他运动的物体一样,也具有两种能量,即位能(或称为势能)和动能。位能仅受到地球重力场的影响,其大小和卫星与在轨道上所处的位置有关。卫星在近地点时其位能最小，在远地点时其位能最大。卫星在任一时刻 t 所具有的位能为 $-\frac{GMm_s}{r}$。动能则是由卫星的运动所引起的，其大小是卫星运动速度的函数。卫星运动的速度如果为 v_s，则其动能为 $\frac{1}{2}m_s v_s^2$。根据能量守恒定律，卫星在运动过程中，其位能和动能的总合应该保持不变。即

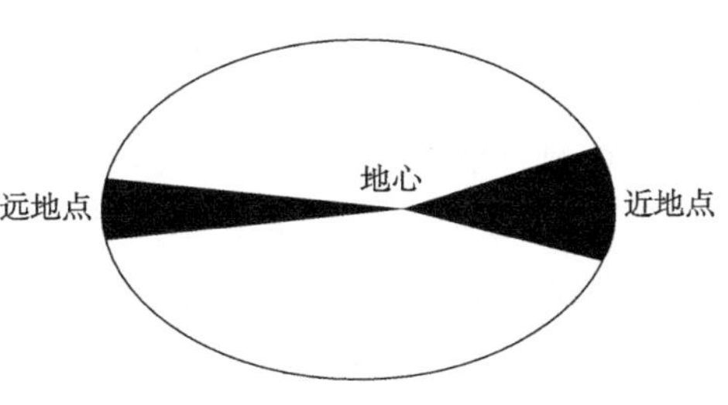

图 2-2　卫星地心向径扫过面积示意图

$$\frac{1}{2}m_s v_s^2 - \frac{GMm_s}{r} = 常量 \tag{2-2}$$

所以，卫星运行在近地点时，其动能应该最大；卫星运行在远地点时，其动能应该最小。因此，由开普勒第二定律可知，卫星在椭圆轨道上的运行速度是不断变化的，在近地点处速度为最大，而在远地点处速度为最小。图 2-2 为卫星地心向径扫过面积示意图。

3. 开普勒第三定律

开普勒第三定律：卫星运行周期的平方，与椭圆轨道长半径的立方之比为一常量，而该常量等于地球引力常数 GM 的倒数。

开普勒第三定律的数学形式为

$$\frac{T_s^2}{a_s^3} = \frac{4\pi^2}{GM} \tag{2-3}$$

式中：T_s 为卫星运行的周期，其余符号同前。

如果假设卫星运行的平均角速度为 n，则有

$$n = \frac{2\pi}{T_s}(\text{rad}/s) \tag{2-4}$$

将式(2-4)代入式(2-3)，可有

$$n^2 a_s^3 = GM \tag{2-5}$$

或写成下面另一形式

$$n = \left(\frac{GM}{a_s^3}\right)^{\frac{1}{2}} \tag{2-6}$$

可知：当卫星运行的开普勒椭圆轨道长半径确定后，卫星运行的平均角速度便随之确定，而且保持不变。

2.1.2　卫星的无摄运动

由开普勒定律可知，卫星运动的轨道，是通过地球质心平面上的一个椭圆，而

且该椭圆的一个焦点与地球质心是重合的。要确定椭圆大小和形状至少需要两个参数，即椭圆的长半径 a_s 及其偏心率 e_s 或椭圆的短半径 b_s。另外，为了要确定在任意时刻卫星在轨道上的位置，还需要一个参数，一般取真近角 f_s。利用参数 a_s、e_s 和 f_s 能够唯一地确定卫星轨道的形状、大小以及卫星在轨道上的瞬时位置。

卫星的运行轨道平面与地球相对位置和方向还无法确定。为了确定卫星轨道与地球之间的关系，可以表达为确定开普勒椭圆在天球坐标系中的位置和方向。根据开普勒第一定律，轨道椭球的一个焦点与地球的质心重合，所以为了确定该椭圆在上述坐标系中的方向，尚需三个参数。

卫星的无摄运动，一般可以通过一组适宜的参数来描述，但是这组参数的选择并不是唯一的。其中一组应用广泛的参数，称为开普勒轨道参数，或称开普勒轨道根数。现将这组参数的惯用符号及定义，综合介绍如下：

(1) a_s 表示轨道椭圆的长半轴。

(2) e_s 表示轨道椭圆的偏心率。

以上两个参数，确定了开普勒椭圆的形状和大小。

(3) Ω 表示轨道升交点的赤经，即在地球赤道平面上，升交点与春分点之间的地心夹角。升交点，即当卫星由南向北运动时，其轨道与地球赤道面的一个交点。

(4) i 表示轨道面的倾角，即卫星轨道平面与地球赤道面之间的夹角。

以上两个参数，唯一地确定了卫星轨道平面与地球体之间的相对定向。

(5) ω_s 表示近地点角距，即在轨道平面上，升交点与近地点之间的地心夹角。该参数表达了开普勒椭圆在轨道平面上的定向。

(6) f_s 表示卫星的真近角点，即在轨道平面上，卫星与近地点之间的地心角距。该参数为时间函数，它确定了卫星在轨道上的瞬时位置。

但在特殊情况下，例如，当卫星轨道为一圆形轨道，即 $e_s=0$ 时，参数便失去了意义。但对于 GPS 卫星来说，$e_s\approx 0.01$，所以采用上述 6 个轨道参数是适宜的而且是必要的。至于参数 a_s、e_s、Ω、i、ω_s 的大小，则由卫星的发射条件决定。

2.1.3 卫星的受摄运动

1. 卫星运动的摄动力

卫星实际的运动轨道，受到多种非地球中心引力影响，使其偏离开普勒椭圆轨道。对 GPS 卫星来说，仅地球非球性影响，在 3h 的弧度上，就可能使卫星的位置偏差达到 2km，而在两日弧段上则可达到 14km。显然，这种偏差对于任何用途的测量定位来说，都是不容忽视的。为此，必须建立各种摄动力模型，对卫星的开普勒轨道加以修正，以满足精密定轨和定位的要求。

卫星在运行中，除主要受地球中心引力的作用外，还将受到以下各种摄动力的影响，从而引起轨道的摄动：

（1）地球体的非球性及其质量分布不均匀而引起的作用力，即地球非中心引力。

（2）太阳的引力和月球引力。

（3）太阳的直接与间接辐射压力。

（4）大气的阻力。

（5）地球潮汐的作用力。

在摄动力加速度的影响下，卫星运行的开普勒轨道参数，不再保持常数而变为时间的函数。根据分析，在数小时和数日内，GPS 卫星轨道，因各种摄动力加速度的影响而产生较大偏差。为使相对定位精度达到 10^{-7}～10^{-6}，要求卫星轨道的精度为 2～20m。因此，研究各种摄动力模型，对满足精密定轨的要求，具有非常重要的意义。

在上述各种摄动力中，大气阻力的影响主要取决于大气的密度、卫星的断面与质量之比和卫星的速度。由于 GPS 卫星所处的高空，大气密度甚微，其对卫星阻力的影响一般可以忽略。地球受日月引力影响产生潮汐现象，而地球的潮汐，又将对卫星的运动产生影响，所以地球潮汐的影响，可以认为是日月引力对卫星运动的一种间接的影响。理论分析表明，对 GPS 卫星来说，这种影响也不明显。所以，下面简要地介绍一下其他一些摄动力对 GPS 卫星轨道的影响。

2. 各种摄动力的影响

1）地球非球形引力的影响

在卫星无摄运动中，我们曾经假设地球是一个均匀的质体，其质量集中于球心。这时地球所形成的引力场称为中心引力场。可是实际上，地球不仅内部质量分布不均匀，而且形状也很不规则。现代大地测量学已经测定，地球的实际形状，大体上虽然比较接近于一个长短轴相差约 21km 的椭球，但在北极仍然高出椭球面约 19m，而在南极却凹下约 26m。

由于 GPS 卫星轨道较高，而随着高度的增加，地球非球形引力的影响将迅速减小。地球引力场摄动位对 GPS 卫星轨道的影响主要表现如下：

（1）引起轨道平面在空间的旋转。

（2）引起近地点在轨道面内的旋转。

（3）引起平近点角的变化。

2）日月引力的影响

日月引力对卫星轨道的影响，是由太阳和月亮的质量，对卫星所产生的引力加速度而产生的。由日月引力加速度引起的卫星轨道摄动，主要是长周期的。对GPS卫星产生的摄动加速度约为 $5\times10^{-6}m/s^2$。如果忽略这项影响，将可能使GPS卫星在3h弧度上产生约50～150m的位置误差。

虽然太阳的质量远大于月亮的质量，但其距离较远，所以太阳引力影响仅约为月球引力影响的0.46倍。至于太阳系其他行星对GPS卫星轨道的影响，比太阳引力的影响还小，一般可忽略不计。

3）太阳光压的影响

卫星在运行中，除直接受到太阳光的辐射压力影响外，还将受到由地球反射的太阳光间接辐射压力的影响。不过间接辐射压力对GPS卫星运动的影响较小，一般只有直接辐射压力影响的1%～2%。

太阳辐射压，对球形卫星所产生的摄动加速度，既与卫星、太阳和地球之间的相对位置有关，也与卫星表面反射特性、卫星的截面面积与质量比有关。其间关系比较复杂。

太阳光压对GPS卫星所产生的摄动加速度约为 $10^{-7}m/s^2$ 量级，由此将使卫星轨道在3h弧度上产生5～10m的偏差。所以，这一轨道偏差，对于基线大于50km的精密相对定位，一般是不能忽略的。

2.2 GPS卫星的载波信号

GPS卫星的载波信号包括L1和L2两种载波。它们是将GPS卫星原子钟的基准频率 f_0 分别倍频154倍和120倍获得的。其频率和波长分别为：

L1载波：$f_1=154\times10.23MHz=1575.42MHz$，波长 $\lambda_1=19.03cm$；

L2载波：$f_2=120\times10.23MHz=1227.60MHz$，波长 $\lambda_2=24.42cm$。

GPS卫星的测距码信号和导航电文信号都属于低频率信号，从现代数字通信理论可知，很难将这些低频信号从GPS卫星传输到地面接收站。解决这一难题的方法，就是由GPS卫星发射一种高频率信号，即L波段载波信号，并将低频率测距码信号和导航电文信号调制到L载波上，构成一高频率的调制信号，再将高频率调制载波信号携带着测距码和导航电文信号传送到地面接收站。

GPS卫星发射两个载波信号，其目的在于测量或消除由于电离层效应而引起的信号延迟误差，进而消除或削弱电离层效应对导航和测量定位的影响。

GPS卫星发射的两种载波信号，即L1载波和L2载波，其上分别调制着测距码（C/A码和P码）和导航电文，具体情况如图2-3所示。在L1载波上调制有C/A码、P码和导航电文，在L2载波上调制有P码和导航电文。

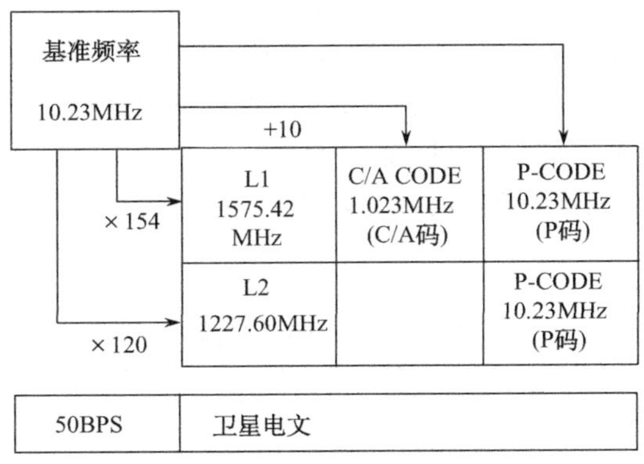

图 2-3　GPS 卫星信号构成示意图

2.3　GPS 卫星的测距码信号

GPS 卫星发射两个测距码信号，即 C/A 码和 P 码。其中 C/A 码的数码率为 1.023bit/s，周期为 1ms，码长为 1023bit，波长为 293m，是一种用来捕获信号、进行粗测距的不保密明码，所以其又被称为粗码、捕获码和明码。而 P 码的数码率为 10.23Mbit/s，周期为 267 天，码长为 2.35×10^{14} bit，波长为 29.3m，是一种用于进行精测距的保密码，所以其又被称为精码、保密码。C/A 码和 P 码都属于伪随机噪声码信号。

2.3.1　随机噪声码

在信息理论中通常将一组不包含我们需要信息的量称为噪声(白噪声)。长期以来，在通信技术、计算机技术和各种电子技术中，噪声总是作为信号的对立面而出现，人们总是想方设法试图消灭它。然而在 20 世纪 40 年代信息理论形成以后，人们发现噪声信号也有其有用的一面，其主要表现在：

(1) 在雷达技术中，为了实现同时进行测距和测速目的，利用噪声形式的信号，可以达到最小的测量模糊度。

(2) 噪声形式的信号是实现有效通信的最佳信号。

(3) 噪声形式的信号具有良好的自相关性。

码是指一种表达信息的二进制数及其组合，是一组二进制的数码序列。如果将某一信息按照某一预定的规则，表示成为一组二进制数的组合，则称这一过程为编码。在数码序列中，一个二进制数(0 或 1)称为一个码元或一个比特(bit)。

在二进制的数字化信息传输中，每秒钟所传输的比特数为数码率，用以表示数字化信息的传输速度，其单位为 bit/s，或记为 BPS。

噪声信号可以用随机码序列 $U(t)$ 来表示，如表 2-1 所示。很显然，随机码序列 $U(t)$ 中的每个码元是 0 或 1，整体来说，其出现的概率各为 1/2。但相对于某个时刻 t 而言，又是完全随机的，而且是全无规律性。所以，这种码元幅值全无规律的数码序列又称为随机噪声码（或称为随机码、噪声码）。它是一种非周期、无法复制的序列。

表 2-1　随机噪声码序列

t	1	2	3	4	5	6	7	8	9	10	11	12	13	14	15	…
$U(t)$	1	0	1	1	0	1	0	0	1	0	0	1	0	1	0	…

随机噪声码即是噪声信号的一种表现形式，所以随机噪声码具有良好的自相关性。对 GPS 卫星发射的测距码信号进行量测获得伪距观测值，即是利用 GPS 卫星测距码信号良好的自相关性。这里首先介绍一下随机噪声码良好的自相关性。

任意两个随机噪声码序列 $U(t)$ 与 $V(t)$ 的相关性，可用下式表示

$$R(t)=\frac{A-B}{A+B} \tag{2-7}$$

式中：将这两个随机噪声码序列 $U(t)$ 与 $V(t)$ 对齐进行比较，在对应的码元中，码值相同（同为 0 或同为 1）的码元个数为 A，而码值相异（其一为 1、而另一个为 0）的码元个数为 B。那么两者之差 $A-B$ 与两者之和 $A+B$（即码元总数）的比值，即定义为这两个随机噪声码序列 $U(t)$ 与 $V(t)$ 的相关系数，并用符号 $R(t)$ 表示。

对于两个任意随机噪声码序列 $U(t)$ 和 $V(t)$，在各位置上其幅值为 1 或 0 出现的概率各为 1/2。那么将两码 $U(t)$ 与 $V(t)$ 对齐进行比较，在对应的码元中，两个码值相同（同为 1 或同为 0）的概率和码值相异（其一为 1、而另一个为 0）的概率各为 1/2。即此时 $A\approx B$，则这两个随机噪声码序列 $U(t)$ 和 $V(t)$ 的相关系数 $R(t)\approx 0$。

对于一个随机噪声码序列 $U(t)$，现假设将其复制并与其自身对齐进行比较，现求其相关系数。此时会有 $A=n$（n 为随机噪声码序列的码元总数），而 $B=0$；则相关系数 $R(t)=1$（MAX），即其相关程度最大。也就是说，随机噪声码序列具有良好的自相关特性。

为了说明在实用中如何利用随机噪声码序列良好的自相关特性，现将某一随机噪声码序列 $U(t)$ 平移 K 个码元，由此得到一个具有相同结构的新随机噪声码序列 $U'(t)$。现求这两个随机噪声码序列 $U(t)$ 与 $U'(t)$ 的相关系数 $R(t)$ 的值。若 $K=0$，其相关系数 $R(t)=1$；若 $K\neq 0$，其相关系数 $R(t)=0$。也就是说，当 $K=0$

时，是将它们对齐进行比较，此时 $R(t)=1$；当 $K\neq 0$ 时，是将它们错位（错位数等于 K）进行比较，此时 $R(t)=0$。因此，可根据其相关系数 $R(t)$ 的取值，判断这两个码是否已经对齐。

现假设 GPS 卫星发射一个随机噪声码 $U(t)$，而 GPS 信号接收机在接收到卫星信号 $U(t)$ 的同时，也复制出一个结构与 $U(t)$ 完全相同的随机噪声码，这时由于信号传播时间延迟的影响，接收机接收到的卫星随机噪声码信号与接收机复制的随机噪声码信号之间便产生了一个平移，即此时二者是错位的，利用相关器求其相关系数，$R(t)=0$。若通过一个时间延迟器来进行调整，逐渐使它们完全对齐，则此时其相关系数 $R(t)=1$。那么就可以从 GPS 接收机时间延迟器中测出卫星信号到达接收机的传播时间，将之乘以光速即为卫星至观测站的距离。这一测定卫星信号传播时间的过程是以随机噪声码良好的自相关性为基础的。

2.3.2　伪随机噪声码的产生

虽然随机噪声码具有良好的自相关特性，但是随机噪声码是一种非周期性的码序列，而且其没有确定的编码规则，所以随机噪声码是无法复制的。那么我们也就无法利用随机噪声码良好的自相关特性。为了能够在实践中应用，GPS 采用一种伪随机噪声码（pseudo random noise，PRN），简称伪随机码或伪码。这种伪随机噪声码序列不仅具有随机噪声码良好的自相关性，而且还具有确定的编码规则，是周期性的，可以复制。

伪随机噪声码是由一个称为“多级反馈移位寄存器”的装置产生的。这种多级反馈移位寄存器是由一组连接在一起的存储单元组成，每个存储单元只有 0 或 1 两种状态。移位寄存器是在置“1”脉冲和钟脉冲的驱动下进行工作的。下面通过举例来说明多级反馈移位寄存器的工作原理。

1. m 序列的产生

图 2-4 为一个由 4 个存储单元组成的四级反馈移位寄存器，其工作过程为：首先，4 个存储单元在置“1”脉冲的作用下全部处于“1”的状态，然后在钟脉冲的作用下进行工作。当钟脉冲加到 4 个存储单元时，每个存储单元都将自己的存储内容按顺序由上一存储单元转移到下一个存储单元，而最后一个存储单元的内容便作为输出。与此同时，可以将某一存储单元或几个存储单元的输出反馈给第一存储单元。此例是将第一存储单元和第四存储单元的输出内容经模二相加，再反馈给第一存储单元。

模二相加是二进制数的一种加法运算，通常用符号⊕表示。其运算规则是

$$1\oplus 1=0,\quad 0\oplus 1=1,\quad 1\oplus 0=1,\quad 0\oplus 0=0$$

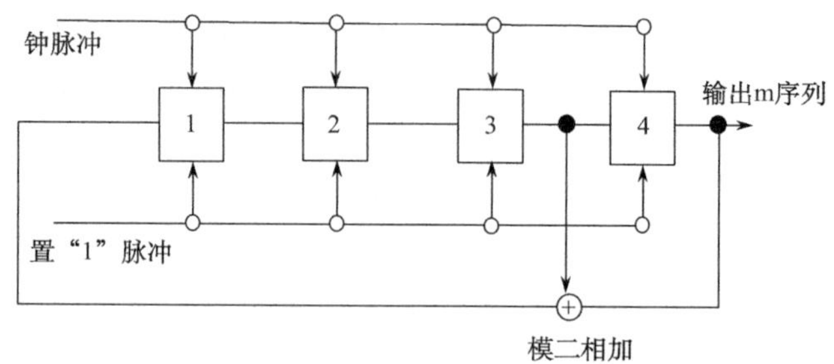

图 2-4　四级反馈移位寄存器示意图

在置“1”脉冲的作用下，各级存储单元全部处于“1”的状态，此后在钟脉冲的作用下，移位寄存器将可能经历 15 种不同的状态。这 15 种可能的状态如表 2-2 所示。

表 2-2　四级反馈移位寄存器状态表

状态编号	各级寄存器状态				模二相加结果
	1	2	3	4	
1	1	1	1	1	0
2	0	1	1	1	0
3	0	0	1	1	0
4	0	0	0	1	1
5	1	0	0	0	0
6	0	1	0	0	0
7	0	0	1	0	1
8	1	0	0	1	1
9	1	1	0	0	0
10	0	1	1	0	1
11	1	0	1	1	0
12	0	1	0	1	1
13	1	0	1	0	1
14	1	1	0	1	1
15	1	1	1	0	1
1	1	1	1	1	0

四级移位寄存器经历了上述 15 种可能的状态之后，又回到了全“1”的状态，从而完成了一个最大周期。在四级移位寄存器经历了上述 15 种状态的同时，从第四

级存储单元也输出了一个具有 15 个码元的二进制数码序列。随着四级移位寄存器不间断地工作，这个二进制数码序列将以 $15t_0$ 为周期持续产生。其中 t_0 为两个钟脉冲的时间间隔(也称为码元宽度)。这种二进制数码序列，通常称为 m 序列(图 2-5)。该四级反馈移位寄存器所输出一个周期 m 序列为 1 1 1 1 0 0 0 1 0 0 1 1 0 1 0 ……

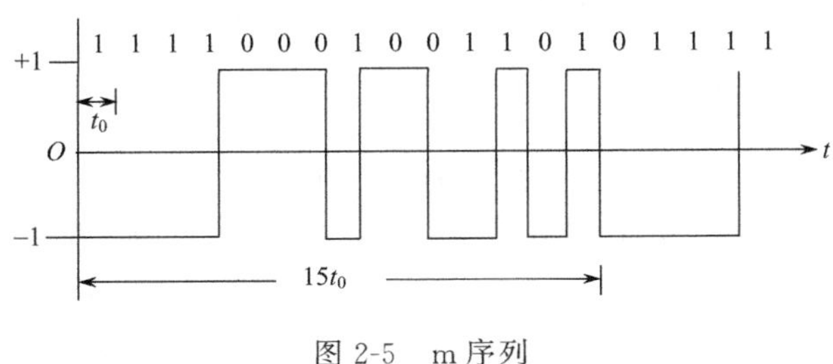

图 2-5　m 序列

2. m 序列的特性

任何一个 r 级反馈移位寄存器，采用适当的反馈方式，都能产生一个 m 序列。而且 m 序列都具有下列特性：

(1) 在一个周期内，码元为“1”的数目与为“0”的数目基本相等，“1”的数目比“0”的数目多一个，因为不允许存在全“0 的状态”。

(2) r 级反馈移位寄存器产生的 m 序列，在一个周期内码元的最大个数为

$$N_r = 2^r - 1 \tag{2-8}$$

与之相应，该 m 序列的最大周期为

$$T_r = (2^r - 1) \cdot t_0 = N_r \cdot t_0 \tag{2-9}$$

式中：N_r 通常称为 m 序列的码长(一个周期内的码元个数)；t_0 为码元宽度。

(3) 一个 m 序列 m_p 与其经过任意次延迟移位后产生的另一个 m 序列 m_r，经过模二相加得到一个新的 m_s，m_s 仍是 m 序列。即

$$m_p \oplus m_r = m_s$$

(4) m 序列的结构取决于反馈移位寄存器的反馈连接方式。反馈连接方式不同，所产生的 m 序列的结构也不同。

(5) 两个结构相同、周期也相同的 m 序列，当它们相应码元完全对齐时，则其相关系数 $R(t)=1$。而在其他情况下，由于一个周期内“1”的数目比“0”的数目多一个。则其相关系数为

$$R(t) = -\frac{1}{N_r} = -\frac{1}{2^r - 1} \tag{2-10}$$

当 r 足够大时，就有 $R(t)\approx 0$。所以，伪随机噪声码与随机噪声码一样，都具有良好的自相关特性。同时伪随机噪声码又有确定的结构，是可以复制的周期性序列。

所以，用户接收机可以很方便地复制出 GPS 卫星所发射的伪随机噪声码信号，并通过与接收到的卫星码信号进行相关处理，精确地测定信号的传播时间延迟，从而进一步计算出某一时刻卫星到观测站的距离。

3. m 序列的截短与复合

由 r 级反馈移位寄存器产生的周期性 m 序列，有时为了某种需要，可以截取其中的一部分组成一个新的周期性序列加以利用。这个新的周期较短的序列，称为截短序列或截短码。与此相反，在实际应用中有时还需要将两个或几个周期较短的 m 序列，按照预定的规则，构成一个新的周期较长的序列，这个新的周期较长的序列，称为复合序列或复合码。

1）m 序列的截短

m 序列的截短可以通过图 2-6 所示的状态检出器来实现。当反馈移位寄存器的各级存储单元所存储的内容与状态检出器所设置的状态相同时，状态检出器即驱动置“1”脉冲产生作用，使各级存储单元重新置“1”，重新开始新的循环。例如，假设在状态检出器中提前设置一个状态“ 1、0、0、1 ”，那么当反馈移位寄存器的四个存储单元处于第八个状态（表 2-2）时，即“ 1、0、0、1 ”，与状态检出器中提前设置的状态相同，此时状态检出器即驱动置“1”脉冲产生作用，使各级存储单元重新置“1”，回到了全“1”状态，又重新开始新的循环。现在由第四个存储单元输出的是周期为 $8t_0$ 的截短序列。可见，在状态检出器中按要求提前设置一个状态，可以按我们的要求提前确定截短序列的周期长短。

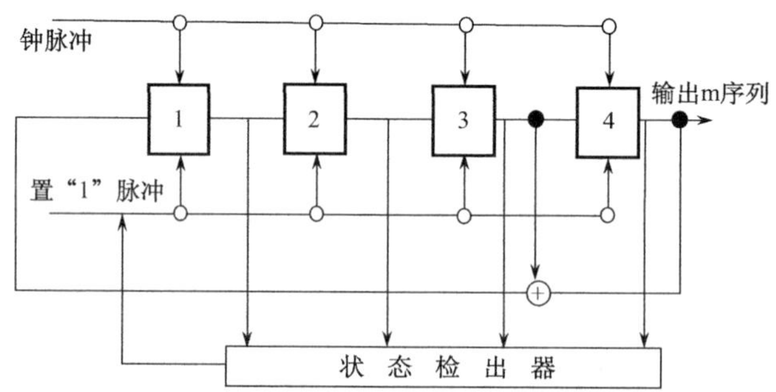

图 2-6　状态检出器示意图

2) m 序列的复合

由两个或几个周期较短的 m 序列，按照预定的规则，构成一个新的周期较长的复合序列。构成复合序列的规则有模二相加法、逻辑乘构码法等。现以模二相加法构成复合序列为例来说明。

将一个码长 $N_1=3$ 的码序列：a(0,1,1)和另一个码长 $N_2=7$ 的码序列：b(1,1,1,0,1,0,0)，进行模二相加构成复合序列 x。首先将两个码的码长分别扩大到二码的最小公倍数(21)，对齐后采用模二相加运算规则进行计算，即

a：0 1 1 0 1 1 0 1 1 0 1 1 0 1 1 0 1 1 0 1 1

b：1 1 1 0 1 0 0 1 1 1 0 1 0 0 1 1 1 0 1 0 0

x：1 0 0 0 0 1 0 0 0 1 1 0 0 1 0 1 0 1 1 1 1

可见，所构成的复合序列 x 的码长为 21。

2.3.3 GPS 卫星测距码信号

GPS 的卫星采用两种测距码信号，即 C/A 码和 P 码(或 Y 码)，它们都属于伪随机噪声码。下面就 C/A 码和 P 码的产生方式、特点和作用分别予以介绍。

1. C/A 码

C/A 码是用于进行粗测距和捕获 GPS 卫星信号的伪随机码，是对所有用户都公开的明码。C/A 码是由两个 10 级反馈移位寄存器组合产生的，如图 2-7 所示。每周日子夜零时，两个反馈移位寄存器的所有存储单元，在置“1”脉冲的作用下处于全“1”状态。然后在频率为 $f_1=f_0/10=1.023\text{MHz}$ 的钟脉冲的驱动下，两个移位寄存器分别产生码长为 $N_r=2^{10}-1=1023\text{bit}$，周期为 $T_r=N_r\cdot t_0=1\text{ms}$ 的 m 序列 $G_1(t)$和 $G_2(t)$。从图中可以看出，两个反馈移位寄存器的反馈方式是公开的，而且 $G_2(t)$的输出，不是由该移位寄存器的最后一个存储单元输出的，而是由第三个和第八个存储单元输出的结果经模二相加而获得。再经过相位选择器进行移位，得到一个与 $G_2(t)$等价的 m 序列 $G_2(t+i\cdot t_0)$。然后将 $G_1(t)$与 $G_2(t+i\cdot t_0)$进行模二相加，便得到了 C/A 码。

C/A 码的特点：

(1) 由 $G_2(t)$到 $G_2(t+i\cdot t_0)$，由于采用不同的 $i\cdot t_0$ 值，$G_2(t)$可以有 1023 种平移序列。所以将可能产生 1023 种不同结构的 C/A 码。这些不同结构的 C/A 码，其码长、周期、数码率和码元宽度都相同。其具体数值为：

码长 $N_r=2^{10}-1=1023\text{bit}$；

周期 $T_r=N_r\cdot t_0=1\text{ms}$；

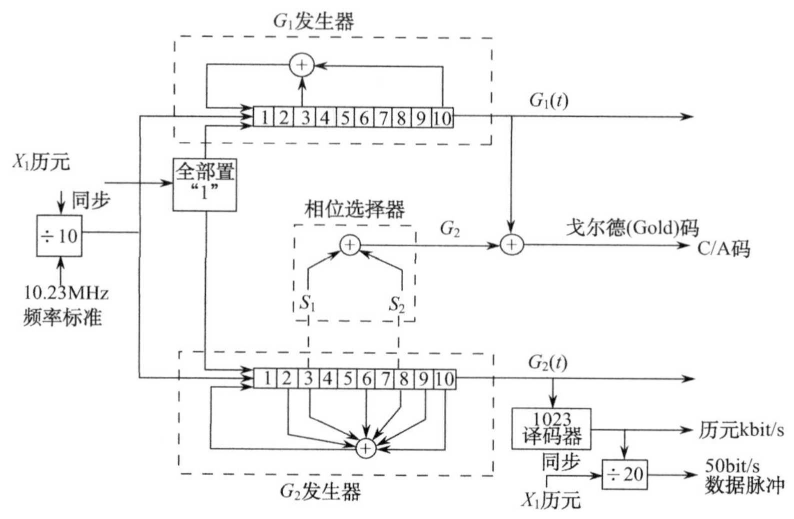

图 2-7 C/A 码构成示意图

数码率＝1.023M bit/s；

码元宽度 $t_0=1/f_1\approx0.977\ 52\times10^{-6}$s(相应距离为 293.1m)。

(2) 由于 C/A 码的码长很短，只有 1023 个码元，而跟踪搜索卫星信号的速度是每秒 50 个码元，即使在最困难情况下，也仅需要 20.5s 便可搜索到 C/A 码。所以，接收机接收 GPS 卫星信号时，C/A 码很容易被捕获，而且通过捕获的 C/A 码所获得的信息，又可以非常方便地捕获到 P 码。所以，通常又将 C/A 码称为捕获码。

(3) 由于 C/A 码的码元宽度较大，利用 C/A 码进行测距时，如果假设两个码序列的对齐精度为其码元宽度的 1/100，则此时相应的测距误差可达 2.93m。精度较低，所以 C/A 码也被称为粗码。

2. P 码

P 码是用于进行精测距的伪随机码，其产生的原理与 C/A 码相似，但其具体情况非常复杂，而且其线路设计的细节，目前仍是保密的。这里进行大致介绍：

P 码是由两个伪随机码 $PN_1(t)$和 $PN_2(t)$的乘积获得的。其中 $PN_1(t)$是由两个 12 级反馈移位寄存器组合构成的，在频率为 10.23MHz 钟脉冲的驱动下，本应产生码长为 $N_{r1}=(2^{12}-1)\cdot(2^{12}-1)=16.769\times10^6$ bit、周期为 $T_{r1}=N_r\cdot t_0=1.6$s 的 m 序列，但在截短电路的作用下，$PN_1(t)$是码长为 $N_{r1}=15.345\times10^6$ bit、周期为 $T_{r1}=1.5$s 的截短序列。$PN_2(t)$是由另外两个 12 级反馈移位寄存器组合构成的，其是码长为 $N_{r2}=15.345\times10^6+37$bit 的截短序列。$PN_2(t)$与 $PN_1(t)$的数码率是相同的，但其码长却比 $PN_1(t)$多 37 个码元。然后将 $PN_2(t)$进行移位后

再与 $PN_1(t)$ 相乘，所获得的复合序列即为 P 码。可用下式表示

$$P(t) = PN_1(t) \cdot PN_2(t + i \cdot t_0) \quad (i = 0, \cdots, 36) \tag{2-11}$$

P 码的特点：

(1) 如式(2-11)所获得的 P 码，其码长、周期、数码率和码元宽度的具体数值为：

码长 $N_p = N_{r1} \cdot N_{r2} \approx 2.35 \times 10^{14}$ bit；

周期为 $T_p = N_p \cdot t_0 \approx 267$ 天 ≈ 38 周；

数码率＝10.23M bit/s；

码元宽度 $t_0 = 1/f_0 \approx 0.097\ 752 \times 10^{-6}$ s(相应距离为 29.3m)。

在式(2-11)中，i 取不同的数值(0,1,2,…,36)，这样可获得 37 种 P 码。在实际使用中，P 码采用以 7 天为周期，即在乘积码 $PN_1(t) \cdot PN_2(t+i \cdot t_0)$ 中截取一段周期为 7 天的 P 码。这样可获得 37 种不同结构，周期为一周的 P 码(其实际码长为 6.19×10^{12} bit)。在这 37 个 P 码中，32 个供不同的 GPS 卫星使用，而 5 个供地面监控站使用。

(2) 因为实际使用的 P 码的码长约为 6.19×10^{12} bit，若仍然采用搜索 C/A 码的方法来捕获 P 码，即逐个码元依次进行搜索，当搜索的速度仍为每秒 50 个码元时，那将是无法实现的(约需 14×10^5 天)。因此，通常都是先捕获 C/A 码，然后根据导航电文所提供的有关信息，再捕获 P 码。

(3) 由于 P 码的码元宽度为 C/A 码的 1/10，若利用 P 码进行测距时，仍假设两个码序列的对齐精度为其码元宽度的 1/100，则此时相应的测距误差约为 0.29m，仅为 C/A 码的 1/10。精度较高，所以 P 码可用于进行较精密的导航和测量定位，故通常又称 P 码为精码。

根据美国国防部规定，P 码是专为军事服务的军用码，目前也只有极少数高档次测地型接收机才能接收 P 码，且价格昂贵。也就是说，只有美国及美国特许用户才能使用 P 码。即使如此，美国国防部又从 1994 年 1 月 31 日起实施了 AS 政策，即在 P 码上增加一个极度保密的 W 码，形成一个新码 Y 码，绝对禁止非特许用户使用。

2.4　GPS 卫星的导航电文

GPS 卫星的导航电文(也称卫星电文)是用户用来进行导航和测量定位的数据基础。其主要包括卫星星历、卫星时钟改正、电离层时延改正、工作状态信息以及由 C/A 码转换到捕获 P 码的信息。这些信息是以二进制码的形式按规定的格式组成的，并按帧播发给用户使用，因此又称之为数据码(或 D 码)。

2.4.1 导航电文的格式

如图 2-8 所示，GPS 卫星导航电文的基本单位是帧，每帧导航电文包含 5 个子帧；而每个子帧又分别包含 10 个字，每个字又含有 30 个 bit。所以每帧导航电文共包含 1500 个 bit。为了记载多达 20 多颗 GPS 卫星的星历，第 4、5 子帧又各含有 25 个页面。子帧 1、2、3 与子帧 4、5 的每个页面，构成一个主帧。子帧 1、2、3 的内容，每小时更新一次，而子帧 4、5 的全部内容，只有在有新的导航数据注入卫星时才得以更新。

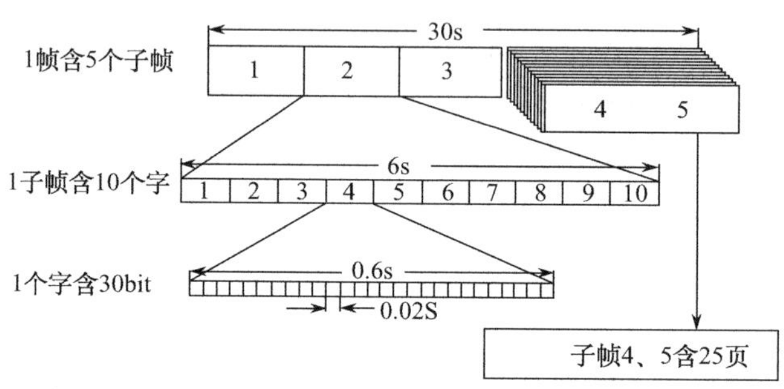

图 2-8 导航电文的组成格式

GPS 卫星的导航电文的播发速度为 50bit/s，所以播发一子帧导航电文的内容需要 6s 的时间，而播发一帧导航电文的内容则需要 30s 的时间。

2.4.2 导航电文的内容

在每帧导航电文中，各子帧电文的主要内容如图 2-9 所示，下面对导航电文的各部分具体内容予以介绍。

图 2-9 一帧导航电文的内容

1. 遥测码(telemetry word,TLM)

遥测码位于各子帧开头的第一个字，它用来表明卫星注入数据的状态。遥测码的第 1～8bit 是同步码，为各子帧提供一个同步起点，接收机将从该起点开始顺序解译电文。第 9～22bit 是遥测电文，包括地面监控系统注入数据时的状态信息、诊断信息及其他信息。第 23bit 和第 24bit 是连接码；第 25～30bit 是奇偶检验码，用于发现和纠正错误。

2. 转换码(hand over word, HOW)

转换码位于各子帧的第二个字。其作用是提供帮助用户从所捕获的 C/A 码转换到捕获 P 码的 Z 计数。Z 计数，是从每星期六/星期日子夜零时起算的时间计数，它表示下一子帧开始瞬间的 GPS 时。如图 2-10 所示，为了使用方便，Z 计数一般表示为从每星期六/星期日子夜零时开始，发播导航电文的子帧数。因为每一子帧播送延续的时间为 6s，所以下一子帧开始的瞬时即为 $6\times Z$。所以，用户获得了转换码，即可以实时地了解观测瞬间在 P 码周期中所处的准确位置，便于迅速地捕获 P 码。

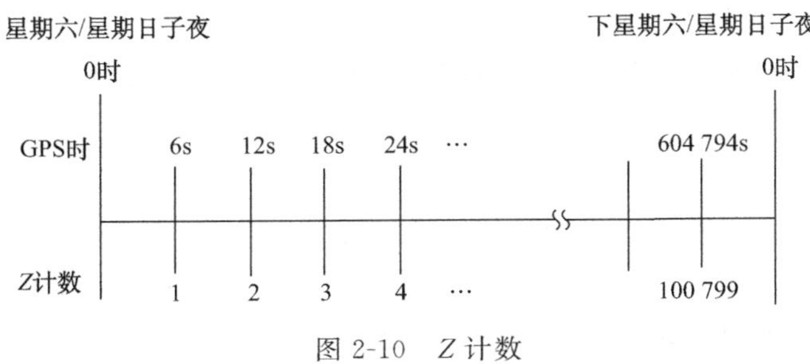

图 2-10　Z 计数

3. 第一数据块

第一数据块位于第一子帧的第 3～10 个字。其主要内容包括电离层时延差改正、数据龄期、星期序号和卫星时钟改正参数等信息。

1）电离层时延差改正参数 T_{gd}

电离层时延差改正参数 T_{gd} 表明了 L1、L2 载波的电离层时延差改正。对于单频接收机，为了减少电离层折射误差的影响，用 T_{gd} 改正观测结果，可以提高导航和测量定位的精度。而对于双频接收机，可以通过 L1、L2 两项观测值的组合来消除电离层折射误差的影响，所以不需要此项改正。

2）数据龄期 AODC

GPS 卫星时钟的数据龄期 AODC 是卫星时钟改正数的外推时间间隔，即

$$\mathrm{AODC} = t_{oc} - t_l \tag{2-12}$$

式中：t_{oc}、t_l 分别为第一数据块的参考时刻、计算卫星时钟改正数所用数据的最后观测时间。因为随着时间的推移，给出的卫星时钟改正参数的精度，将会随之下降。所以，GPS卫星时钟的数据龄期AODC指明了卫星时钟改正参数的置信度。

3）星期序号WN

星期序号WN表示从1980年1月6日子夜零点（UTC）起算的星期数，即GPS星期数。

4）卫星时钟改正参数

虽然卫星时钟采用铯原子钟和铷原子钟，精度很高，但随着时间的推移，其频率也会有漂移。而且，由于相对论效应的影响，卫星钟会比地面钟走得快。即使经过一些改正，但是相对论效应引起的时间偏移并非常数。所以，卫星时钟钟面时应加以改正。

$$\Delta t = a_0 + a_1(t - t_{oc}) + a_2(t - t_{oc})^2 \tag{2-13}$$

式中：a_0、a_1、a_2 分别为卫星时钟的时间偏差、频率偏差系数和频率漂移系数。

4. 第二数据块

导航电文的第二和第三子帧组成第二数据块，其内容为GPS卫星的广播星历参数。它是用户利用GPS进行实时导航和测量定位的基础数据，用户利用广播星历参数可以计算卫星的运行位置坐标和速度。如图2-11所示，描述卫星运行轨道的星历参数包括以下三类。

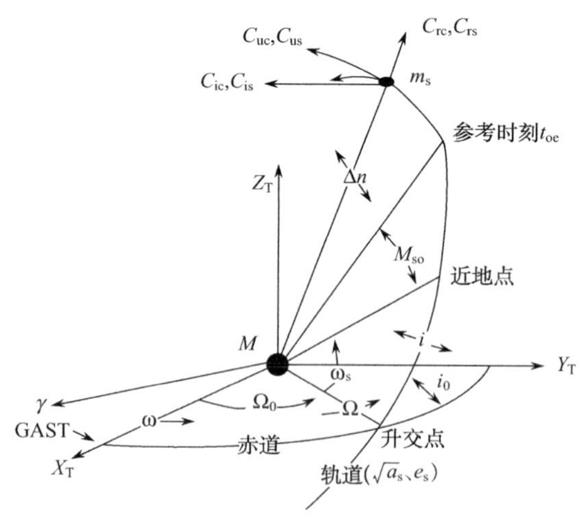

图2-11 GPS卫星轨道参数

1）星历参数的数据龄期 AODE

星历参数的数据龄期 AODE 表示 GPS 卫星广播星历的外推时间间隔，即

$$\mathrm{AODE} = t_{oe} - t_l \tag{2-14}$$

式中：t_{oe}、t_l 分别为星历参数的参考时刻、计算星历参数所用观测数据的最后观测时间。

2）开普勒轨道 6 参数

（1）$\sqrt{a_s}$为卫星轨道椭圆长半轴的平方根；
（2）e_s 为卫星轨道椭圆偏心率；
（3）i_0 为按参考时刻 t_{oe}计算的轨道平面的倾角；
（4）Ω_0 为按参考时刻 t_{oe}计算的升交点赤经；
（5）ω_s 为近地点角距；
（6）M_{so}为按参考时刻 t_{oe}计算的近地点角。

3）轨道摄动 9 参数

（1）Δn 为卫星运行平均角速度差；
（2）$\dot{\Omega}$ 为升交点赤经的变化率；
（3）i 为卫星轨道平面倾角的变化率；
（4）C_{us}、C_{uc}分别为升交点角距的正弦、余弦调和改正项振幅；
（5）C_{is}、C_{ic}分别为轨道平面倾角的正弦、余弦调和改正项振幅；
（6）C_{rs}、C_{rc}分别为轨道半径的正弦、余弦调和改正项振幅。

5. 第三数据块

导航电文的第四和第五子帧组成第三数据块，其内容为所有 GPS 卫星历书数据，是广播星历的概略形式。它为用户提供所有 GPS 卫星的低精度空间位置、钟改正参数、卫星工作状态及卫星识别标志等。那么用户只要捕获一颗 GPS 卫星信号，即可以从其第三数据块中获得所有 GPS 卫星未来的近似坐标，以便能尽快地捕获其他 GPS 卫星信号并选择最合适的卫星构成最佳的几何图形进行观测，这对于提高测量定位的精度是很重要的。由于完整的第三数据块是由第四和第五子帧的 25 个页面组成，所以，要捕获所有 GPS 卫星历书数据，需要 12.5min。

2.5　GPS 卫星星历

卫星星历是描述卫星运行轨道的信息。也可以说卫星星历就是一组相对某一

参考历元的轨道参数及其变化率。有了卫星星历即可以计算出观测时刻卫星的空间位置坐标及运行速度。GPS卫星星历分为广播星历(预报星历)和精密星历(后处理星历)。

2.5.1 广播星历(预报星历)

用户利用接收机接收GPS卫星发射的信号,经过解码便可以获得GPS卫星的导航电文,而导航电文的内容之一即为描述卫星运行轨道的信息的卫星广播星历(预报星历)。卫星广播星历,通常包括相对某一参考历元的开普勒轨道参数和必要的轨道摄动改正参数。

相应参考历元的卫星开普勒轨道参数,也称为参考星历。它是根据GPS地面监测站在一定时间内的观测资料推算得到的,可见参考星历只是代表卫星在参考历元的瞬时轨道参数。但是在摄动因素的影响下,卫星的实际运行轨道,随后将偏离其参考轨道,偏离的程度主要取决于观测历元与所选参考历元间的时间间隔的长短。通常用轨道参数的摄动改正项来对已知的卫星参考星历加以改正,即在GPS卫星二体运动的基础上加入长期摄动改正项和周期摄动改正项,这就可以外推出任意观测历元的卫星星历,即卫星轨道预报星历。但是,如果观测历元与所选参考历元间的时间间隔较长,必定会降低卫星轨道预报星历参数的精度。在实际应用中,为了保持卫星轨道预报星历参数的必要精度,通常采用限制轨道预报星历外推时间间隔的方法。

GPS卫星向用户提供的广播星历,共包括16个星历参数:①有1个时间参数,即参考历元t_{oe};②有6个相应参考历元的开普勒轨道参数,即$\sqrt{a_s}$、e_s、i_0、Ω_0、ω_s、M_0;③有9个反映摄动力影响的参数,即Δn、$\dot{\Omega}$、$\dot{i}$、C_{us}、C_{uc}、C_{is}、C_{ic}、C_{rs}、C_{rc}。这16个星历参数的几何意义详见导航电文的第二数据块。

GPS的卫星向广大用户所播发的广播星历包括两种,它们分别是利用两种信号码进行传送的。一种是用C/A码所传送的GPS卫星星历(简称为C/A码星历),C/A码星历的精度为20~40m,但是美国实施SA计划后,C/A码星历受到人为的干扰,其精度降低了许多,使得利用C/A码信号进行单点定位的精度从原来的几十米降低到近百米。另一种是用P码所传送的GPS卫星星历(简称为P码星历),P码星历的精度为5m左右。前已述及,P码是专为军事服务的军用码,那么只有极少数用户才能接收P码并能解译出精度较高的P码星历进行导航和测量定位。而目前绝大多数的商品接收机,都只能接收C/A码信号,利用精度较低的C/A码星历进行导航和测量定位。对于一些用户要进行高精度的GPS测量定位时,可以利用精密星历。

2.5.2　精密星历(后处理星历)

精密星历是一些国家的某些部门，根据各自建立的跟踪站对 GPS 卫星进行观测所获得的精密观测资料，应用与确定广播星历相似的方法计算出卫星星历。由于精密星历是用户在进行测量定位时间内的实测卫星星历，其避免了预报星历的外推误差，所以其精度很高，可达分米级。

精密星历通常是在事后向用户提供的，用户只能在测量定位以后进行数据处理，获得精密的测量定位结果。所以精密星历又被称为后处理星历。

精密星历通常是利用磁盘(卡)或其他通信方式有偿地为所需要的用户提供服务。所需要的用户可以向有关部门提前进行预订。

建立和维持 GPS 卫星独立跟踪系统，对 GPS 卫星进行精密的定轨，为用户提供精密星历服务。目前许多国家(如加拿大、澳大利亚和欧洲一些国家)都在实施建立区域性或全球的精密测轨系统的计划。这对推进测绘科学技术的现代化具有重要的现实意义。

2.6　GPS 卫星位置坐标计算

在利用 GPS 进行导航和测量定位时，必须已知 GPS 卫星在空间的瞬时位置坐标。而卫星的空间位置坐标是根据卫星导航电文所提供轨道参数按一定公式计算得到的。本节介绍利用卫星星历计算 GPS 卫星空间位置坐标的方法和步骤。

1. 计算卫星运行的平均角速度 n

根据开普勒第三定律，卫星运行的平均角速度 n_0 可用下式计算，即

$$n_0 = \frac{\sqrt{\mathrm{GM}}}{a_s^{3/2}} \tag{2-15}$$

式中：$\mathrm{GM}=3.986\,005\times10^{14}\,\mathrm{m^3/s^2}$ 是在 WGS-84 坐标系中的地球引力常数。再利用导航电文给出的摄动改正数 Δn，并用下式求卫星运行的平均角速度 n，即

$$n = n_0 + \Delta n \tag{2-16}$$

2. 计算归化时间 t_k

首先，对观测时刻 t' 作卫星钟差改正：

$$\begin{gathered}\Delta t = a_0 + a_1(t' - t_{oc}) + a_2(t' - t_{oc})^2 \\ t = t' - \Delta t\end{gathered} \tag{2-17}$$

然后,再将改正后的观测时刻 t 进行归化计算

$$t_s = t - t_{oe} \tag{2-18}$$

式中:t_s为相对于参考时刻 t_{oe}的归化时间。

3. 计算观测时刻卫星平近点角 M_s

$$M_s = M_0 + n \cdot t_s \tag{2-19}$$

式中:M_0为由卫星导航电文给出的参考时刻 t_{oe}的平近点角。

4. 计算偏近点角 E_s

$$E_s = M_s + e_s \cdot \sin E_s \tag{2-20}$$

式(2-20)可用迭代法进行解算,即首先令 $E_s=M_s$,代入式(2-20)求出 E_s 后再代入上式进行计算,由于 GPS 卫星轨道的偏心率 e_s很小(只有 0.01),因此收敛很快,通常只需迭代计算两次便可求得偏近点角 E_s。

5. 计算真近点角 V_s

由于

$$\cos V_s = (\cos E_s - e_s)/(1 - e_s \cdot \cos E_s)$$

$$\sin V_s = \left(\sqrt{1 - e_s^2} \cdot \sin E_s\right)/(1 - e_s \cdot \cos E_s)$$

所以

$$V_s = \arctan\left[\left(\sqrt{1 - e_s^2} \cdot \sin E_s\right)/(\cos E_s - e_s)\right] \tag{2-21}$$

6. 计算升交距角 Φ_s

$$\Phi_s = V_s + \omega_s \tag{2-22}$$

式中:ω_s 为卫星导航电文给出的近地点角距。

7. 计算摄动改正项

$$\begin{cases} \delta u = C_{uc} \cdot \cos(2\Phi_s) + C_{us} \cdot \sin(2\Phi_s) \\ \delta r = C_{rc} \cdot \cos(2\Phi_s) + C_{rs} \cdot \sin(2\Phi_s) \\ \delta i = C_{ic} \cdot \cos(2\Phi_s) + C_{is} \cdot \sin(2\Phi_s) \end{cases} \tag{2-23}$$

式中:δu、δr、δi 分别为升交距角 u 的摄动量、卫星到地心距离 r 的摄动量、轨道倾角 i 的摄动量。

8. 计算经过摄动改正的升交距角 u、卫星到地心距离 r、轨道倾角 i

$$\begin{cases} u = \Phi_s + \delta u \\ r = a_s(1 - e_s \cdot \cos E_s) + \delta r \\ i = i_0 + \delta i + \dot{i} t_s \end{cases} \tag{2-24}$$

9. 计算卫星在轨道平面直角坐标系的坐标

卫星在轨道平面直角坐标系的坐标为

$$\begin{cases} x_k = r \cdot \cos u \\ y_k = r \cdot \sin u \end{cases} \tag{2-25}$$

10. 计算观测时刻升交点的经度

观测时刻升交点的经度应该等于观测时刻升交点的赤经(春分点和升交点之间的角距)与格林尼治恒星时 GAST(春分点和格林尼治起始子午线之间的角距)之差,即

$$\lambda = \Omega - \text{GAST}$$

而

$$\Omega = \Omega_{oe} + \dot{\Omega} \cdot t_s$$

式中:Ω_{oe}为与 t_{oe}相应的升交点的赤经;$\dot{\Omega}$ 为升交点赤经的变化率。

春分点的格林尼治恒星时 GAST 是以 GPS 时间系统表示的。而在 GPS 时间系统中,时间是从每一周的开始(星期日子夜)以秒计算的格林尼治恒星时 GAST (t_0)。由于地球的自转作用,GAST 应是不断增加的,则观测时刻的 GAST 可用下式计算,即

$$\text{GAST} = \text{GAST}(t_0) + \omega_e \cdot (t - t_0)$$

式中:$\omega_e = 7.292\ 115\ 67 \times 10^{-5}$ rad/s,为地球的自转速率。

考虑到以上各式即有

$$\lambda = \Omega_{oe} + \dot{\Omega} \cdot t_s - \text{GAST}(t_0) - \omega_e \cdot (t - t_0)$$

因为

$$\Omega_{oe} = \Omega_0 + \text{GAST}(t_0)$$

故有

$$\lambda = \Omega_0 + \dot{\Omega} \cdot t_s - \omega_e \cdot (t - t_0)$$

考虑到 t_{oe}和 t 都是从 t_0开始起算的,而 t_0 可设为 0,于是最后可得升交点经度的计算公式为

$$\lambda = \Omega_0 + (\dot{\Omega} - \omega_e) \cdot t_s - \omega_e \cdot t_{oe} \tag{2-26}$$

式中：$\dot{\Omega}$、Ω_0、t_{oe}的数值由导航电文提供。

11. 计算卫星在协议地球坐标系中的空间直角坐标

将卫星在轨道平面直角坐标系中的坐标进行旋转变换，可得卫星在观测瞬间的空间直角坐标系的坐标

$$\begin{bmatrix} X_k \\ Y_k \\ Z_k \end{bmatrix} = \begin{bmatrix} x_k \cdot \cos\lambda - y_k \cdot \cos i \cdot \sin\lambda \\ x_k \cdot \sin\lambda + y_k \cdot \cos i \cdot \cos\lambda \\ y_k \cdot \sin i \end{bmatrix} \tag{2-27}$$

考虑到地极移动的影响，最后得到卫星在协议地球空间直角坐标系中的坐标，即

$$\begin{bmatrix} X \\ Y \\ Z \end{bmatrix}_{\text{CTS}} = \begin{bmatrix} 1 & 0 & x_p \\ 0 & 1 & -y_p \\ -x_p & y_p & 1 \end{bmatrix} \begin{bmatrix} X_k \\ Y_k \\ Z_k \end{bmatrix} \tag{2-28}$$

习　　题

1. GPS卫星可以发射几种载波？如何获得？其频率和波长各是多少？
2. 确定GPS卫星载波的原因包括哪几点？
3. GPS卫星所发射的测距码包括哪些？各有什么特点？波长又是多少？
4. 什么叫噪声？什么叫编码？
5. (白)噪声有哪些特性？如何利用其特性来测量星站之间的距离？
6. 画图说明m序列产生器的工作原理。
7. m序列具有哪些特性？
8. 简述C/A码和P码产生的方法，并说明其特性。
9. 导航电文包括哪些内容？各有什么用处？
10. 第三数据块的作用是什么？
11. 什么叫星历？分别叙述广播星历和精密星历的产生方法及特点。举例说明精密星历包括哪些。

第 3 章　GPS 定位基本原理

利用 GPS 进行定位，就是把卫星视为“动态”的控制点，在已知其瞬时坐标（可根据卫星轨道参数计算）的条件下，以 3 颗以上 GPS 卫星与地面未知点（用户接收机天线）之间的距离（距离差）作为观测量，进行空间距离后方交会，即已知卫星空间位置交会出地面未知点（用户接收机天线）所处的位置，这便是 GPS 卫星定位的基本原理。

GPS 定位根据测距原理和方式的不同，分为伪距法定位、载波相位测量定位以及差分 GPS 定位等。采用伪距观测量定位速度最快，而采用载波相位观测量精度最高，对于待求点而言，根据其运动状态可以将 GPS 定位分为静态定位和动态定位。静态定位是指对于固定不动的待定点，将 GPS 接收机置于其上，观测数分钟甚至更长的时间，以确定该点的三维坐标，又称为绝对定位。若以两台 GPS 接收机分别置于两个固定不变的待定点上，通过一定时间的观测，从而确定两个待定点之间的相对位置，又称为相对定位，动态定位是指至少有一台接收机处于运动状态，测定各观测时刻运动中的接收机的绝对或者相对点位。

本章在阐述 GPS 定位基本原理的技术上，首先论述利用测距码进行伪距测量定位的原理，然后论述载波相位测量观测值的数学模型，简要讨论整周未知数的确定方法和周跳分析，最后论述 GPS 动态定位和差分 GPS 定位原理及技术。

3.1　伪距定位测量原理

伪距定位是由 GPS 接收机在某一时刻测出得到 4 颗以上 GPS 卫星的伪距以及已知的卫星位置，采用距离交会的方法求定接收机天线所在点的三维位置。所测伪距由卫星发射的测距码信号达到 GPS 接收机的传播时间乘以光速所得到的量测距离。由于卫星钟、接收机钟的误差以及无线电信号经过电离层和对流层中的延迟，实际测出的距离和卫星到接收机真实几何距离有一定的差值，故一般称量测出的距离为伪距。但是，该方法的优点是速度快、无多值性问题，是 GPS 进行导航的最基本方法，并可以利用增加观测时间来提高观测定位精度；缺点是测量定位精度低，但足以满足部分用户的需要。

3.1.1　伪距定位测定方法

当卫星发射机根据自己的时钟发出某一结构的测距码，经过了 Δt 时间的传播后到达地面的接收机，如图3-1所示，此时接收机收到的测距码为$U(t-\Delta t)$。而接收机在自己的时钟控制下产生一组结构完全相同的测距码——复制码为$U'(t-\tau)$，并通过接收机的时间延迟器进行异相，对测距码和复制码进行相关处理，当信号之间的自相关系数达到最大，满足自相关系数$R(t)=1$，即接收机所产生的复制码和接收机接收到的GPS卫星测距码完全对齐，否则继续调整时间延迟τ，直到$R(t)$为最大值。测定自相关系数的工作由接收机锁相环路的相关器和积分器来完成。那么，在理想的情况下，其时间延迟τ即为GPS卫星信号从卫星传播到接收机所用的时间Δt，GPS卫星信号的传播是一种无线电信号的传播，其速度等于光速c，卫星到接收机的距离为τ乘以c。

$$R(t)=\frac{1}{T}\int_{T}U(t-\Delta t)U'(t-\tau)\mathrm{d}t \tag{3-1}$$

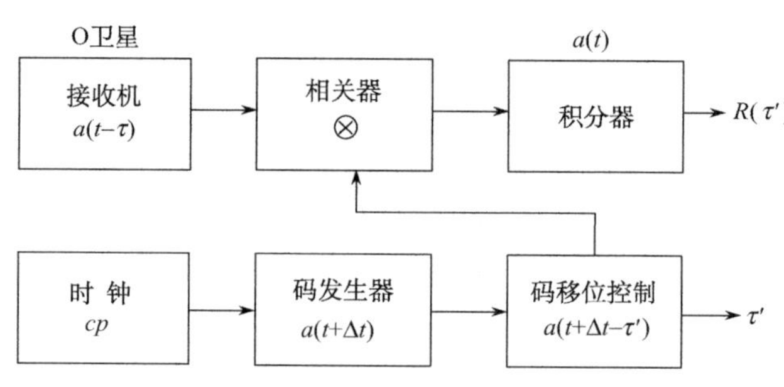

图3-1　伪距的测定

实际上卫星钟和接收机钟总不能完全同步，存在差异，因此，自相关系数最大情况下求得的时间延迟τ不会严格等于GPS卫星信号的传播时间Δt，包含卫星钟和接收机钟的不同步的影响，以及信号传播过程中电离层和对流层的影响，因此把自相关性系数最大条件下求得的时间延迟τ和c的乘积称为伪距，即$\tilde{\rho}=\tau\times c$，而以伪距作基本观测量来求点位的方法就是伪距法定位。

3.1.2　伪距定位测量原理

为了解决定位问题，首先需要将观测时得到的伪距$\tilde{\rho}$改正为卫星至接收机之间的实际距离。

设$t^j(\mathrm{GPS})$为相应瞬间的GPS标准时间，t^j为卫星j发射信号瞬间的钟面时间；$t_i(\mathrm{GPS})$为接收机在i个测站收到卫星信号瞬间的GPS标准时间，t_i为相应的接收机钟钟面时间；δt^j为卫星钟面时相对GPS标准时间的钟差；δt^i为接收机钟钟面时相对GPS标准时间的钟差。

对于卫星钟和接收机钟钟面时与GPS标准时间之间，存在

$$
\begin{aligned}
t^j &= t^j(\text{GPS}) + \delta t^j \\
t_i &= t_i(\text{GPS}) + \delta t_i
\end{aligned}
\tag{3-2}
$$

那么,卫星信号由卫星到达测站的钟面传播时间为

$$\tau = t_i - t^j = [t_i(\text{GPS}) - t^j(\text{GPS})] + (\delta t_i - \delta t^j) \tag{3-3}$$

如果不考虑大气折射影响,那么卫星到测站的伪距为

$$\tilde{\rho}_i^j(t) = c \times \tau = c \times [t_i(\text{GPS}) - t^j(\text{GPS})] + c \times (\delta t_i - \delta t^j) \tag{3-4}$$

式中:$t_i(\text{GPS}) - t^j(\text{GPS})$为信号从卫星到达接收机的实际传播时间,引用记号 ρ 表示卫星到测站之间的几何距离,则有

$$\rho_i^j(t) = c \times t_i(\text{GPS}) - c \times t^j(\text{GPS}) \tag{3-5}$$

那么,伪距的表达方式为

$$\tilde{\rho}_i^j(t) = \rho_i^j(t) + c \times (\delta t_i - \delta t^j) \tag{3-6}$$

式中:$c \times (\delta t_i - \delta t^j)$为接收机钟与卫星钟之相对钟差的等效距离,如果 $\delta t_i^j = \delta t_i - \delta t^j$,那么考虑大气层的折射影响,伪距观测方程可写为

$$\tilde{\rho}_i^j(t) = \rho_i^j(t) + c \times \delta t_i^j + \delta\rho_{\text{ion}} + \delta\rho_{\text{trop}} \tag{3-7}$$

式中:$\delta\rho_{\text{ion}}$为电离层的折射延迟的等效距离误差;$\delta\rho_{\text{trop}}$为对流层折射延迟的等效距离误差。

由于 $\rho_i^j(t)$是非线性,表示测站 i 和卫星 j 之间的几何距离,可用同一坐标系的卫星和接收机空间直角坐标表示,显然有

$$\rho_i^j(t) = \sqrt{[X^j(t) - X_i]^2 + [Y^j(t) - Y_i]^2 + [Z^j(t) - Z_i]^2} \tag{3-8}$$

式中:$X^j(t)$、$Y^j(t)$和 $Z^j(t)$分别为 t 时刻卫星 S^j 的三维地心坐标;X_i、Y_i 和 Z_i 分别为测站 T_i 的三维地心坐标。

把式(3-8)代入式(3-6),伪距的表达式为

$$\tilde{\rho}_i^j(t) = \sqrt{[X^j(t) - X_i]^2 + [Y^j(t) - Y_i]^2 + [Z^j(t) - Z_i]^2} + c \times (\delta t_i - \delta t^j) \tag{3-9}$$

根据卫星广播星历计算可知 t^j 时刻卫星的位置$[X^j(t), Y^j(t), Z^j(t)]$,而接收机的位置(X_i, Y_i, Z_i)是三个未知参数,δt^j 卫星钟差包含在导航电文中为已知,接收机钟差 δt_i 为未知,作为未知参数,共有 4 个未知参数。因此 t^j 时刻接收到 4 颗以上的卫星,则可列出类似式(3-9)的 4 个方程,从而求出 4 个未知数。

为了提高 GPS 的定位精度,在实际定位模型中应考虑电离层、对流层的影响,其影响一般用一些比较成熟的模型加以改正,因此可以认为是已知量。但是,当某一时刻卫星的个数大于 4 时,可采用间接平差法计算接收机的位置坐标的最大近似值。

$$\left.\begin{aligned} X_i &= X_i^0 + \delta X_i \\ Y_i &= Y_i^0 + \delta Y_i \\ Z_i &= Z_i^0 + \delta Z_i \end{aligned}\right\} \tag{3-10}$$

式中：(X_i^0, Y_i^0, Z_i^0)为测站三维坐标的近似值，并且如果视导航电文所提供的卫星瞬间坐标为固定值，那么，对于$\rho_i^j(t)$以(X_i^0, Y_i^0, Z_i^0)为中心作泰勒级数展开取一次项后可得

$$\rho_i^j(t) = [\rho_i^j(t)]_0 + \left\{\frac{\partial[\rho_i^j(t)]}{\partial X_i}\right\}_0 \partial X_i + \left\{\frac{\partial[\rho_i^j(t)]}{\partial Y_i}\right\}_0 \partial Y_i + \left\{\frac{\partial[\rho_i^j(t)]}{\partial Z_i}\right\}_0 \partial Z_i \tag{3-11}$$

其中：

$$\begin{aligned} \left\{\frac{\partial[\rho_i^j(t)]}{\partial X_i}\right\}_0 &= -\frac{1}{[\rho_i^j(t)]_0}[X_i(t) - X_i^0] = -k_i^j(t) \\ \left\{\frac{\partial[\rho_i^j(t)]}{\partial Y_i}\right\}_0 &= -\frac{1}{[\rho_i^j(t)]_0}[Y_i(t) - Y_i^0] = -l_i^j(t) \\ \left\{\frac{\partial[\rho_i^j(t)]}{\partial Z_i}\right\}_0 &= -\frac{1}{[\rho_i^j(t)]_0}[Z_i(t) - Z_i^0] = -m_i^j(t) \end{aligned} \tag{3-12}$$

于是，卫星和测站之间的几何距离的线性化可表示为

$$\begin{aligned} \rho_i^j(t) &= [\rho_i^j(t)]_0 - k_i^j(t)\delta X_i - l_i^j(t)\delta Y_i - m_i^j(t)\delta Z_i \\ [\rho_i^j(t)]_0 &= \sqrt{[X^j(t) - X_i^0]^2 + [Y^j(t) - Y_i^0]^2 + [Z^j(t) - Z_i^0]^2} \end{aligned} \tag{3-13}$$

式中：$[\rho_i^j(t)]_0$为卫星和测站之间距离的近似值。

如果考虑电离层、对流层的影响，经过线性化后的伪距观测方程为

$$\begin{aligned} \tilde{\rho}_i^j(t) = &[\rho_i^j(t)]_0 - k_i^j(t)\delta X_i - l_i^j(t)\delta Y_i - m_i^j(t)\delta Z \\ &+ c\times(\delta t_i - \delta t^j) + \delta\rho_{\text{ion}} + \delta\rho_{\text{trop}} \end{aligned} \tag{3-14}$$

假定

$$\widetilde{R}_i^j(t) = \tilde{\rho}_i^j(t) - \delta\rho_{\text{ion}} - \delta\rho_{\text{trop}}$$

$$\delta\rho_i = c\times(\delta t_i - \delta t^j)$$

那么伪距观测方程可写为

$$\begin{aligned} \widetilde{R}_i^j(t) &= [\rho_i^j(t)]_0 - k_i^j(t)\delta X_i - l_i^j(t)\delta Y_i - m_i^j(t)\delta Z + \delta\rho_i \\ k_i^j(t)\delta X_i + l_i^j(t)\delta Y_i &+ m_i^j(t)\delta Z - \delta\rho_i = [\rho_i^j(t)]_0 - \widetilde{R}_i^j(t) \end{aligned} \tag{3-15}$$

当$j=1,2,3,4$时，采用的矩阵方式为

$$\begin{bmatrix} k_i^1(t) & l_i^j(t) & m_i^j(t) & -1 \\ k_i^2(t) & l_i^j(t) & m_i^j(t) & -1 \\ k_i^3(t) & l_i^3(t) & m_i^j(t) & -1 \\ k_i^j(t) & l_i^j(t) & m_i^j(t) & -1 \end{bmatrix} \times \begin{bmatrix} \delta X_i \\ \delta Y_i \\ \delta Z_i \\ \delta \rho_i \end{bmatrix} = \begin{bmatrix} [\rho_i^1(t)]_0 - \widetilde{R}_i^1(t) \\ [\rho_i^2(t)]_0 - \widetilde{R}_i^2(t) \\ [\rho_i^3(t)]_0 - \widetilde{R}_i^3(t) \\ [\rho_i^4(t)]_0 - \widetilde{R}_i^4(t) \end{bmatrix} \tag{3-16}$$

式(3-16)可简化为

$$\underset{4\times4}{\boldsymbol{A}_i(t)} \times \underset{4\times1}{\delta\boldsymbol{G}_i} = \underset{4\times1}{\boldsymbol{L}_i(t)} \tag{3-17}$$

当同时观测的卫星个数等于4时,可求出未知参数的唯一解

$$\underset{4\times1}{\delta\boldsymbol{G}_i} = \underset{4\times4}{\boldsymbol{A}_i(t)^{-1}} \times \underset{4\times1}{\boldsymbol{L}_i(t)} \tag{3-18}$$

当同时观测的卫星个数大于4时,可用最小二乘法求解

$$\underset{4\times1}{\delta\boldsymbol{G}_i} = [\underset{4\times n^j}{\boldsymbol{A}_i(t)^{\mathrm{T}}} \times \underset{n^j\times4}{\boldsymbol{A}_i(t)}]^{-1} \times \underset{4\times n^j}{\boldsymbol{A}_i(t)^{\mathrm{T}}} \times \underset{n^j\times1}{\boldsymbol{L}_i(t)} \tag{3-19}$$

精度为

$$\underset{4\times4}{\boldsymbol{Q}_{Ti}} = \underset{4\times4}{(\boldsymbol{A}_i^{\mathrm{T}} \times \boldsymbol{A}_i)^{-1}} \tag{3-20}$$

参数向量各个分量的中误差为

$$(m_{Ti}) = \sigma_0 \times \sqrt{(\boldsymbol{Q}_{Ti})_{kk}} \tag{3-21}$$

式中:σ_0 为伪距测量中误差;$(\boldsymbol{Q}_{Ti})_{kk}$ 为 $\boldsymbol{Q}_{Ti}$ 矩阵对角线上的第 k 个元素。

可见,由于卫星的位置为WGS-84坐标下的坐标,因此求得的接收机的位置也是WGS-84坐标系下的坐标,可根据大地坐标的正反计算公式将其转化为大地经纬度坐标。GPS观测中包含接收机钟差、大气传播延迟、多路径效应等误差,在定位计算时还要受到卫星广播星历误差的影响。此外,接收机的选择、定位样式选定也是影响定位精度的主要因素。

3.1.3 伪距定点定位精度估算

在GPS导航和定位测量中,定义几何精度因子DOP,并以此作为卫星空间几何分布对定位精度影响的标准,其矩阵记作

$$\boldsymbol{Q}_{Ti} = \begin{bmatrix} q_{11} & q_{12} & q_{13} & q_{14} \\ q_{21} & q_{22} & q_{23} & q_{24} \\ q_{31} & q_{32} & q_{33} & q_{34} \\ q_{41} & q_{42} & q_{43} & q_{44} \end{bmatrix} \tag{3-22}$$

式中各元素反映出,在特定的卫星空间几何分布下,不同参数的定位精度及其相关性信息。

1. 三维几何精度因子 PDOP

$\mathrm{PDOP}=\sqrt{q_{11}+q_{22}+q_{33}}$，观测定位的精度取决于观测量的精度和几何精度因子，三维位置的中误差 $m_p=\sigma_0\mathrm{PDOP}$。

2. 时钟精度误差 TDOP

$\mathrm{TDOP}=\sqrt{q_{44}}$，钟差的精度直接关系到定位的精度，则相对应的钟差误差$m_T=\sigma_0\mathrm{TDOP}$。

3. 高程精度因子 VDOP

$\mathrm{VDOP}=\sqrt{q_{33}}$，表征定位点在垂直位置的精度，则相对应的垂直分量中误差 $m_v=\sigma_0\mathrm{VDOP}$。

4. 平面位置精度因子 HDOP

$\mathrm{HDOP}=\sqrt{q_{11}+q_{22}}$，表征定位点在平面位置的精度，其相对应的平面位置中误差 $m_h=\sigma_0\mathrm{HDOP}$。

5. 几何精度因子 GDOP

$\mathrm{GDOP}=\sqrt{q_{11}+q_{22}+q_{33}+q_{44}}$，反映卫星空间几何分布对接收机钟差和位置综合影响，其相对应的时空精度误差 $m_g=\sigma_0\mathrm{GDOP}$。

伪距定位法是单点定位的基本方法，它定位速度很快，又无多值性问题，数据处理也比较便捷，由于它的测量信号为卫星发射的测距码，故测量精度与测距码和复制码的相关(对齐)精度有关，也与测距码的码元宽度有关。

但是，由于P码受美国军方控制，一般用户无法获得，只能利用C/A码进行伪距定位，加之美国对GPS有限制政策，在采用SA政策时代，利用C/A码进行位置定位的精度降低到150m，远远不能满足高精度单点定位的要求。

3.2 载波相位观测原理

全球定位系统的基本测距方法是利用测距码进行伪距测量，由于测距码的码元宽度较大，对一些高精度的应用而言，其精度显得过低，无法满足用户需要。而载波相位测量不使用测距码信号，不受测距码控制，属于非测距码测量系统。对于载波信号而言，其波长很短，$\lambda_{L1}=19.03\mathrm{cm}$，$\lambda_{L2}=24.42\mathrm{cm}$，因此把载波作为测量信号，对载波进行相位测量就能够达到很高的精度，目前大地型接收机的载波相位测量精度一般为 1～2mm，其相对定位精度可达 10^{-8}，有的精度更高。但是载波信号是一种周期性的正弦信号，而相位测量只能测定其不足一个波长的部分，因而存在着整周数不确定性的问题，使解算过程变得相对复杂。

3.2.1　载波相位观测原理

载波相位测量的观测量是 GPS 接收机接受的卫星载波信号与接收机本身产生的参考信号的相位差。

假定卫星 S 发出的载波信号，在 t 时刻的相位为 $\varphi_S(t)$，该信号经过距离 ρ 到达接收机，在接收机 M 处的相位为 φ_M，$(\varphi_S - \varphi_M)$ 为其相位变化量，那么卫星 S 到接收机 M 的距离就可以粗略地表示为（图 3-2）

$$\rho = \lambda(\varphi_S - \varphi_M) = \lambda(N_0 + \Delta\varphi) \tag{3-23}$$

式中：λ 为载波的波长；$(\varphi_S - \varphi_M)$ 中包含整周部分和不足整周的部分；N_0 为整周部分；$\Delta\varphi$ 为非整周部分。载波信号是一种周期性的正弦波，因此，若能够知道 $(\varphi_S - \varphi_M)$，就可以计算出卫星到接收机间的距离。

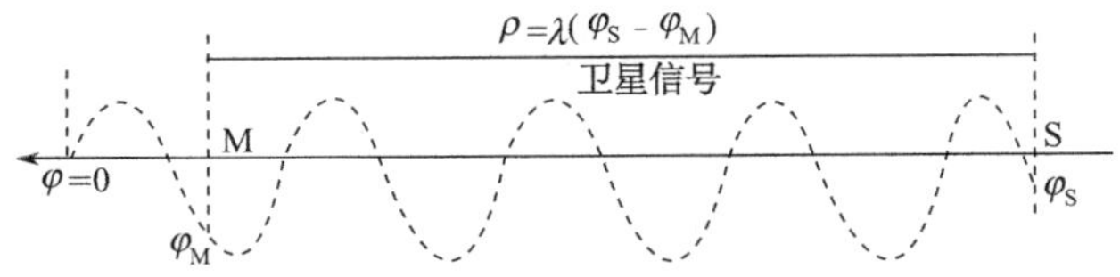

图 3-2　载波相位测量示意图

但是，在实际应用中，该方法是无法实现的，主要是因为 φ_S 无法测定，代替的方法是由接收机的振荡器产生一个频率和初相与卫星信号完全相同的基准信号，使得在任一瞬间接收机的基准信号的相位等于卫星发射的载波信号的相位，而要测定的某一时刻的相位差为接收机产生的基准信号与接收机的载波信号相位之差，如图 3-3 所示。

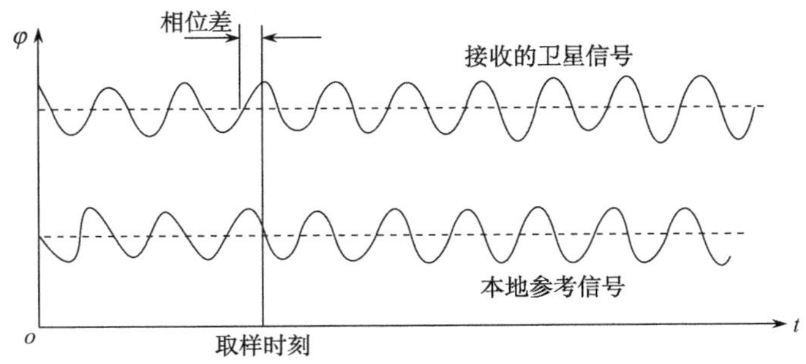

图 3-3　载波相位测量原理图

在某一时刻 t_i，卫星信号的相位等于接收机振荡器产生的基准相位：$\Phi_M(t_i)=\varphi_S(t_i)$，那么，相同时刻接收机的GPS卫星信号的载波相位为 $\varphi_M(t_i)$，则有

$$\Delta\varphi=\varphi_S(t_i)-\varphi_M(t_i)=\Phi_M(t_i)-\varphi_M(t_i) \tag{3-24}$$

因此，信号传播距离为

$$\rho=\Delta\varphi\lambda=[\Phi_M(t_i)-\varphi_M(t_i)]\lambda \tag{3-25}$$

在实际进行载波相位测量时，当接收机跟踪卫星信号，并在起始历元 t_0 瞬间进行首次载波相位测量时，所测得的相位差包括整周部分和不足一整周部分，即

$$\varphi_M(t_0)-\varphi_S(t_0)=N_0+F^0(\varphi) \tag{3-26}$$

式中：$\varphi_M(t_0)$ 为 t_0 时刻接收机基准信号；$\varphi_S(t_0)$ 为接收机在 t_0 收到的卫星信号相位。由于载波是一单纯的正弦波，不具有任何识别标记，因此无法知道正在测量的是第几周的相位，也就是说，N_0 不能直接测定，成为整周未知数(或称为整周模糊度)，而接收机在 t_0 瞬间所测得的仅仅是不足一周的相位差 $F^0(\varphi)$，在 t_0 时刻以后的各次载波相位测量中，接收机的计数器会自动记录从 t_0 到观测时刻的载波相位观测量整周数变化值 $\mathrm{Int}(\varphi)$，因此，所测得的载波相位测量值中包含整周数 $\mathrm{Int}(\varphi)$ 和不足一整周数 $F(\varphi)$。如果以符号 $\tilde{\varphi}$ 表示 t_i 时刻测得的相位观测值，则有

$$\hat{\varphi}=\mathrm{Int}^i(\varphi)+F^i(\varphi) \tag{3-27}$$

当接收机连续跟踪卫星信号时，也就是说，卫星载波信号从 t_0 到 t_i 之间没有间断，所测得的每个相位观测量显然包含同一整周未知数 N_0，如图3-4所示，那么，在 t_i 时刻一个完整的载波相位观测量可表示为

$$\varphi=N_0+\tilde{\varphi}=N_0+\mathrm{Int}^i(\varphi)+F^i(\varphi) \tag{3-28}$$

在以后的观测中，其观测量包含相位差的小数部分和累计的整周数，当卫星信号中断时，将丢失 $\mathrm{Int}^i(\varphi)$ 中的一部分整周，称为整周跳变，简称周跳，而 $F(\varphi)$ 是瞬时值，不受周跳的影响。

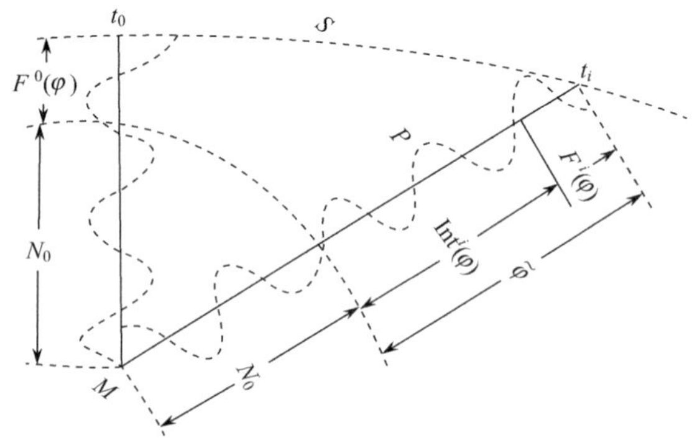

图3-4　载波相位观测量

3.2.2 载波相位观测方程

载波相位观测量是接收机天线相位和卫星位置的函数，只有得到了它们之间的函数关系，才能从观测量中求解接收机或卫星的位置。

假设卫星 S^j 在卫星钟面时间 t^j 发射的载波信号相位为 $\varphi^j(t^j)$，对应的接收机钟面时间 t_i 接收到的载波信号相位和在卫星钟面时间 t^j 发射的载波信号相位相等，为 $\varphi^j(t^j)$；而接收机 M_i 在接收机钟面时间 t_i 收到卫星信号后产生的基准信号相位为 $\varphi_i(t_i)$，根据 3.2.1 节中的讨论，相应历元 t 的相位观测量 $\tilde{\varphi}_i^j(t)$ 为

$$\tilde{\varphi}_i^j(t) = \varphi_i(t_i) - \varphi^j(t^j) - N_i^j(t_0) \tag{3-29}$$

由于卫星钟和接收机钟的振荡器都具有很好的稳定度，相位和频率之间的关系可以表示为

$$\varphi(t+\Delta t) = \varphi(t) + f\Delta t \tag{3-30}$$

设 $t_i=t+\Delta t, t^j=t$，那么则有

$$\tilde{\varphi}_i^j(t) = f\Delta t - N_i^j(t_0) \tag{3-31}$$

由于钟面时间和 GPS 标准时间之间存在着差异，那么则有

$$\begin{aligned} t^j &= t^j(\text{GPS}) + \delta t^j \\ t_i &= t_i(\text{GPS}) + \delta t_i \end{aligned} \tag{3-32}$$

$t_i(\text{GPS})$和 $t^j(\text{GPS})$分别为钟面时间 t_i 和 t^j 相应的标准 GPS 时间，δt_i 和 δt^j 则分别为接收机钟和卫星钟的钟差改正数，那么信号传播时间 Δt 为

$$\Delta t = t_i - t^j = t_i(\text{GPS}) - t^j(\text{GPS}) + (\delta t_i - \delta t^j) = \Delta\tau + \delta t_i - \delta t^j \tag{3-33}$$

$$\Delta\tau = t_i(\text{GPS}) - t^j(\text{GPS}) \tag{3-34}$$

那么相位观测量可表示为

$$\tilde{\varphi}_i^j(t) = f[t_i(\text{GPS}) - t^j(\text{GPS})] + f\delta t_i - f\delta t^j - N_i^j(t_0) \tag{3-35}$$

$$\tilde{\varphi}_i^j(t) = f\Delta\tau + f\delta t_i - f\delta t^j - N_i^j(t_0) \tag{3-36}$$

同时考虑到 $\Delta\tau=\rho_i^j(t)/c$，并且考虑到电离层和对流层对信号的传播影响，则载波信号观测方程为

$$\tilde{\varphi}_i^j(t) = \frac{f}{c}[\rho_i^j(t) + \delta\rho_{\text{ion}} + \delta\rho_{\text{trop}}] + f\delta t_i - f\delta t^j - N_i^j(t_0) \tag{3-37}$$

由于 $\lambda=\dfrac{c}{f}$，式(3-37)经过变换后得到

$$\tilde{\rho}_i^j(t) = \rho_i^j(t) + c\delta t_i - c\delta t^j + \delta\rho_{\text{ion}} + \delta\rho_{\text{trop}} - \lambda N_i^j(t_0) \tag{3-38}$$

与伪距观测方程相同，测站和卫星之间的几何距离也是坐标的非线性函数，因

此通过线性变换的方法，得到测相伪距观测方程的线性化形式：

$$\tilde{\rho}_i^j(t) = [\rho_i^j(t)]_0 - k_i^j(t)\delta X_i - l_i^j(t)\delta Y_i - m_i^j(t)\delta Z + c\times(\delta t_i - \delta t^j) + \delta\rho_{\text{ion}} + \delta\rho_{\text{trop}} - \lambda N_i^j(t_0) \tag{3-39}$$

3.2.3 整周未知数的确定

正确地解决整周未知数的确定问题，一方面是提高载波相位测量精度的必不可少的条件；另一方面，快速正确地确定整周未知数，又是提高 GPS 定位作业效率的重要环节。确定整周未知数的方法很多，常用的方法有以下几种。

1. 伪距法

伪距法是进行载波相位测量的同时又进行了伪距测量，将伪距观测值减去载波相位测量的实际观测值后可得到 $\lambda \cdot N_0$。由于伪距测量的精度较低，所以对较多的 $\lambda \cdot N_0$ 取平均值后才能获得正确的整波段数。

2. 经典静态相对定位法

经典静态相对定位法是将整周未知数 N_0 作为平差计算中的特定参数来加以估计和确定，具体有两种方法。

(1) 整数解。由于各种误差的影响，解得的整周未知数往往是非整数，通常采用四舍五入法将其固定为整数，并作为已知数代入原观测方程重新进行平差计算，求得基线向量的最后值。

(2) 实数解。该方法不考虑整周未知数的整数性质，通过平差计算求得的整周未知数，不再进行凑整和重新解算。

经典方法在求解整周未知数时，往往需要一小时甚至更长的观测时间，从而影响了作业效率，但一般在高精度定位领域中使用。

3. 交换天线法

首先需要在已知的基准站附近 5～10m 任意一处选择一个天线交换点，形成一个短基线。将两台接收机的天线分别安置在该两点，至少对 4 颗相同的卫星进行同步观测，并采集若干个历元的观测值；然后把天线进行交换，继续同步观测若干历元；最后把天线恢复到原来位置，再同步观测若干历元。

4. 三差法

由于连续跟踪的所有载波相位观测量中均含有相同的整周未知数，将相邻两个观测历元的载波相位相减，就可以消去该参数，直接求出坐标参数，由于受接收机钟及卫星钟的随机误差的影响，精度不是太好，往往用来解算未知数的初始值，三差法可以消除掉更多的误差，所以应用比较广泛。

5. 快速确定整周未知数

根据平差所提供的信息，以数理统计理论的参数估计和统计假设检验为基础，确定在某一置信区间整周未知数可能的整数解的组合，然后依次将整周未知数的每一组合作为已知值，重复地进行平差计算，其中估计值的检验方差或方差和最小的一组整周未知数定为最佳估计值。实验结果表明，在基线（小于 20km）时，根据 1～2min 的双频观测结果，可以精确地解算整周未知数，可使相对定位的精度达到厘米级甚至更高。

3.2.4 周跳的探测与修复技术

只要接收机连续不断地跟踪卫星，接收机由积分多普勒计数可连续不断地记录跟踪期间载波相位的整周变化。如果由于仪器线路的瞬间故障、卫星信号被障碍物暂时阻断、载波锁相环路的短暂失锁等因素的影响，引起计数器在某一时间无法连续计算，这就是周跳现象。如果周跳一旦发生，不仅该次的观测整周数是错误的，而且此后所有的计算观测均含有这一误差，可见，周跳对测量成果的精度将产生显著影响，因此，必须在数据预处理阶段探测周跳发生的位置，并对其进行修正。周跳的探测与修复常用的方法有下列几种。

1. 屏幕扫描法

此种方法是由作业人员在计算机屏幕前依次对每个站、每个时段、每个卫星的相位观测值变换率的图像进行逐段检查，观测其变化率是否连续。如果出现不规则的突然变化时，则说明相应的相位观测中出现了整周跳变现象，然后用手工编辑的方法逐点、逐段修复。

2. 高次差或多项式拟合法

接收机接收卫星信号时，卫星在不断运动，从而使卫星和地面距离不断发生变化，载波相位观测值 $\mathrm{Int}(\varphi)+F(\varphi)$ 也随时间发生变化，在计数器不发生错误的状态下，这种变化是有规律的。

设 t_i 时刻相位值为 $N_0+\Delta N+\varphi_i(i=1,2\cdots)$，相邻历元间求单差，表示历元间的相位变化，乘以波长则表示历元间径向距离变化（图 3-5）。

$\rho_{i+1}-\rho$、$\rho_{i+2}-\rho_{i+1}$、$\rho_{i+3}-\rho_{i+2}$、$\rho_{i+4}-\rho_{i+3}$ 为卫星的径向速度与时间的乘积：$\frac{\Delta\rho}{\Delta t}\Delta t=\frac{\mathrm{d}\rho}{\mathrm{d}t}\Delta t$，由图 3-5 可见，变化较平缓。因此，在一次求差间求二次差，$\frac{\Delta\Delta\rho}{\Delta t}\Delta t=$

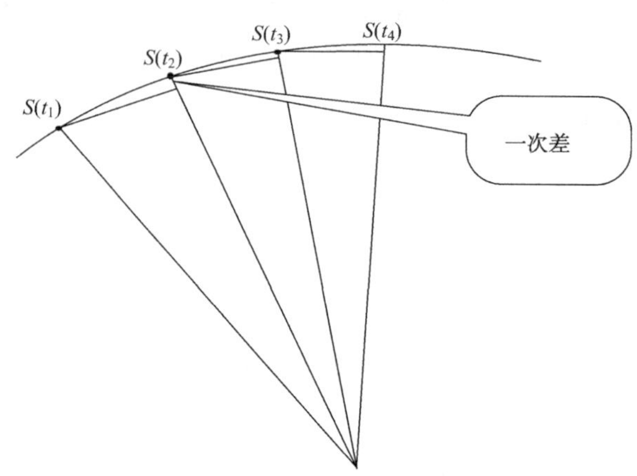

图 3-5　历元间一次求差示意图

$\frac{d^2\rho}{dt^2}\Delta t$变化更加平缓，同样求三次差、四次差等，则有$\frac{d^4\rho}{dt^4}\Delta t\to 0$、$\frac{d^5\rho}{dt^5}\Delta t\to 0$，这时的差值主要是振荡器的随机误差，具有偶然误差的特性(表 3-1)。

表 3-1　观测值不含周跳的情况

历元	相位	1 次差	2 次差	3 次差	4 次差
t_1	475 833.225 3				
t_2	487 441.978 4	11 608.753 1			
t_3	499 450.545 5	12 008.567 1	399.810 0		
t_4	511 861.433 8	12 410.888 3	402.321 2	2.507 2	
t_5	524 746.571 0	12 815.137 2	404.248 9	1.927 7	−0.579 5
t_6	537 898.848 7	13 222.277 7	407.140 5	2.891 6	0.963 9
t_7	551 530.886 4	13 632.037 7	409.760 0	2.619 5	−0.272 1
t_8	565 574.881 7	14 043.995 3	411.957 6	2.197 6	−0.421 9

但是，如果在过程中出现了整周跳变，势必破坏上述相位测量值的正常变化，高次差的随机特性也将受到破坏。例如，表 3-2 中 t_5 时刻的观测值含有 100 周的周跳，4 次高差中将出现数十周的异常现象，表明通过求差有利于发现周跳。不过采用该方法时，由于受到接收机振荡器随机误差的影响，只能用于发现较大的周跳，对小于 5 周的周跳则不能发现。

表 3-2　观测值含周跳的情况

历元	相位	1 次差	2 次差	3 次差	4 次差
t_1	475 833.225 3				
t_2	487 441.978 4	11 608.753 1			
t_3	499 450.545 5	12 008.567 1	399.810 0		
t_4	511 861.433 8	12 410.888 3	402.321 2	2.507 2	
t_5	524 746.571 0*	12 715.137 2*	304.248 9*	−98.072 3*	−100.579 5*
t_6	537 898.848 7*	13 222.277 7	507.140 5*	202.891 6*	300.963 9*
t_7	551 530.886 4*	13 632.037 7	409.760 0	−97.380 5*	−300.272 1*
t_8	565 574.881 7*	14 043.995 3	411.957 6	2.197 6	99.578 1

* 表示含有周跳。

当发现周跳后，可以根据前面或后面的正确观测值，利用高次插值公式外推观测值的正确整周计数，或者根据相邻的几个正确相位观测值，采用 n 阶多项式拟合的方法推求整周计数的正确性，从而发现周跳并修复整周计数。由于观测值 4 次差或 5 次差已呈现偶然误差特征，无法用函数加以拟合，所以多项式的阶数通常也取 4 阶或 5 阶。多项式拟合方法的实质与高次差法相同，只是采用的计算方式不同。

3. 卫星间求差法

在 GPS 测量中，每一瞬间要对多颗卫星进行观测，因而在每颗卫星的载波相位观测值中，所受到的接收机振荡器的随机误差的影响是相同的。在卫星间求差可消除此项误差的影响。具体做法是对每颗星先求历元间 4 次差，由于周跳较小，4 次差后没有发现异常的变化，即被振荡器所掩盖；然后对卫星间求差，由于消除了振荡器的影响，差值应该很小，一般小于 0.5 周。

4. 根据数据处理后的残差探测和修正周跳

经过上述处理的观测值中还可能存在一些未被发现的小周跳。修复后的观测值中也可能引入 1～2 周的偏差。用这些观测值来进行平差计算，求得各观测值的残差。由于载波相位观测量的精度很高，因而这些残差的数值一般均很小，有周跳的观测值上则会出现很大的残差，据此可以发现和修复周跳。这种方法适用于静态相对定位精密后处理过程。根据数据后处理(基线解算)后的相位残差来分析定位周跳。

以上介绍的几种方法是探测和修复周跳的常用方法，也是为了获得较高精度的观测值的一种被动方法，但最根本的做法是应防止发生周跳，此时应从接收机的选择、外界观测条件以及组织观测的方法着手，以获取高质量的观测数据。即便是有极少数的周跳，也能较快得到修复。

3.3 差分GPS定位原理

差分GPS是消除美国政府SA政策所造成的危害、大幅度提高实时单点定位精度的有效手段，近年来已成为GPS定位技术中新的研究热点，并已取得重大的进展。

3.3.1 基本原理

影响GPS实时单点定位精度的因素很多，其中主要的因素有卫星星历误差、大气延迟（电离层、对流层延迟）误差和卫星钟的钟差等。上述误差从总体上讲有较好的空间相关性，因而相距不太远的两个测站在同一时间分别进行单点定位时，上述误差对两站的影响大体相同。因此，我们将GPS接收机安置在基准站上进行观测，根据已知的基准站的精密坐标计算出坐标、距离或者相位的改正值，并由基准站通过数据链实时将改正数发给用户接收机，从而改正定位结果，提高定位精度，这就是差分GPS的基本工作原理。利用这一方法可以将用户单点定位精度从原来的±100m（实施SA政策时）或±30m（不实施SA政策时）提高到5～10m（用户离基准点为200km时），因而是一种相当有效的手段。

GPS定位中，存在着三种误差：一是多台接收机共有的误差，如卫星钟误差、星历误差；二是传播延迟误差，如电离层误差、对流层误差；三是接收机固有的误差，如内部噪声、通道延迟、多路径效应。采用差分技术，完全可以消除第一部分误差，并可大部分消除第二部分误差（主要视基准站至用户的距离）。

根据基准站发送信息方式的不同，差分GPS定位可分为测站差分、伪距差分、相对平滑伪距差分和载波相位差分。

3.3.2 测站差分原理

GPS测站差分是一种最简单的差分方法。安置在已知点上的基准站GPS接收机，经过对4颗及4颗以上的卫星观测便可实现定位，求出基准站的坐标（X'，Y'，Z'），由于存在卫星星历误差、时钟误差、大气影响、多路径效应和其他误差，该坐标和已知坐标（X，Y，Z）不一样，存在一定的误差，可求出其坐标的改正数为

$$\begin{cases}\Delta X = X - X' \\ \Delta Y = Y - Y' \\ \Delta Z = Z - Z'\end{cases} \tag{3-40}$$

式中：ΔX、ΔY、ΔZ 分别为坐标的改正数。基准站利用数据链将坐标改正值发送给用户站，用户站用接收到的坐标改正值对其坐标进行改正。

$$\begin{cases} Xp = X'p + \Delta X \\ Yp = Y'p + \Delta Y \\ Zp = Z'p + \Delta Z \end{cases} \tag{3-41}$$

式中：$X'p$、$Y'p$、$Z'p$ 分别为用户接收机自身观测结果；Xp、Yp、Zp 分别为经过改正后的坐标。如果考虑数据传送的时间差而引起用户站位置的瞬间变化，则可写为

$$\begin{cases} Xp = X'p + \Delta X + \dfrac{\mathrm{d}(\Delta X + X'p)}{\mathrm{d}t}(t - t_0) \\ Yp = Y'p + \Delta Y + \dfrac{\mathrm{d}(\Delta Y + Y'p)}{\mathrm{d}t}(t - t_0) \\ Zp = Z'p + \Delta Z + \dfrac{\mathrm{d}(\Delta Z + Z'p)}{\mathrm{d}t}(t - t_0) \end{cases} \tag{3-42}$$

式中：t 为用户站定位时刻；t_0 为基准站校正时刻。

这样，经过改正后的用户坐标就消去了基准站和用户站的共同误差，提高了定位精度。

测站差分的优点是需要传输的差分改正数较少，计算方法简单，适用于各种型号的 GPS 接收机。

测站差分的主要缺点是：要求基准站和用户站必须保持观测同一组卫星，如果近距离则可以做到，但距离较长时很难满足，此外，由于基准站和用户站接收机的装备可能不完全相同，且两站观测环境也不完全相同，因此，难以保证两站观测同一组卫星，产生的误差可能很不匹配，从而影响定位的精度，故测站差分，只适用于100km 以内。

3.3.3　伪距差分原理

伪距差分是目前应用最广泛的差分定位技术之一。几乎所有的商用差分GPS 接收机均采用这种技术，国际海事无线电委员会推荐的 RTCM SC-104 也采用了这种技术。

其原理是：在基准站上利用已知坐标求出测站至卫星的距离，然后将其与接收机测定的含有各种误差的伪距进行比较，并利用一个滤波器对所得的差值进行滤波求出偏差（伪距改正数），最后将所有卫星的伪距改正数传输给用户站，用户站利用此伪距改正数改正所测量的伪距，得到用户站自身的坐标。

在基准站上，基准站的已知坐标为 (X_i, Y_i, Z_i)，观测所有卫星，测出各卫星的地心坐标为(X^j, Y^j, Z^j)，那么测站 i 和卫星 j 之间在 t 时刻的伪距为

$$\tilde{\rho}_i^j = \rho_i^j + c \times \delta t_i^j + \delta\rho_{\text{ion}} + \delta\rho_{\text{trop}} + \mathrm{d}\rho_i^j \tag{3-43}$$

式中：各变量意义与式(3-7)相同；$\mathrm{d}\rho_i^j$ 为 GPS 卫星星历误差引起的距离偏差。

根据基准站的已知三维坐标和 GPS 卫星星历，则可以求出 t 时刻测站与卫星之间的几何距离为

$$\rho_i^j = \sqrt{(X^j - X_i)^2 + (Y^j - Y_i)^2 + (Z^j - Z_i)^2} \tag{3-44}$$

伪距的改正数为

$$\Delta\rho_i^j = \rho_i^j - \tilde{\rho}_i^j \tag{3-45}$$

其变化率为

$$\mathrm{d}\rho_i^j = \Delta\rho_i^j / \Delta t \tag{3-46}$$

如果将此改正数发给用户接收机，则用户接收站接收机将测量所获得的伪距 $\tilde{\rho}_k^j$ 加上距离改正数，就可求得改正后的伪距

$$\tilde{\rho}'^j_k = \tilde{\rho}_k^j + \Delta\rho_i^j \tag{3-47}$$

如果考虑信号传输的伪距改正数的时间变化率，则有

$$\tilde{\rho}'^j_k = \tilde{\rho}_k^j + \Delta\rho_i^j + \mathrm{d}\rho_i^j \tag{3-48}$$

当用户站与基准站的距离小于 100km 时，则有

$$\mathrm{d}\rho_k^j = \mathrm{d}\rho_i^j, \delta t^j = \delta t^j \tag{3-49}$$

所以，改正后的伪距为

$$\tilde{\rho}'^j_k = \rho_i^j + c \times (\delta t_k - \delta t_i)$$

$$\tilde{\rho}'^j_k = \sqrt{(X^j - X_i)^2 + (Y^j - Y_i)^2 + (Z^j - Z_i)^2} + c\delta V_t \tag{3-50}$$

式中：V_t 为两测站接收机之间的钟差之差。

如果基准站、用户站均观测了相同的 4 颗或 4 颗以上的卫星，即可实现用户站的定位。

伪距差分有以下优点：

(1) 由于计算的伪距改正数是直接在 WGS-84 坐标上进行的，得到的是直接改正数，不需要先变换为当地坐标系，定位精度更高，且使用更方便。

(2) 改正参数能够提供 $\Delta\rho_i^j$ 和 $\mathrm{d}\rho_i^j$，在未获得改正数的空隙内能够继续精密定位，达到了 RTCM SC-104 所制定的标准。

(3) 基准站能提供所有卫星的改正数，而用户站只需接收 4 颗卫星即可以进行改正。

与位置差分相似，伪距差分能将两站间的公共误差抵消，误差的公共性在很大程度上依赖于两站之间的距离。随着距离的增加，其误差的公共性逐渐减弱，系统误差增加，且这种误差采用任何差分方法都能消除，所以，基准站和用户站之间的距离对伪距差分的精度有决定性影响。

3.3.4 载波相位差分原理

差分GPS的出现，能实时给定载体的位置，精度为米级，满足了引航、水下测量等工程的要求。位置差分、伪距差分、伪距差分相位平滑等技术已成功地应用于各种作业中。随之而来的是更加精密的测量技术——载波相位差分技术。

载波相位差分技术又称为RTK(real time kinematic)技术，是建立在实时处理两个测站的载波相位基础上的。它能实时提供观测点的三维坐标，并达到厘米级的精度。与伪距差分原理相同，RTK的工作原理是将一台接收机置于基准站上，另一台或几台接收机置于载体(称为流动站)上，基准站和流动站同时接收同一时间、同一GPS卫星发射的信号，由基准站通过数据链实时将其载波观测量及站坐标信息一同传送给用户站。用户站接收GPS卫星的载波相位 与来自基准站的载波相位，并组成相位差分观测值进行实时处理，能实时给出厘米级的定位结果，从而得到经差分改正后流动站较准确的实时位置。

实现载波相位差分GPS的方法分为两类：修正法和差分法。前者与伪距差分相同，基准站将载波相位修正量发送给用户站，以改正其载波相位，然后求解坐标。后者将基准站采集的载波相位发送给用户台进行求差解算坐标。前者为准RTK技术，后者为真正的RTK技术。下面分别介绍这两种载波相位差分GPS定位的基本原理和基本思想。

1. 修正法

在载波相位观测量中，卫星到测站之间的相位差值主要由三部分组成。

$$\Phi_i^j = N_i^j(t_0) + N_i^j(t - t_0) + \delta\varphi_i^j \tag{3-51}$$

式中：$N_i^j(t_0)$为起始整周模糊度；$N_i^j(t-t_0)$为从现在起始时刻至观测时刻的整周变化数；$\delta\varphi_i^j$ 为测量相位的非整周部分。

对式(3-51)乘以波长λ，则可得到卫星与测站点之间的距离

$$\tilde{\rho}_i^j = \lambda \times [N_i^j(t_0) + N_i^j(t - t_0) + \delta\varphi_i^j] \tag{3-52}$$

那么测量到的伪距为

$$\tilde{\rho}_i^j = \rho_i^j + c \times \delta t_i^j + \delta\rho_{\text{ion}} + \delta\rho_{\text{trop}} + \Delta M_i + \upsilon_i$$

式中：ΔM_i 为多路径效应；υ_i 为接收机的噪声误差。

在基准站可求出伪距改正数

$$\Delta\rho_i^j = \rho_i^j - \tilde{\rho}_i^j = -[c \times \delta t_i^j + \delta\rho_{\text{ion}} + \delta\rho_{\text{trop}} + \Delta M_i + \upsilon i] \tag{3-53}$$

如果用 $\Delta\rho_i^j$ 对用户站伪距观测值进行修正，则

$$\tilde{\rho}_k^j + \Delta\ \rho_i^j = \rho_k^j + c \times \delta t_k^j + \delta\rho_{\text{ion}} + \delta\rho_{\text{trop}} + \Delta M_k + \upsilon_k + \Delta\rho_i^j \tag{3-54}$$

如果基准站与用户站之间的距离小于30km时，则有

$$\tilde{\rho}_k^j + \Delta\rho_i^j = \rho_k^j + c \times (\delta t_k^j - \delta t_i^j) + (\Delta M_k - \Delta M_i) + (\upsilon_k - \upsilon_i) \qquad (3\text{-}55)$$

如果 $\Delta\delta\rho = c \times (\delta t_k^j - \delta t_i^j) + (\Delta M_k - \Delta M_i) + (\upsilon_k - \upsilon_i)$

那么观测方程为

$$\tilde{\rho}_k^j + \Delta\rho_i^j = \rho_k^j + \Delta\delta\rho = \sqrt{(X^j - X_k)^2 + (Y^j - Y_k)^2 + (Z^j - Z_k)^2} + \Delta\delta\rho \qquad (3\text{-}56)$$

如果将载波相位伪距测量值式(3-52)代入观测方程(3-56)，则可得

$$\begin{aligned} \tilde{\rho}_k^j + \Delta\rho_i^j &= \tilde{\rho}_k^j + \rho_i^j - \tilde{\rho}_i^j = \rho_i^j + \lambda \times [N_k^j(t_0) - N_i^j(t_0)] \\ &\quad + \lambda \times [N_k^j(t - t_0) - N_i^j(t - t_0)] + \lambda \times (\delta\varphi_k^j - \delta\varphi_i^j) \\ &= \sqrt{(X^j - X_k)^2 + (Y^j - Y_k)^2 + (Z^j - Z_k)^2} + \Delta\delta\rho \end{aligned} \qquad (3\text{-}57)$$

如果令 $N^j(t_0) = N_k^j(t_0) - N_i^j(t_0)$ 为起始整周差，在整个测量过程中只要保持卫星跟踪不失锁的话，那么 $N^j(t_0)$ 为常数；并令

$$\Delta\varphi = \lambda \times [N_k^j(t_0) - N_i^j(t_0)] + \lambda \times [N_k^j(t - t_0) - N_i^j(t - t_0)] + \lambda \times (\delta\varphi_k^j - \delta\varphi_i^j) \qquad (3\text{-}58)$$

为载波相位测量差值，那么

$$\rho_i^j + N^j(t_0) + \Delta\varphi = \sqrt{(X^j - X_k)^2 + (Y^j - Y_k)^2 + (Z^j - Z_k)^2} + \Delta\delta\rho \qquad (3\text{-}59)$$

或者

$$\rho_i^j + \Delta\varphi = \sqrt{(X^j - X_k)^2 + (Y^j - Y_k)^2 + (Z^j - Z_k)^2} + \Delta\delta\rho - N^j(t_0) \qquad (3\text{-}60)$$

式中：$N^j(t_0)$、X_k、Y_k、Z_k 及 $\Delta\delta\rho$ 分别为未知数；$N^j(t_0)$ 为起始整周数之差，只要不失锁即为常数；而用户坐标值为变化量；$\Delta\delta\rho$ 也是一个变化量。如果无论接收机钟差之差、两站间多路径效应之差，还是两台 GPS 接收机的噪声在两历元之间的变化量均小于厘米级动态定位允许的误差，那么，在求解过程可以视 $\Delta\delta\rho$ 为常数。

由式(3-60)可知，这里关键是求解起始整周未知数，如果起始整周未知数一旦被确定，可通过在基准站和用户站同时观测相同的 4 颗卫星，求解出用户坐标 (X_k, Y_k, Z_k) 和 $\Delta\delta\rho$ 实现定位。求解起始整周未知数通常用以下四种方法。

(1) 删除法。该方法是由 Hatch 提出的，建立在不适用的整周数集合之上。要求观测 5 颗以上卫星，并用其中 4 颗求解，确定其搜索范围。在搜索范围内将求得的解与其余每颗卫星观测值求差，以差值的平方和作为判断因子，若超过某一整周未知数解集所容许的上限，予以删除。此后也不再进一步检验改组整数解，当余下唯一一组解集时，取该组为求解结果。

(2) 模糊函数法。该方法由 Counselman 提出并经过 Remondi 在 GPS 数据

处理中应用而形成。基本思路是在初始值精度较高的前提下，通过几分钟观测数据采取函数级加密的搜索策略，直接确定定位的精确解，然后，根据点位的精确解反算整周未知数。

(3) FARA 法。该方法是由 Freight 等提出的，称为整周未知数快速逼近法。以统计理论为基础，在某一估值的解空间内得到一组方差和为最小的似然整周未知数解集，并检验其优于其他解集的显著性。

(4) 消去法。该法是由 Remondi 提出的。其原理是通过对原始观测量求单差、双差、三差，消去相位模糊度和其他钟差，求解点位的概略坐标。然后，利用浮动双差求解出相位模糊度。最后，将相位模糊度固定为整数，利用最小方差原则确定初始相位模糊度。

2. 求差法

求差法就是将基准站观测的载波相位观测值实时发送给用户观测站，在用户站对载波相位观测值求差，采用单差、双差和三差的求解模型。其求解程序如下：

(1) 用户站在保持不动的情况下，静态观测若干个历元，并将基准站上的观测数据通过数据链接收，该过程称为初始化阶段。

(2) 在双差模型中代入整周未知数，获取 4～6 颗卫星一个历元的观测值，可实时求出基站与用户站间的三个位置($\Delta X,\Delta Y,\Delta Z$)。

(3) 将其求出的($\Delta X,\Delta Y,\Delta Z$)坐标增量加上已输入的基准站的 WGS-84 地心坐标(X_i,Y_i,Z_i)，就可以求得此时刻用户站的地心坐标，即

$$\begin{bmatrix} X_k \\ Y_k \\ Z_k \end{bmatrix}_{\text{WGS-84}} = \begin{bmatrix} X_i \\ Y_i \\ Z_i \end{bmatrix}_{\text{WGS-84}} + \begin{bmatrix} \Delta X \\ \Delta Y \\ \Delta Z \end{bmatrix} \tag{3-61}$$

(4) 利用已经获得的坐标转换参数，将用户的坐标转换到当地的空间直角坐标，并换算为实用的定位坐标。

求差模型可以消除或者削弱多项 GPS 卫星观测误差，例如，双差模型消除了卫星钟差、接收机钟差，大大削弱了卫星星历误差、大气折射误差，可以大大提高实时定位精度。

RTK 技术以其测量精度高、时间短等优势在 GPS 定位领域占据重要地位，在快速静态测量、准动态测量和动态测量中获得了广泛的应用，不仅能快速建立高精度的工程控制网，而且还可以进行动态放样和一步法成图。例如，高速公路控制网的建立、地形测图和地籍测绘、水土建筑的施工放样。

单站差分 GPS 结构和算法简单，技术上较为成熟。主要用于小范围的差分定位工作，对于较大范围的区域，则应用局部区域差分技术，对于一个国家或几个国

家范围的广大区域，应用广域差分技术。

3. RTK GPS 定位设备

实时动态测量系统主要包括GPS接收设备、数据传输系统和软件系统三个部分。

1）GPS接收设备

该系统中至少包含两台GPS接收机，其中一台安置于基准站上，且基准站的坐标是已知的，观测条件要好；另一台或若干台分别安置于不同的流动站上。在作业期间，基准站上的GPS接收机连续跟踪GPS卫星，并通过数据传输系统实时地将观测数据发送给用户站。

2）数据传输系统

基准站和用户站之间通过数据传输系统关联起来，数据传输系统是实现实时动态测量的关键设备之一，由调制解调器和无线电台组成。基准站通过调制解调器将有关的数据进行编码和调制，并通过无线电台发射出去，用户站上的无线电台将其接收并由解调器对数据进行解调还原，送入用户站上的GPS接收机中。

3）实时动态测量的软件系统

软件系统的质量与功能，对保障实时动态测量的可行性、测量结果的准确性和可靠性都具有决定性的意义。实时动态测量的软件系统具备以下主要功能：

（1）整周未知数的快速解算；

（2）实时解算用户站在WGS-84地心坐标系下的三维坐标；

（3）求解坐标系之间的转换参数；

（4）根据转换参数，进行坐标系统的转换；

（5）解算结果质量分析与精度评定；

（6）测量结果的显示与绘图。

3.3.5 广域差分原理

差分GPS按照用户站接收的改正信息形式，可分为单基准站差分GPS、局部区域差分GPS和广域差分GPS。

1. 单基准站差分GPS(simple reference DGPS，SRDGPS)

单基准站差分GPS是仅仅根据一个基准站所提供的差分改正信息，对用户站进行改正的差分GPS，由基准站、无线电数据通信链和用户站三部分组成。

(1) 基准站。基准站的站坐标是已知的,站上一般需配备能同时跟踪视场中所有GPS卫星的接收机以及能计算差分改正数的编码软件。

(2) 无线电数据通信链。编码后的差分改正信息是通过无线电数据通信设备传送给用户的,通信设备称为数据通信链,由基准站的信号调制器、无线电发射机、发射天线、用户站的差分信号接收机和信号解调器组成。

(3) 用户站。根据各用户站不同的定位精度而要求选择接收机。

单基准站差分GPS的优点是结构和算法较为简单,技术比较成熟。但该法的前提是要求用户站的误差和基准站的误差具有较强的相关性,定位精度随着用户站和基准站之间的距离增加而迅速降低。

2. 局部区域差分GPS(local area DGPS,LADGPS)

在局部区域中应用差分GPS技术,在区域中布设一个差分GPS网,该网由若干个差分GPS基准站组成,通常包含一个或数个监控站。位于该局部区域中的用户根据多个基准站提供的改正信息,经平差后求解自己的改正数,该差分GPS称为局部区域差分GPS,简称LADGPS。该系统有多个基准站,每个基准站和用户站之间均有无线电数据通信链。

区域差分GPS提供的改正量主要有以下两种。

(1) 各个基准站均以标准化的格式发射各自改正信息,而用户接收机根据收到的各基准站的改正量,取其加权平均作为用户站的改正数。

(2) 根据各基准站的分布,预先在网中构成以用户与基准站的相对位置为函数的改正数的加权平均值模型,并将其一同发送给用户。

在局部区域差分GPS中,用户和基准站之间的距离一般在500km内时,才能获得较好的定位精度。

3. 广域差分GPS(wide area DGPS,WADGPS)

在较大区域,设若干个监测站(已知点),对卫星进行跟踪观测,同时把观测结果全部传输到数据处理中心(主控站),主控站计算出星历误差、电离层延时和对流层延时及卫星钟差的改正模型,并把这些改正信息发送给用户接收机(流动站),流动站根据接收到的GPS信号和改正信息,计算出自己的精确位置。这种广域差分GPS,简称为WADGPS(图3-6)。

1) 广域差分GPS的基本思想

对GPS观测量的误差加以区分,并单独对每一种误差源分别加以“模型化”,然后计算出每一误差源的数值,通过数据链传输给用户,以对用户GPS定位的误差加以改正,继而达到削弱误差源,改善用户GPS定位的精度。广域差分GPS主

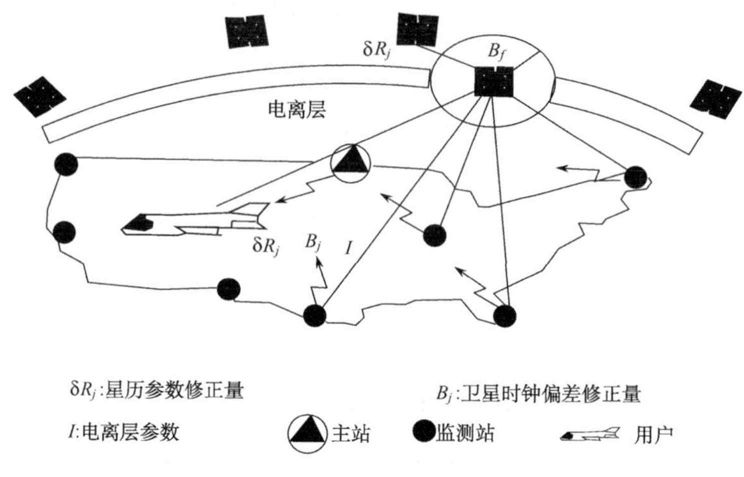

图3-6　广域差分GPS的组成

要对三种误差源加以分离,其具体表现如下:

(1) 星历误差。广播星历是一种外推星历,精度不高,若再受SA的ε抖动,精度降至100m,其影响与基准站和用户站之间的距离成正比,是GPS定位的主要误差来源之一。广域差分GPS依赖于区域精密定轨,确定精密星历,取代广播星历。

(2) 大气延迟误差(电离层和对流层延时)。常规差分GPS提供的综合改正值,包含参考站外的大气延时改正,当用户距离参考站很远,两地大气层的电子密度和水汽密度不同,对GPS信号的延时也不一样,使用参考站处的大气延时量来代替用户的大气延时必然引起误差。广域差分GPS技术通过建立精确的区域大气延时模型,能够精确计算出其作用区域内的大气延时量。

(3) 卫星钟差误差。精确改正上述两种误差后,残余误差中卫星钟差误差影响最大,普通差分GPS利用广播星历提供的卫星钟差改正数,这种改正数仅近似反映了卫星钟与标准GPS时间的物理差异,实际上,残留的随机钟误差约有±30ns,等效距离为±9m。如果考虑SA的ε抖动,其对伪距的影响近达百米,广域差分GPS可以计算出卫星钟各时刻的精确钟差值。

2) 广域差分GPS的构成

该系统主要由主站、监测站、数据通信链和用户设备组成。

(1) 主站。根据各监测站的GPS的观测量及其已知的坐标,计算出GPS卫星星历,建立区域电离层延时改正模型,拟合出改正模型中的参数,计算出卫星钟差改正值,并将改正信息和参数发送到各发射台站。

(2) 监测站。各监测站将伪距观测量、相位观测值、气象数据等,通过数据链实时发射到主站，其精确的三维地心坐标是已知的，数量一般不少于4个。

(3) 数据通信链。数据通信包括两部分：监测站与主站之间的数据传递，可采用数据通信网，如互联网等；广域差分GPS网与用户之间进行的数据通信，采用短波或长波通信、卫星通信等方式。

(4) 用户设备。一般包括单频GPS接收机和数据链的用户端，便于用户在接收GPS通信信号的同时，还能接收主站发射的差分改正数，最后求解用户站的位置。

3) 广域差分GPS的工作流程

(1) 在已知位置的参考站采集视野内所有卫星的GPS伪距和载波相位。

(2) 将参考站所得到的所有测量值(伪距、相位和电离层延时的双频观测值)送到主站。

(3) 主站在精密定轨计算的基础上，计算出卫星星历误差改正、卫星钟改正及电离层时间延迟模型。

(4) 将这些误差改正用数据通信链传送到用户站。

(5) 用户站利用这些误差改正来修正自己观测的伪距、相位和星历等，计算出高精度的GPS定位结果。

4) 广域差分GPS的特点

广域差分GPS技术区分误差的目的就是最大限度地降低监测站与用户站间定位误差的时空相关，克服LADGPS对时空的强依赖性，改善和提高LADGPS中实时差分定位的精度，与LADGPS相比，WADGPS具有以下特点：

(1) 主站、监测站和用户站的站间距离从100km增加到2000km，定位精度不会出现明显的降低，WADGPS中用户的定位精度对空间距离的敏感程度比LADGPS低很多。

(2) 在地区内建立WADGPS网，需要的监测站数量很少，投资减少，比LADGPS具有更大的经济效益。

(3) WADGPS是一个定位精度均匀分布的系统，覆盖范围内任意地区的定位精度相当，且定位精度比LADGPS高。

(4) WADGPS的覆盖区域可以扩展到LADGPS不易作用的地区，如沙漠、远洋和森林等。

(5) WADGPS使用的硬件设备及通信工具昂贵，软件技术复杂，运行和维持费用较LADGPS高得多，且WADGPS的可靠性和安全性可能不如单个的LADGPS。

5）我国广域差分GPS的方案

目前我国已初步建立北京、拉萨、乌鲁木齐、上海四个永久性GPS监测站，还计划增设武汉、哈尔滨两站，拟在北京或武汉建立数据处理中心和数据通信中心（主站），各站之间的关系及数据流程如图3-7所示。

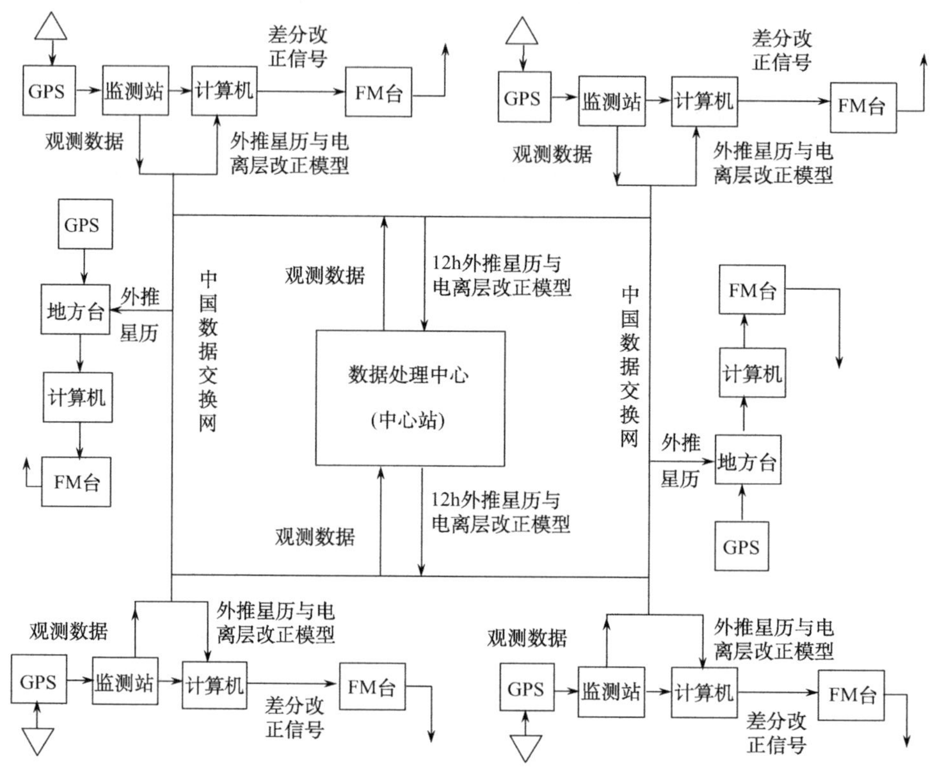

图3-7 WADGPS框架图

4. 广域增强GPS(wide area augmentation system, WAAS)

近年来，美国联邦航空局（FAA）在广域差分GPS的基础上，提出了利用地球同步卫星（GEO），采用L1波段转发广域差分GPS修正信号，同时发射调制在L1上的C/A码伪距的思想，称为广域增强GPS（图3-8），该系统完全抛弃了附加的差分数据通信链系统，直接利用GPS接收机天线识别、接收、调制由地球同步卫星发射C/A码测距信号，增加测距卫星源，从而提高该系统的导航精度、可靠性和完备性。

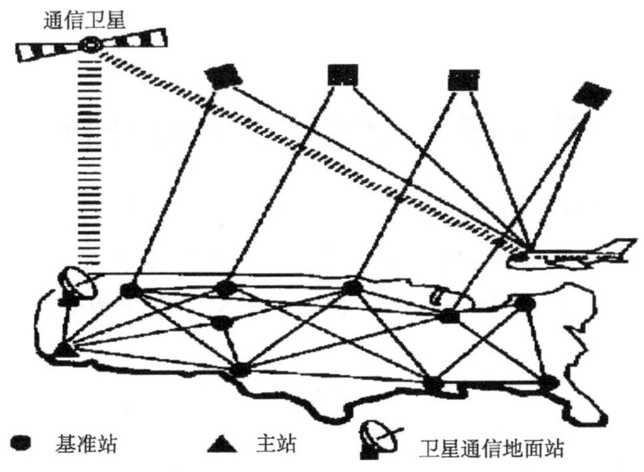

图 3-8　广域增强 GPS

习　题

1. 什么叫静态定位、动态定位、绝对定位和相对定位？
2. 比较绝对定位和相对定位的优缺点有哪些？
3. 伪距定位的基本原理是什么？
4. 如何利用测距码的自相关特性来确定卫星信号的传播时间？
5. 整周未知数的确定有哪些方法？各种方法的含义是什么？
6. 周跳的探测与修复常用的方法有哪些？
7. 差分 GPS 的基本工作原理是什么？
8. 简述伪距差分定位原理、位置差分定位原理和载波相位差分定位原理。
9. RTK 定位中修正法的原理是什么？写出 RTK 定位中求差法的计算过程。
10. 实时差分动态定位有哪几种方法？各自有什么特点？
11. 实时动态测量系统包括哪些部分？各自功能是什么？
12. 广域差分 GPS 的基本思想是什么？
13. 广域差分 GPS 由哪些部分构成？其工作流程是什么？

第 4 章 GPS 定位误差分析

在前面介绍了 GPS 测量原理及其定位原理，本章将对在 GPS 测量定位中存在的各种误差进行分析，并通过对每一误差产生的原因、性质及其对测量定位影响的规律性进行分析，提出消除或削弱各种误差影响的方法和措施。

4.1 概 述

4.1.1 GPS 定位中的误差分类

利用 GPS 进行导航或测量定位是通过 GPS 接收机接收 GPS 卫星信号并进行跟踪测量，经过解算获得用户站的三维位置坐标及时间信息。可以看出，影响导航和测量定位结果精度的误差主要来源于以下三个方面。

(1) 与卫星有关的误差包括卫星时钟误差、卫星星历误差、相对论效应误差。

(2) 与信号传播有关的误差包括电离层折射误差、对流层折射误差、多路径效应误差。

(3) 与接收机有关的误差包括接收机时钟误差、接收机位置误差、接收机天线相位中心位置误差。

另外，在进行高精度 GPS 测量定位时(如在进行地球动力学等方面研究时)，通常还应该考虑到与地球整体运动有关的误差，如地球自转的影响和地球潮汐的影响等。

按误差的性质进行区分，上述各种误差有的属于系统误差，有的属于偶然误差。例如，卫星星历误差、卫星时钟误差、接收机时钟误差和大气折射误差等都属于系统误差，而多路径效应误差等则属于偶然误差。无论是从误差本身的大小或是其对测量定位结果影响程度来讲，系统误差比偶然误差都要大得多，所以说系统误差应该是 GPS 测量定位时的主要误差源。但是系统误差的影响是有一定规律的，通常可以采取一定的方法和措施予以消除或削弱。

4.1.2 消除或削弱误差影响的方法和措施

在进行各种测量定位中，为了消除或削弱误差的影响，通常可以采取如下几种方法和措施。

1. 建立误差改正模型对观测值进行改正

误差改正模型通常有理论模型、经验模型和综合模型。理论模型是通过对误差产生的原因、误差的性质及其对测量定位影响的规律进行研究和分析，并从理论上进行严格地推导而建立起来的误差改正模型。经验模型则是通过对大量的观测数据进行统计分析和研究，并经过拟合而建立起来的误差改正模型。而综合模型则是综合以上两种方法而建立起来的误差改正模型。

在 GPS 测量定位中，上述三种误差改正模型中的理论模型和综合模型经常使用，例如，双频电离层折射改正模型基本上属于理论模型，而对流层折射改正模型应该属于综合模型。而经验模型，由于其改正效果不佳，所以在实践中不常使用。

利用误差改正模型进行改正，其效果通常取决于两个因素：一个是误差改正模型本身的完善程度；另一个是所获取的改正模型中所需要的各个参数的精度。

2. 选择较好的硬件和良好的观测条件

在 GPS 测量定位中，有的误差是无法利用误差改正模型进行改正的。例如，多路径误差的影响是较复杂的，其与观测站周围的环境有很大的关系。削弱多路径误差的影响：一个是选择功能完善的接收机天线；另一个是在选择 GPS 点位时要远离信号源和反射物。

3. 利用同步观测的方法，并对相应的同步观测值进行求差分

研究和分析误差对观测值或平差结果的影响情况，制定合理的观测方案并采用有效的数据处理方法。利用误差对观测值或平差结果影响的相关性，通过对相应的观测值求差分来消除或削弱一些误差的影响，提高测量定位结果的精度。

4. 引入相应的参数，在数据处理中与其他未知参数一同进行求解

在 GPS 测量定位中，有的误差是利用卫星提供的模型和有关参数进行改正的，但是其效果不理想。此时亦可以将这些参数设为未知参数，而将卫星提供的参数值作为未知参数的初始值，在数据处理中与其他未知参数一起进行解算，达到削弱误差的影响、提高测量定位结果精度的目的。

在研究各种误差对测量定位的影响时，为了便于描述误差影响的大小，通常将各种误差的影响投影到观测站至卫星的距离上，并以相应的距离误差来表示，它被称为等效距离误差。

下面分别讨论各种误差（与卫星有关的误差、与信号传播有关的误差和与接收机有关的误差）对测量定位的影响，以及在 GPS 测量定位中应该采取的方法和措施。

4.2 与卫星有关的误差

与卫星有关的误差包括卫星时钟误差、卫星星历误差和相对论效应误差。

4.2.1 卫星时钟误差

卫星时钟误差通常是指卫星时钟的时间读数与GPS标准时间之间的偏差。

虽然在每颗GPS卫星上都装备有原子钟(铯原子钟和铷原子钟),但是随着时间的积累,这些原子钟与GPS标准时间亦会有难以避免的偏差和漂移。并且随着时间的推移,这些偏差和漂移还会发生变化。而在GPS测量定位中所有的观测量都是以精密的测时为依据的,所以卫星时钟误差会对伪距测量和载波相位测量的结果产生影响。通常卫星时钟的偏差总量在1ms以内,那么由此而产生的等效距离误差可达300km。

对于卫星时钟的这种偏差,GPS利用地面监控系统对卫星时钟运行状态进行连续地监测而精确地确定,并以二阶多项式的形式予以表示

$$\Delta t = a_0 + a_1 \cdot (t - t_{oc}) + a_2 \cdot (t - t_{oc})^2 \tag{4-1}$$

式中:t_{oc}为卫星时钟改正的参考历元;a_0、a_1、a_2分别为卫星时钟的钟差、钟速和钟速的变化率。这些参数由主控站测定,并通过卫星的导航电文提供给用户使用。

利用式(4-1)计算卫星时钟读数的改正数并加以改正,改正后通常能保证卫星时钟与GPS标准时间的同步误差在20ns以内,由此而产生的等效距离误差不会超过6m。要想进一步削弱卫星时钟残差的影响,可以利用在不同的观测站上对同一颗卫星进行同步观测,并将相应的同步观测值进行求差分处理。

4.2.2 卫星星历误差

卫星星历误差(有时也称为卫星的轨道误差)是指由卫星星历计算得到的卫星位置与卫星在空间的实际位置之差。

要估计和处理卫星星历误差一般是比较困难的,其主要原因是,卫星在运行过程中要受到多种摄动力的复杂影响,利用地面监控系统对卫星进行监测,是难以可靠地、准确地测定这些作用力,且无法掌握它们的作用规律。所以在星历预报时会产生较大的误差。在一个观测时段内,卫星星历误差具有系统误差的特性,应该属于起算数据误差。在通常情况下,广播星历误差为25m左右(但美国若实施SA计划时,广播星历误差可达100m左右),但是随着摄动力模型和定轨技术的不断完善,卫星星历的精度将有较大的提高。

1. 卫星星历误差对测量定位的影响

由于卫星星历误差较大，其对单点绝对定位会产生严重的影响，同时也是相对定位中的一个非常重要的误差源。下面分别予以介绍。

1）对单点绝对定位的影响

在观测站上利用接收机接收 GPS 卫星信号获得伪距观测值，并根据卫星星历提供的卫星位置坐标进行单点绝对定位，其定位模型为

$$l^j \cdot \mathrm{d}X + m^j \cdot \mathrm{d}Y + n^j \cdot \mathrm{d}Z + \mathrm{d}\rho + L^j = 0$$

同样可以表示为

$$l^j \cdot \mathrm{d}X + m^j \cdot \mathrm{d}Y + n^j \cdot \mathrm{d}Z + c \cdot V_K = - L^j$$

其中：

$$L^j = \rho'^j + \delta\rho_i^j + \delta\rho_T^j - c \cdot V^j - \rho_0^j$$

$$\rho_0^j = [(X^j - X_0)^2 + (Y^j - Y_0)^2 + (Z^j - Z_0)^2]^{1/2}$$

$$l^j = \frac{X^j - X_0}{\rho_0^j}; m^j = \frac{Y^j - Y_0}{\rho_0^j}; n^j = \frac{Z^j - Z_0}{\rho_0^j}$$

(X^j, Y^j, Z^j)为利用卫星星历计算得到的 j 卫星的空间位置坐标。从以上各式可以看出，当 j 卫星的卫星星历有误差，即其空间位置有误差 δS^j，必然使 ρ_0^j 产生误差 $\delta\rho^j$；同样 $\delta\rho^j$ 也必然会使 L^j 产生误差 δL^j，最终将使未知参数 $\mathrm{d}X$、$\mathrm{d}Y$、$\mathrm{d}Z$、V_K 产生误差，即 δX、δY、δZ、δV。而且其间必有下列关系式

$$l^j \cdot \delta X + m^j \cdot \delta Y + n^j \cdot \delta Z + c \cdot \delta V = - \delta L^j \tag{4-2}$$

式(4-2)表明，卫星的位置误差 δS^j 取决于观测站位置坐标、接收机时钟的影响，而具体的配赋方式则与卫星至观测站的几何图形有关。卫星星历误差对观测站位置坐标的影响通常可达数米、数十米甚至上百米。

2）对相对定位的影响

在利用 GPS 卫星进行相对定位时，卫星星历误差对相邻两个观测站的影响具有很强的相关性(相关程度与两个观测站的相对位置有关)。所以，利用相邻两个观测站受卫星星历误差影响的相关性，将相应的观测量求差分，消除卫星星历误差影响的共同部分，从而获得高精度的相对坐标，达到削弱卫星星历误差影响的目的。

卫星星历误差对相对定位的影响通常利用下式进行估算

$$\frac{1}{10} \cdot \frac{\mathrm{d}S}{\rho} \leqslant \frac{\mathrm{d}b}{b} \leqslant \frac{1}{4} \cdot \frac{\mathrm{d}S}{\rho} \tag{4-3}$$

式中：dS 为卫星星历误差；ρ 为观测站到卫星的距离；db 为由于卫星星历误差而引起的基线误差；b 为基线的长度。通常称$\frac{dS}{\rho}$为卫星星历的相对误差。

如果假设广播星历误差为 25m，而观测站到卫星的距离最大为 25 000km，则卫星星历的相对误差约为 1ppm[①]（当美国实施 SA 计划时，广播星历的相对误差更大）。按式(4-3)进行估算，卫星星历误差对基线的影响可达 0.1～0.25ppm（若在美国实施 SA 计划时进行 GPS 相对定位测量，卫星星历误差对基线的影响将大得多）。所以说卫星星历误差在 GPS 相对定位中仍是一个主要误差源。

2. 削弱卫星星历误差影响的方法和措施

从以上的讨论分析可知，卫星星历误差对单点绝对定位的影响是很大的，而对相对定位的影响也是绝对不可忽视的。所以在进行 GPS 测量定位时，通常可以采取下面的方法和措施来消除或削弱卫星星历误差的影响。

1）*采用轨道松弛法*

轨道松弛法的基本思想是：在数据处理时，将卫星广播星历给出的轨道参数作为初始值而将表征卫星运行轨道的轨道参数设为未知参数并与其他未知参数一同进行求解。通过平差计算，不仅可以求出观测站的位置坐标，同时也能求出卫星轨道参数的改正数。这种方法即为轨道松弛法。

由于卫星星历误差是由各种摄动力的综合影响而产生的，而摄动力对卫星轨道 6 个参数的影响也是不相同的。而且在对卫星轨道摄动进行修正时，采用的各种摄动力模型的精度也不一样，所以在轨道松弛法中引入轨道参数作为未知参数时，引入未知参数的个数也是不一样的。

(1) 短弧法（也称为全短弧法）。在使用轨道松弛法时，将 6 个卫星轨道参数都设为未知参数，在数据处理中与其他未知参数一同进行解算。这种方法可以有效地削弱卫星星历误差的影响，明显地提高测量定位的精度。但是其未知参数较多，计算工作量较大。

(2) 半短弧法。在使用轨道松弛法时，将 6 个卫星轨道参数中的若干个设为未知参数，例如，将摄动力影响较大的轨道切向、径向和法向三个参数设为未知参数，在数据处理中与其他未知参数一同进行解算。由于其引入的未知参数相对较少，所以计算较为简单。半短弧法与短弧法的结果精度大体差不多。

轨道松弛法也有一定的局限性，例如，使用轨道松弛法时，测区应该有一定的规模，测区过小不宜使用。另外，使用轨道松弛法时，数据处理较复杂，工作量也很

---

① 1ppm=10^{-6}，后同。

大,要求作业人员的素质较高。因此它不宜作为GPS测量定位中的一种基本方法,只能作为在无法获得精密星历情况下的一种补救措施。

2) 建立卫星跟踪网进行独立定轨

由于广播星历的误差比较大(尤其在有人为干扰的情况下,误差更大),其对GPS测量定位的影响也比较大。对于进行长距离、高精度GPS测量定位时,应该使用高精度的精密星历。一方面可以向有偿提供精密星历的部门预订,另一方面可以建立GPS卫星跟踪网,进行独立定轨,自己提供高精度的精密星历,满足精密GPS测量定位的要求。这样不仅可以摆脱在非常时期受美国政府有意降低卫星广播星历精度的影响,而且还可以向实时动态测量定位的用户提供无人干扰的预报星历。

3) 进行同步观测求差分法

由于卫星星历误差对距离不太远的(20km以内)两个观测站的影响基本相同、具有系统性,所以在相邻的两个或多个观测站上对同一颗卫星进行同步观测,并将相应的观测量求差分,可以有效地削弱卫星星历误差的影响,提高相对定位的精度。

4.2.3 相对论效应误差

相对论效应即是由于卫星时钟和接收机时钟所处的状态(主要是指运动速度和重力位)不同而引起卫星时钟与接收机时钟产生相对钟误差的现象。由于相对论效应误差取决于卫星时钟所处的状态(即卫星的状态),而且相对论效应误差是以卫星时钟误差的形式出现的,所以将相对论效应误差归入与卫星有关的误差内。

根据狭义相对论的理论,在地面上频率为 f_0 的时钟,若将其安置于以速度 V_S 运行的卫星上,则该时钟的频率将变为 f_S,即

$$f_S = f_0 \cdot \left[1-\left(\frac{V_S}{c}\right)^2\right]^{1/2} \approx f_0 \cdot \left(1-\frac{V_S^2}{2c^2}\right) \tag{4-4}$$

式中:c 为真空中的光速。所以其频率的变化量 Δf_1 即为

$$\Delta f_1 = f_S - f_0 = -\frac{V_S^2}{2c^2} \cdot f_0 \tag{4-5}$$

现将GPS卫星运动的平均速度 $\bar{V}_S = 3874\text{m/s}$ 和 $c = 299\ 792\ 458\text{m/s}$ 代入式(4-5),可得 $\Delta f_1 = -0.835 \times 10^{-10} \cdot f_0$。此式表明,由于狭义相对论效应,卫星上的时钟比地球上的同类时钟走得慢。

根据广义相对论的理论,设GPS卫星在轨运行时的重力位为 W_S,而地面上观测站处的重力位为 W_T,若将在地面上频率为 f_0 的时钟安置于GPS卫星上,则该

时钟的频率将变为 f_S，其频率的变化量 Δf_2 可表示为

$$\Delta f_2 = f_S - f_0 = \frac{W_S - W_T}{c^2} \cdot f_0 \tag{4-6}$$

由于广义相对论效应的数量很小，在计算时通常可以将地球的重力位看作一个质点位，同时略去日、月引力位。那么 Δf_2 的实用计算公式可以写成

$$\Delta f_2 = \frac{\mu}{c^2} \cdot \left(\frac{1}{R} - \frac{1}{r}\right) \cdot f_0 \tag{4-7}$$

式中：μ 为万有引力常数与地球质量的乘积，其数值为 $\mu = 3.986\ 005 \times 10^{14}\,\mathrm{m^3/s^2}$；$R$ 为接收机离地心的距离，其数值为 $R = 6378\mathrm{km}$；r 为 GPS 卫星离地心的距离，其数值为 $r = 26\ 560\mathrm{km}$，现将各数值代入式(4-7)，可得 $\Delta f_2 = 5.284 \times 10^{-10} f_0$。这表明，由于广义相对论效应，卫星上的时钟比地球上的同类时钟走得快。

从以上具体数值可以看出，就 GPS 卫星而言，广义相对论效应的影响比狭义相对论效应的影响要大得多，而且它们的符号相反。事实上卫星上的时钟同时受到广义相对论效应和狭义相对论效应的共同影响，所以总的相对论效应的影响应为

$$\Delta f = \Delta f_1 + \Delta f_2 = 4.449 \times 10^{-10} f_0 \tag{4-8}$$

由此可见，由于相对论效应的影响，一台时钟当位于 GPS 卫星上时，其频率比它在地面上时要增加 $4.449 \times 10^{-10} f_0$。所以要解决相对论效应的影响，最简单的方法即是在制造 GPS 卫星时钟时应该先将其频率降低 $4.449 \times 10^{-10} f_0$。因为 GPS 卫星上时钟的标准频率应该为 10.23MHz，那么 GPS 卫星的时钟在厂家生产时应该把频率调为

$$10.23\mathrm{MHz} \times (1 - 4.449 \times 10^{-10}) = 10.229\ 999\ 995\ 45\mathrm{MHz}$$

这样，该时钟当随 GPS 卫星进入轨道运行并受到相对论效应影响后，其频率正好变为标准频率 10.23MHz。

在此应该说明，GPS 卫星的运行轨道是一个椭圆，即 GPS 卫星的轨道高度是变化的，同时其运行速度也随时间而发生变化，所以相对论效应的影响也并非是常数。经上面方法改正后仍然存在残差，残差最大值可达 70ns，其对卫星时钟钟速的影响可达 0.01ns/s，这一项误差在进行高精度 GPS 测量定位中应该予以考虑。

4.3 与信号传播有关的误差

与信号传播有关的误差包括电离层折射误差、对流层折射误差和多路径效应误差。

4.3.1　电离层折射误差

1. 电离层及其对 GPS 测量定位的影响

电离层，通常是指地球上空距地面高度 50～1000km 的大气层。电离层中的部分气体分子由于受到太阳和其他天体强烈辐射的影响，产生强烈的电离并形成大量的自由电子和正离子。当 GPS 卫星信号通过电离层时，与其他电磁波信号一样，信号的路径会发生弯曲，传播速度也会发生变化。所以用信号的传播时间乘以真空中光速而得到的距离就会不等于卫星至接收机之间的几何距离，这种偏差即称为电离层折射误差。

在电离层中含有密度很高的自由电子，它属于弥散性介质。利用电磁场理论可知，在离子化的大气中，折射率的弥散公式为

$$n = \left[1 - \frac{N_e e^2}{4\pi^2 f^2 \varepsilon_0 m_e}\right]^{\frac{1}{2}} \tag{4-9}$$

式中：N_e 为电子的密度（电子数/m^3）；e 为电荷量（c）；ε_0 为真空介质常数[$c^2/(kg \cdot m^3 \cdot s^2)$]；$m_e$ 为电子质量（kg）；f 电磁波信号的频率（Hz）。

其中以下为常数值：

$$e = 1.6021 \times 10^{-19}\,(c)$$

$$m_e = 9.11 \times 10^{-31}\,(kg)$$

$$\varepsilon_0 = 8.859 \times 10^{-12}\,[c^2/(kg \cdot m^3 \cdot s^2)]$$

将这些常数值代入式(4-9)，并略去二阶以上微小项时，可以获得下式

$$n = 1 - 40.28 \cdot \frac{N_e}{f^2} \tag{4-10}$$

由式(4-10)可知，在电离层中电磁波信号的折射率与电离层中电子的密度成正比，而与通过电离层的电磁波信号的频率的平方成反比。而且折射率 $n<1$。

由电磁场理论可知，式(4-10)表示单一频率的正弦波通过电离层时的相折射率，所以 GPS 卫星信号通过电离层时，电离层对载波信号的相折射率为

$$n_{Ip} = 1 - 40.28 \cdot \frac{N_e}{f^2} \tag{4-11}$$

又有

$$\frac{dn_{Ip}}{df} = 80.56 \cdot \frac{N_e}{f^3} \tag{4-12}$$

由电磁场理论又可知，相折射率和群折射率之间的关系可用下式表示

$$n_{Ig} = n_{Ip} + f \cdot \frac{dn_{Ip}}{df} \tag{4-13}$$

将式(4-12)代入式(4-13)可得电离层对电磁波信号的群折射率为

$$n_{Ig} = 1 + 40.28 \cdot \frac{N_e}{f^2} \tag{4-14}$$

由式(4-11)和式(4-14)可知,在电离层中电磁波信号的相折射率和群折射率是不相同的。

当电磁波信号通过电离层时,由于折射率的变化而引起的传播路径上距离的偏差可以用下式表示

$$\delta\rho = \int_s (n-1) \cdot ds \tag{4-15}$$

由此亦可得出由于相折射率的变化而引起的相位延迟为

$$\delta\Phi_I = \frac{f}{c}\int_s (n_{Ip}-1) \cdot ds = -\frac{40.28}{c \cdot f} \cdot \int_s N_e \cdot ds \tag{4-16}$$

式中:c 为光速;并令在电磁波信号传播路径上电子的总数为

$$N_\Sigma = \int_S N_e \cdot dS \quad (电子数/m^3) \tag{4-17}$$

当取 $c=2.997\,924\,58\times10^8$(m/s)时,式(4-16)可写成下面形式

$$\delta\Phi_I = -1.3436 \times 10^{-7} \frac{N_\Sigma}{f} \tag{4-18}$$

与此相应的距离延迟和时间延迟可以表示为

$$\delta\rho_{Ip} = -40.28 \frac{N_\Sigma}{f^2} \quad (m) \tag{4-19}$$

$$\delta t_{Ip} = -1.3436 \times 10^{-7} \frac{N_\Sigma}{f^2} \tag{4-20}$$

由于群折射率而引起的传播路径上距离的偏差可以用下式表示

$$\delta\rho_{Ig} = \int_S (n_{Ig}-1) \cdot dS = 40.28 \frac{N_\Sigma}{f^2} \quad (m) \tag{4-21}$$

与此相应的电磁波信号的时间延迟可以表示为

$$\delta t_{Ig} = 1.3436 \times 10^{-7} \frac{N_\Sigma}{f^2} \tag{4-22}$$

在前面已经介绍过,GPS卫星信号中,测距码(C/A码和P码)和D码(导航电文)都是调制在L1和L2载波上的。测距码(C/A码和P码)信号是以群速度在电离层中传播的,而载波信号则是以相速度在电离层中传播的。所以从式(4-19)和式(4-21)可以看出,由于电离层延迟误差的影响,进行伪距测量时,所测得的距离值总是比真实距离长;而进行载波相位测量时,所测得的距离值总是比真实距离短。

从以上各式可以看出，在电离层中所产生的各种延迟量，都是电磁波信号传播路径上电子的总量和电磁波信号频率的函数。对于 GPS 卫星信号，其频率是确定的，所以传播路径上电子的总数 N_Σ 是唯一的变量。电离层中电子的密度是变化的，并与多种因素有关。其值随太阳及其他天体的辐射程度、季节、时间和地球上地理位置等因素的变化而不同。根据有关资料可知，电离层中电子密度白天约为夜间的 5 倍，在一年中冬季与夏季相差可达 4 倍，而太阳黑子活动高峰期的电子密度约为低峰期的 4 倍。另外，由于各种延迟量与传播路径上电子的总量 N_Σ 有直接关系，所以电离层对 GPS 卫星信号的延迟量还与 GPS 卫星信号到达接收机天线的方位有关。GPS 卫星信号从接近水平方向进入接收机天线，比从天顶方向进入天线，其延迟量最大相差可达 3 倍。

对实际资料研究分析可知，对于 GPS 卫星信号，由于电离层折射的影响而使 GPS 卫星信号在传播路径上产生距离偏差，卫星信号沿天顶方向进入天线时距离偏差最大值可达 50m 左右，而卫星信号沿接近水平方向进入天线时距离偏差最大值可达 150m 左右。如此大的差别，在导航和测量定位中选择 GPS 卫星进行观测时应该有所考虑。

2. 消除或削弱电离层影响的方法和措施

从以上分析可知，电离层折射误差的影响很大，而且与多种因素有关。在利用 GPS 卫星信号进行导航和测量定位时，可以采取下面的方法和措施予以消除或削弱。

1) 利用双频观测法

如果利用双频接收机接收 GPS 卫星信号进行导航和测量定位，双频接收机可以同时接收 GPS 卫星发射的两个频率（f_1 和 f_2）的信号并分别进行测量，获得两个观测值。由于这两个频率的信号是沿着同一条路径传播到达接收机天线的，虽然在传播路径上的电子总量 N_Σ 是无法准确计算的，但是其相对于这两个频率信号来说应该是相同的。所以我们利用这一点可以很好地削弱电离层折射误差的影响。

当利用双频接收机接收 GPS 卫星两个频率（f_1 和 f_2）的信号并分别进行测量时，可以分别获得两个观测值。现假设接收机天线到 GPS 卫星的几何距离为 ρ_0，而所获得的两个距离观测值分别为 ρ_{f_1}、ρ_{f_2}。根据式(4-19)或式(4-21)可以写出

$$\begin{cases}\rho_{f_1} = \rho_0 + \delta\rho_{f_1} = \rho_0 + A/f_1^2 \\ \rho_{f_2} = \rho_0 + \delta\rho_{f_2} = \rho_0 + A/f_2^2\end{cases} \tag{4-23}$$

式中：A 为式(4-19)或式(4-21)中与频率无关的常数项（包括传播路径上的电子总

量 N_Σ)。现将式(4-23)中的二式相减可得

$$\Delta\rho = \rho_{f_1} - \rho_{f_2} = \frac{A}{f_1^2} - \frac{A}{f_2^2} = \frac{A}{f_1^2} \cdot \left(\frac{f_2^2 - f_1^2}{f_2^2}\right)$$

现将 f_1=1575.42MHz,f_2=1227.60MHz 代入上式便有

$$\Delta\rho = \rho_{f_1} - \rho_{f_2} = \delta\rho_{f_1} \cdot \left[1 - \left(\frac{f_1}{f_2}\right)^2\right] = -0.6469 \times \delta\rho_{f_1} \tag{4-24}$$

整理后可得

$$\left.\begin{aligned} \delta\rho_{f_1} &= -1.545\,73\Delta\rho = -1.545\,73(\rho_{f_1} - \rho_{f_2}) \\ \delta\rho_{f_2} &= -2.545\,73\Delta\rho = -2.545\,73(\rho_{f_1} - \rho_{f_2}) \end{aligned}\right\} \tag{4-25}$$

由于接收机对 GPS 卫星的两个频率(f_1 和 f_2)的信号进行观测时,只有电离层折射误差对两观测值的影响是不同的,而其他误差的影响应该是一样的。所以 $\Delta\rho$ 的值实际上就是电离层折射误差对两观测值影响之差。所以用户利用双频接收机接收 GPS 卫星两个频率(f_1 和 f_2)的信号并将所获得的两个观测值求差,再利用式(4-25)分别求得两观测值的误差值,最后利用式(4-25)可求得接收机天线到 GPS 卫星的几何距离为

$$\left.\begin{aligned} \rho_0 &= \rho_{f_1} - \delta\rho_{f_1} = \rho_{f_1} + 1.545\,73(\rho_{f_1} - \rho_{f_2}) \\ \rho_0 &= \rho_{f_2} - \delta\rho_{f_2} = \rho_{f_2} + 2.545\,73(\rho_{f_1} - \rho_{f_2}) \end{aligned}\right\} \tag{4-26}$$

有关实际资料分析表明,利用双频观测法进行改正后,距离残差值可达厘米级。目前,在利用 GPS 卫星进行高精度导航和测量定位时都采用双频观测法,可有效地削弱电离层折射误差的影响。

2) *利用电离层改正模型进行改正*

对于单频接收机要削弱电离层折射误差的影响通常是采用在导航电文中提供的电离层改正模型进行改正的。由于影响电离层电子密度的因素较复杂,难以准确地确定观测时刻 GPS 卫星信号传播路径上电子总量。另外,导航电文中提供的电离层改正模型是反映长时期内全球平均状况的经验模型,所以利用这样的改正模型估算地球上某一地点在某一时刻的电离层折射误差并进行改正时大都是不理想的。通常改正后的残差为实际延迟量的 20%~40%。

3) *利用同步观测求差分法*

在相距不太远的两个或多个观测站上对相同 GPS 卫星进行同步观测时,由于 GPS 卫星信号到达这两个或多个观测站所经过的传播路径的气象状况甚为相似,因而电离层折射误差对这些观测值的影响具有很大的相关性,通过将相应的观测值求差分可以有效地削弱电离层折射误差的影响。

这种方法对于短基线(如小于 20km)来说,效果非常明显。此时经过电离层折射改正后,基线长度的相对残差通常可达 10^{-6}。所以在 GPS 测量定位中,对于短距离的相对定位,利用单频接收机也可以达到相当高的精度。但是随着基线长度的增加,其精度将随之明显降低。

4) 利用码/载波相位扩散技术

美国学者雷蒙迪曾提出码/载波相位扩散技术(也简称 CCD 技术),并已成功地应用于实践中。码/载波相位扩散技术的基本思想是:由于电离层折射误差对电磁波传播的相速度和群速度的影响数值相等,而符号相反,也就是使对测距码进行测量所获得的伪距观测值偏长,而对载波进行相位测量所获得的距离观测值偏短。那么将 GPS 单频接收机的码观测值与载波相位观测值进行加权组合,达到基本消除电离层折射误差对观测值的影响目的。

对于利用单频接收机进行 GPS 测量定位时,使用码/载波相位扩散技术,基线长度为 200km 左右时可以有效地提高相对定位的精度。

5) 选择最佳的观测时间进行观测

因为电离层折射误差影响的大小与电磁波信号传播路径上的电子总量有密切的关系,所以选择最佳的观测时间(如在晚上或夜间)进行观测,此时大气电离的程度小、电子总量少,从而达到减弱电离层折射误差影响的目的。

4.3.2 对流层折射误差

1. 对流层及其对 GPS 测量定位的影响

对流层是指地面向上约 40km 范围内的大气底层。整个大气层质量的 99%几乎都集中在该大气层中,所以其大气密度比电离层更大,大气状态也更复杂。对流层与地面接触并从地面得到辐射热能,其温度随高度的上升而降低,平均每升高 1km 温度降低约 6.5℃。在对流层中,虽然有很少量的带电离子,但其对电磁波的传播几乎没有什么影响,所以说对流层的大气,实际上是属中性的,对于电磁波的传播不属于弥散性的介质。也就是说,电磁波在对流层中的传播速度与信号频率是无关的。

当 GPS 卫星信号通过对流层时,会使信号的传播速度发生变化,这与大气的折射率有关,同时也会使信号传播的路径发生弯曲,从而使测量距离产生偏差,这种现象称为对流层折射。对流层折射与地面气候(如大气压、温度和湿度)的变化是密切相关的,这也使得对流层折射比电离层折射更为复杂。另外,对流层折射的影响还与卫星信号的高度角有关,如当 GPS 卫星在观测站的天顶方向(信号的高度角约为90°)时,对流层折射影响可达2.3m左右;而当卫星信号在接近水平方向传播(高度角为10°左右)时,其影响可达20m左右。

2. 消除或削弱对流层影响的方法和措施

虽然对流层折射对GPS测量定位的影响不像电离层折射影响那么大,但是其影响情况比较复杂。在利用GPS卫星进行导航和测量定位时,通常是采用下面的一些方法和措施来削弱对流层折射误差的影响。

1) 利用模型进行改正

(1) 霍普菲尔德(Hopfield)模型

$$\Delta S_{trop} = \Delta S_d + \Delta S_w = \frac{K_d}{\sin(E^2 + 6.25)^{1/2}} + \frac{K_w}{\sin(E^2 + 2.25)^{1/2}} \tag{4-27}$$

式中:ΔS_{trop}为对流层折射误差的改正值,以米为单位;E为GPS卫星信号的高度角,以度为单位;K_d、K_w分别利用下式进行计算:

$$K_d = 77.6 \cdot \frac{P_S}{T_S} \cdot \frac{1}{5}(h_d - h_S) \cdot 10^{-6} = 155.2 \cdot 10^{-7} \cdot \frac{P_S}{T_S} \cdot (h_d - h_S)$$

$$K_w = 77.6 \cdot \frac{e_S}{T_S^2} \cdot \frac{1}{5}(h_d - h_S) \cdot 10^{-6} = 155.2 \cdot 10^{-7} \cdot \frac{4810}{T_S^2} \cdot e_S \cdot (h_d - h_S)$$

式中:$h_d = 40\,136 + 148.72 \cdot (T_S - 273.16)$;$P_S$为观测站的气压,以毫巴为单位;$T_S$为观测站的绝对温度,以度为单位;$h_d$为对流层外边缘的高度,以米为单位;$h_S$为观测站的高程,以米为单位;$e_S$为观测站的水汽压,以毫巴为单位。

(2) 萨斯塔莫宁(Saastamoinen)模型

$$\Delta S_{trop} = \frac{0.002\,277}{\sin E'}\left[P_S + \left(\frac{1255}{T_S} + 0.05\right) \cdot e_S - \frac{a}{\tan^2 E'}\right] \tag{4-28}$$

其中:

$$E' = E + \Delta E$$

$$\Delta E = \frac{16.00''}{T_S}\left(P_S + \frac{4810 \cdot e_S}{T_S}\right) \cdot \cot E$$

$$a = 1.16 - 0.15 \times 10^{-3} h_S + 0.716 \times 10^{-8} h_S^2$$

式中:其他符号的意义同前面一样。

(3) 勃兰克(Black)模型

$$\Delta S_{trop} = K_d \left\{ \sqrt{1 - \left[\frac{\cos E}{1 + (1 - l_0) \cdot h_d / r_S}\right]^2} - b(E) \right\} + K_w \left\{ \sqrt{1 - \left[\frac{\cos E}{1 + (1 - l_0) \cdot h_w / r_S}\right]^2} - b(E) \right\} \tag{4-29}$$

式中：r_S 为观测站的地心半径；参数 l_0 和路径弯曲改正 $b(E)$ 可以用下式计算：

$$\begin{cases} l_0 = 0.833 + [0.076 + 0.00015(T_S - 273.16)]^{-0.3E} \\ b(E) = 1.92(E^2 + 0.6)^{-1} \end{cases}$$

式中：h_d、h_w、K_d 和 K_w 的意义同前面一样，但是应该按下式进行计算：

$$\begin{cases} h_d = 148.98(T_S - 3.96) \\ h_w = 13000 \\ K_d = 0.002312(T_S - 3.96) \cdot \dfrac{P_S}{T_S} \\ K_w = 0.20 \end{cases}$$

上述三种对流层折射误差改正模型虽然形式各不相同，但用同一套气象参数代入后求得的天顶方向的对流层延迟值的较差一般仅为几毫米。当高度角 $E>30°$时，各模型计算出来的结果差不多。只有在高度角 E 较小时，各模型计算出来结果的差异才显露出来。例如，在高度角 $E=15°$时，其差异可达几厘米。这就表明各模型之间并无实质性的差异。

从以上的讨论分析可以看出，同一套气象参数用不同的模型进行计算，其差异仅为几毫米(高度角较大时)至几厘米(高度角较小时)，为对流层延迟值的0.1%～0.5%。但是当地面气象参数有测定误差(仪器误差、测量误差等)时，对流层延迟改正的实际误差可能会比上述模型误差大一个数量级，所以在选择观测站和测定气象参数时应该特别注意。

理论分析和实践证明，采用各种对流层折射误差改正模型进行改正后的残差，仍然占对流层延迟误差影响的 5%～10%。

2) 利用同步观测求差分法

在相距不太远的两个或多个观测站上对 GPS 卫星进行同步观测，由于 GPS 卫星信号到达这两个或多个观测站所经过的传播路径甚为相似，因而对流层折射误差对这些观测值的影响具有很大的相关性，通过将相应的观测值求差分可以有效地削弱对流层折射误差的影响。这种方法对于短基线(如小于 20km)来说，效果非常好，在实践中广泛使用。但是随着基线长度的增加，其精度将随之降低。当基线长度大于 100km 时，对流层折射误差的影响就制约了相对定位精度的提高。

为了削弱对流层折射误差的影响，在卫星间的差分比在观测站间的差分效果要好。

3) 引入描述对流层影响的附加待估参数，在数据处理时一起求得

对流层折射误差改正不够精确已成为限制空间大地测量精度进一步提高的一个主要原因，改善其效果的方法是在网平差的过程中为每一观测站的天顶方向对

流层延迟引入一个待估参数 K,待估参数 K 通常用百分数来表示,其值在整个网平差中估计出来。采用这种方法后可以较为有效地消除由于气象仪器误差和气象参数误差等原因而引起的偏差。

4.3.3　多路径效应误差

1. 多路径误差及其影响

多路径误差是指在GPS测量定位中,接收机天线除直接接收到GPS卫星信号之外,还可能接收到经观测站周围发射物的反射再传播过来的信号,两种信号产生干涉,从而使观测值偏离其真值而产生的误差,这种现象称为多路径效应。这种误差较为复杂,其随观测站周围环境的不同而变化。根据有关资料可知,多路径误差对观测值的影响有时可达米级,若天线处于多反射环境中时,其影响值甚至会更大,而且严重时还会导致卫星信号的失锁,从而使载波相位测量产生周跳。多路径误差是GPS测量定位中的重要误差源之一。

2. 消除或削弱多路径误差影响的方法和措施

多路径误差影响与多因素有关,如GPS卫星信号的方向、观测站周围反射物的反射系数以及观测站与反射物间的距离等。所以,无法建立一个严格而合理的改正模型,在GPS测量定位中通常采用下面的方法和措施来消除或削弱多路径误差的影响。

1) 选择合适的GPS站址

在选择和确定GPS点的位置时,应该考虑到在观测过程中尽量减少多路径误差的影响,例如,应该远离一些对电磁波信号有强烈反射作用的建筑物等,同时也应该远离平静的大面积水域,如江、河和湖海等,因为平静的水面的反射系数几乎为1。在观测过程中也应该避免车、人等接近接收机的天线,以免产生多路径误差。

GPS点位也不宜选择在山坡、山谷和盆地中,避免反射信号从抑径板的上方进入接收机天线而产生多路径误差。

2) 完善硬件设备

应该在接收机天线的底部设置抑径板,避免GPS卫星信号经观测站附近地面反射进入天线而产生多路径误差。

另外,多路径误差是时间的函数,而且多路径误差的大小和符号会随着卫星信号高度角的变化而变化。在静态GPS测量定位中通常采用适当地延长观测时间的方法,以有效地削弱多路径误差的影响。

4.4　与接收机有关的误差

与接收机有关的误差包括接收机时钟误差、接收机位置误差和接收机天线相位中心位置误差。

4.4.1　接收机时钟误差

通常为了降低 GPS 接收机的成本，在 GPS 接收机内不使用原子钟，而装配的是石英钟，一般其稳定度可达 $10^{-9}\sim10^{-6}$。如果接收机时钟与卫星时钟的同步误差为 1μs 时，可以产生等效距离误差为 300m，这个误差对测量定位的影响很大。所以在 GPS 测量定位中，通常采用下面的方法和措施来消除或削弱接收机时钟误差的影响。

1. 将接收机时钟误差设为未知数

一种方法是直接将每一观测历元的接收机时钟误差设为未知数 V_k，在数据处理中与观测站的位置坐标参数一同进行求解。这在静态单点绝对定位中已使用过。这种方法的缺点是未知数的个数较多，解算过程较麻烦。

另一种方法是将观测时间段内的各个历元的接收机时钟误差当作是相关的，并利用一个时间多项式来表示接收机时钟误差，即如表达卫星时钟误差那样，在数据平差计算中求解多项式的系数。这种方法可以大大减少未知数的个数。

2. 利用同步观测求差分法

在观测站利用 GPS 接收机对卫星信号进行测量，在观测过程中都能同时观测到至少 4 颗卫星的信号。那么每一观测历元的接收机时钟误差对各观测值的影响应该是一样的。所以将相应的观测值求差分即可消除接收机时钟误差的影响。

另外，在高精度 GPS 测量定位中，通常是在一些固定观测站上，也可以采用外接高精度原子钟的方法，以提高接收机时间标准的精度。

4.4.2　接收机位置误差

接收机天线的几何中心相对于观测站标石中心的位置偏差即为接收机位置误差。这里主要指天线的整平和对中的误差以及天线高的量取误差。例如，当天线高为 1.6m，天线的置平误差为 0.1°时，天线的整平对中误差约为 3mm。所以在精密 GPS 测量定位中，应该尽量减少该项误差的影响。首先作为操作者应该本着严格认真的工作态度，并具备娴熟的操作技术水准，尽量减少天线的整平和对中的误差。另外，在变形监测中，可以采用建立观测墩的方法进行强制对中，减少接收机天线位置误差的影响。

4.4.3 接收机天线相位中心位置误差

在GPS测量定位中，各种观测值（伪距观测值和载波相位观测值）都是以接收机天线的相位中心位置为基准的，即所测得的距离观测值是卫星到接收机天线的相位中心之间的距离。而接收机天线的相位中心在理论上应该与天线的几何中心是一致的。但是实际上接收机天线瞬时相位中心的位置与理论上相位中心的位置不一致，这种偏差即为接收机天线相位中心位置误差。其差值随卫星信号的强度和方向的不同而变化，通常情况下可达数毫米至数厘米。

一方面在天线设计时，应该尽量减少该项误差；另一方面在进行高精度GPS测量定位中，应尽量使用同一类型的接收机天线。同时在相距不太远的两个或多个观测站上对同一组GPS卫星进行同步观测时，应利用罗盘使各天线的指向大致相同（每个天线上都附有方向标），这样将相应的观测值求差分可以有效地削弱接收机天线相位中心位置误差的影响。

4.5 其他误差

除上述三类误差外，在进行高精度精密GPS测量定位时还要考虑地球自转的影响和地球潮汐的影响等。

4.5.1 地球自转的影响

描述观测站在地球上的空间位置通常是在与地球相固联的协议地球坐标系统中，协议地球坐标系是随着地球一起旋转（围绕 Z 轴）的，但是GPS卫星在轨运行时与地球的自转无关。在协议地球坐标系统中，卫星的瞬时位置坐标，是根据信号发播的瞬时计算的，所以还应该考虑地球自转的改正，即当GPS卫星在某一时刻发射信号并经过一定时间的传播到达观测站，协议地球坐标系已随地球产生了旋转。现假设地球的自转速度为 ω，则其在 $\Delta\tau_i^j$ 时间内旋转（围绕 Z 轴）的角度 $\Delta\alpha$ 为

$$\Delta\alpha = \omega \cdot \Delta\tau_i^j \tag{4-30}$$

式中：$\Delta\tau_i^j$ 为卫星信号传播到观测站的时间延迟。由此而引起的卫星在协议地球坐标系中的坐标变化（$\Delta X^j, \Delta Y^j, \Delta Z^j$）为

$$\begin{bmatrix} \Delta X^j \\ \Delta Y^j \\ \Delta Z^j \end{bmatrix} = \begin{bmatrix} 0 & \sin\Delta\alpha & 0 \\ -\sin\Delta\alpha & 0 & 0 \\ 0 & 0 & 0 \end{bmatrix} \cdot \begin{bmatrix} X^j \\ Y^j \\ Z^j \end{bmatrix} \tag{4-31}$$

式中：(X^j，Y^j，Z^j)为卫星的瞬时坐标。

由于卫星信号传播速度非常快，所以旋转角 $\Delta\alpha$ 很小，即 $\Delta\alpha<1.5''$，所以当取至一次微小项时，式(4-31)可以简化为

$$\begin{bmatrix}\Delta X^j\\ \Delta Y^j\\ \Delta Z^j\end{bmatrix}=\begin{bmatrix}0 & \Delta\alpha & 0\\ -\Delta\alpha & 0 & 0\\ 0 & 0 & 0\end{bmatrix}\cdot\begin{bmatrix}X^j\\ Y^j\\ Z^j\end{bmatrix} \tag{4-32}$$

4.5.2　地球潮汐的影响

由于地球不是一个刚体，那么在太阳和月球的万有引力作用下，固体地球会产生周期性的弹性变形，这种现象通常称为固体潮。此外日、月引力的作用也会使地球上的负荷发生周期性的变动(如海潮)，从而使地球产生周期性的形变，这种现象通常称为负荷潮汐。固体潮和负荷潮汐将会使观测站产生位移，位移量可达 80cm 左右。这会使得同一个观测站在不同的观测时间所获得的测量结果不一样，在高精度相对定位中应该考虑其影响，并进行相应的改正。

固体潮和负荷潮汐使观测站产生的位移值可以利用下式表示

$$\begin{cases}\delta_r = h_2\dfrac{U_2}{g}+h_3\dfrac{U_3}{g}+4\pi GR\cdot\sum\limits_{i=1}^{n}\dfrac{h'_i\sigma_i}{(2i+1)g}\\ \delta_\varphi=\dfrac{l_2}{g}\cdot\dfrac{\partial U_2}{\partial\varphi}+l_3\dfrac{\partial U_3}{\partial\varphi_3}+\dfrac{4\pi GR}{g}\cdot\sum\limits_{i=1}^{n}\dfrac{l'_i}{2i+1}\cdot\dfrac{\partial\sigma_i}{\partial\varphi}\\ \delta_\lambda=\dfrac{l_2}{g}\cdot\dfrac{\partial U_2}{\partial\lambda}+l_3\dfrac{\partial U_3}{\partial\lambda}+\dfrac{4\pi GR}{g}\cdot\sum\limits_{i=1}^{n}\dfrac{l'_i}{2i+1}\cdot\dfrac{\partial\sigma_i}{\partial\lambda}\end{cases} \tag{4-33}$$

式中：U_2、U_3 分别为日、月的二阶、三阶引力潮位；σ_i 为海洋的单层层密度；h_j、l_j 分别为第一勒夫数、第二勒夫数；h'_j、l'_j 分别为第一负荷勒夫数、第二负荷勒夫数；G 为万有引力常数；R 为平均地球半径。

当已知观测站的形变量 $\delta=(\delta_r,\delta_\varphi,\delta_\lambda)$后，即可将其投影到观测站至卫星的方向上，如图 4-1 所示。在进行单点定位时观测值中应该加入由于地球潮汐影响所引起的改正数 υ，并按下式进行计算

$$\upsilon=\frac{\delta_\lambda\cdot X+\delta_\varphi\cdot Y+\delta_r\cdot Z}{(X^2+Y^2+Z^2)^{1/2}} \tag{4-34}$$

式中：(X，Y，Z)为点位在 WGS-84 坐标系中的近似坐标。

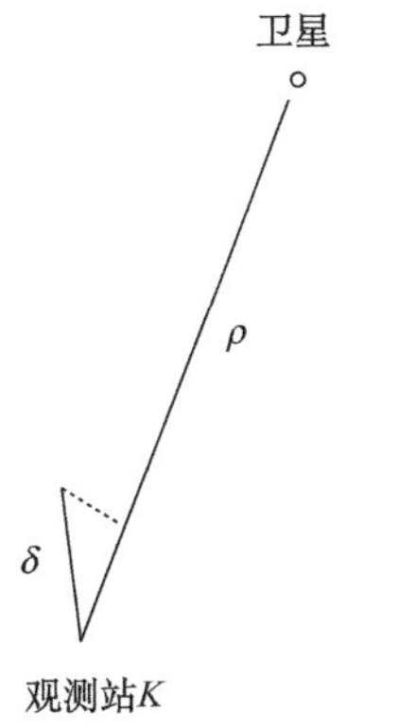

图 4-1　地球潮汐改正

在进行精密 GPS 相对定位时，两个观测站都应该采用上述方法对观测值分别进行改正。

习　题

1. 名词解释:卫星时钟误差、卫星星历误差、相对论效应误差、电离层折射误差、对流层折射误差、多路径效应误差、接收机时钟误差、接收机位置误差、接收机天线相位中心位置误差。

2. 试述在GPS测量定位中都存在哪些误差?如何进行分类?

3. 在GPS测量定位中,通常可以采取哪些方法和措施来消除或削弱误差的影响?

4. 消除或削弱误差(卫星时钟误差、卫星星历误差、相对论效应误差、电离层折射误差、对流层折射误差、多路径效应误差、接收机时钟误差、接收机位置误差、接收机天线相位中心位置误差等)的影响,通常可以采取哪些方法和措施?

第5章　GPS测量的技术设计与实施

大量实践表明，应用GPS卫星定位技术建立测量控制网、进行细部测图和工程放样、开展变形监测等各种形式的测量工作具有许多优越性，如精度高、速度快、低费用、全天候、操作简便等。因此，目前GPS定位技术已广泛应用于测量工程的各个领域，并将逐步取代常规测量定位方法。由于应用GPS建立测量控制网是GPS技术在测量工程中应用的重要体现，而且其技术应用已非常成熟，所以，本章以GPS测量控制网为重点，介绍GPS测量的技术设计、外业施测及其定位作业模式等内容，有关GPS测量内业数据处理方面的内容将在第6章作详细介绍。

5.1　GPS测量的技术设计

GPS测量的技术设计是一项基础性而且很重要的工作。因为它是保证GPS测量成果质量、使GPS测量能够满足各种项目的任务需要的关键，所以，实践中在应用GPS定位技术开展测量工作之前，必须严谨、科学地做好GPS测量的技术设计工作。

5.1.1　GPS测量技术设计依据

采用GPS定位技术开展测量工作，在制定技术设计方面的主要依据是有关GPS测量的规范、规程和测量任务书。

1. GPS测量规范、规程

GPS测量规范、规程是由国家技术主管部门或行业技术主管部门所制定的技术法规。现行GPS测量依据的规范、规程主要有：

(1) 1992年国家测绘局发布的中华人民共和国测绘行业标准《全球定位系统(GPS)测量规范》(CH 2001-92)；

(2) 2001年国家质量技术监督局发布的中华人民共和国国家标准《全球定位系统(GPS)测量规范》(GB/T 18314-2009)；

(3) 1997年中华人民共和国建设部发布的行业标准《全球定位系统城市测量技术规程》(CJJ 73-97)；

(4) 1998年中华人民共和国交通部发布的行业标准《公路全球定位系统(GPS)测量规范》(JTJ/T 066-98)；

(5) 1999年国家测绘局发布的中华人民共和国测绘行业标准《全球定位系统(GPS)测量型接收机检定规程》(CH 8016-1995);

(6) 国家有关部委根据本部门在进行GPS测量工作时的实际情况而制定的相关GPS测量规程或细则。

2. GPS测量任务书

GPS测量任务书或测量合同书是由测量实施单位上级主管部门或由合同甲方下达的技术要求文件。这种技术文件是指令性的,其规定了GPS测量任务的范围、目的、精度和密度要求,提交测量成果资料的项目和时间、完成任务的经济指标等。

为了顺利完成GPS测量工作,在进行GPS测量的技术设计时,首先应该依据GPS测量任务书提出的针对GPS测量的精度、定位密度和经济指标等,再结合有关测量规范(或规程)的规定到测区现场踏勘确定GPS观测模式、控制网点位之间的连接方式、各点设站观测的次数以及观测时段长短等布网施测方案。

5.1.2　GPS测量的精度分级

分级布网方式是建立常规测量控制网的基本方法,在利用常规测量方法建立测量控制网时被广泛使用。为了满足不同目的的任务需要,GPS测量控制网也采用分级布网测量方案。下面根据行业和国家标准的规定分别进行说明。

(1) 在1992年国家测绘局发布的中华人民共和国测绘行业标准《全球定位系统(GPS)测量规范》中,对GPS测量精度分级的规定如表5-1所示。

表5-1　GPS测量的精度分级(CH 2001-92行业标准)

级别	固定误差 a/mm	比例误差 b/ppm	相邻点间距范围/km
A	≤5	≤0.1	100～2000
B	≤8	≤1	15～250
C	≤10	≤5	5～40
D	≤10	≤10	2～15
E	≤10	≤20	1～10

其中关于等级的划分是这样的:

A级主要用于区域性地球动力学的研究和地壳形变测量,属于高级的国家GPS大地测量;

B级为覆盖全国的基本GPS大地网,可用于局部形变监测和各种精密工程测量;

C 级相当于国家已有的一、二等控制测量，也可广泛用于大、中城市及大型精密测量工程的基本控制；

D 级和 E 级主要用于精度相当于三、四等及各种等外控制测量和工程测量。

(2) 在 1997 年中华人民共和国建设部发布的行业标准《全球定位系统城市测量技术规程》中，对 GPS 测量的等级划分及其主要技术要求规定如表 5-2 所示。

表 5-2　GPS 测量的等级划分及主要技术要求(CJJ 73-97 行业标准)

等级	平均距离/km	固定误差 a/mm	比例误差 b/ppm	最弱边相对中误差
二	9	≤10	≤2	1/12 万
三	5	≤10	≤5	1/8 万
四	2	≤10	≤10	1/4.5 万
一级	1	≤10	≤10	1/2 万
二级	<1	≤15	≤20	1/1 万

注：当边长小于 200m 时，边长中误差小于 20mm。

(3) 在 1998 年中华人民共和国交通部发布的行业标准《公路全球定位系统(GPS)测量规范》中，对 GPS 测量的等级划分及其主要技术指标规定如表 5-3 所示。

表 5-3　GPS 测量的等级划分及主要技术指标(JTJ/T 066-98 行业标准)

级别	每对相邻点平均距离 d/km	固定误差 a/mm		比例误差 b/ppm		最弱相邻点点位中误差 m/mm	
		路线	特殊构造物	路线	特殊构造物	路线	特殊构造物
一级	4.0	≤10	5	≤2	1	50	10
二级	2.0	≤10	5	≤5	2	50	10
三级	1.0	≤10	5	≤10	2	50	10
四级	0.5	≤10		≤10		50	

注：各级 GPS 控制网每对相邻点间的最小距离应不小于平均距离的 1/2，最大距离不宜大于平均距离的 2 倍；特殊构造物指对施工测量精度有特殊要求的桥梁、隧道等构造物。

(4) 在 2001 年国家质量技术监督局发布的国家标准《全球定位系统(GPS)测量规范》(GB/T 18314-2001)中，将 GPS 测量按其精度划分为 AA、A、B、C、D、E 等 6 级，各级 GPS 测量的用途有所不同。AA 级主要用于全球性的地球动力学研究、地壳形变测量和精密定轨；A 级主要用于区域性的地球动力学研究和地壳形变测量；B 级主要用于局部形变监测和各种精密工程测量；C 级主要用于大、中城市及工程测量的基本控制网；D、E级主要用于中、小城市、城镇及测图、地籍、土地信息、房产、物探、勘测、建筑施工等的控制测量。其精度分级及其主要技术指标规定如表5-4所示。

表5-4 GPS测量精度分级及主要技术指标(GB/T 18314-2001国家标准)

级别	主要用途	固定误差 a/mm	比例误差系数	相邻点间距离/km
AA	全球性的地球动力学研究、地壳形变测量和精密定轨	≤3	≤0.01	300～2000
A	区域性的地球动力学研究、地壳形变测量	≤5	≤0.1	100～1000
B	局部形变监测和各种精密工程测量	≤8	≤1	15～250
C	大、中城市及工程测量的基本控制网	≤10	≤5	5～40
D	中、小城市及测图、施工等控制测量	≤10	≤10	2～15
E	中、小城市及测图、施工等控制测量	≤10	≤20	1～10

GPS控制测量中各等级GPS相邻点间弦长的精度用下式来表示

$$\sigma = \sqrt{a^2 + (b \cdot d \cdot 10^{-6})^2} \tag{5-1}$$

式中：σ为标准差(mm)；a为固定误差(mm)；b为比例误差系数(ppm)；d为相邻点间距离(km)。

在此值得注意的是，精度公式(5-1)与一些厂家给出的GPS接收机标称精度公式是类似的。例如：

一般单频接收机的标称精度指标为

$$\sigma = 10(\text{mm}) + 2(\text{ppm}) \cdot d(\text{km}) \tag{5-2}$$

而一般双频接收机的标称精度指标为

$$\sigma = 5(\text{mm}) + 1(\text{ppm}) \cdot d(\text{km}) \tag{5-3}$$

在GPS测量技术设计中，我们应该根据测区面积的大小、GPS测量的用途来设计GPS测量的等级和精度。

5.1.3 坐标系统和起算数据的确定

进行GPS测量所获得的是GPS相对基线向量，属于WGS-84坐标系统中的三维坐标差成果。而在实际应用中，我们通常需要的是国家坐标系统或某地方或工程独立坐标系统的坐标。所以，在进行GPS测量技术设计时，应该明确GPS测量成果所要采用的坐标系统和起算数据，也就是所要采用的基准。所以，通常将这一项工作称为GPS测量的基准设计。

与常规测量控制网的基准相类似，GPS 测量控制网的基准也包括方位基准、尺度基准和位置基准。GPS 测量的方位基准一般可以由给定的起算方位角确定，也可以以 GPS 基线向量的方位作为方位基准；GPS 测量的尺度基准一般可以由地面的电磁波测距边长来确定，也可以由两个（或两个以上）起算点坐标反算距离值来确定，同时也可以由 GPS 基线向量的距离值予以确定；GPS 测量的位置基准，通常可以由给定的起算点坐标来确定。所以，确定 GPS 测量控制网的位置基准是 GPS 网的基准设计的主要问题。

在进行 GPS 网的基准设计时，应该注意以下几个问题：

(1) 为了求定 GPS 网点在所需要的国家坐标系统或某地方独立坐标系统的坐标，应该在该坐标系统中选定必要的起算数据，并联测该坐标系统控制点若干个，用以进行坐标系统的转换。在选择联测控制点时，既要考虑充分利用测区内已有的控制点成果资料，同时也要使新建的 GPS 网高精度成果不受旧的控制点成果资料精度较低的影响。所以，在大、中城市建立 GPS 城市控制网时，联测附近的国家控制点应该在 3 个以上，而在一些小的城市建立 GPS 控制网时，通常联测 2～3 个控制点。

(2) 为了保证 GPS 网高精度成果不受影响，在 GPS 网的基准设计（方位基准、尺度基准和位置基准）中，应该注意所联测的高等级已知控制点和起算数据彼此之间是否兼容，必要时应该采取适当的方法进行检核，以确保 GPS 网高精度成果不受影响。

(3) 对 GPS 网进行平差计算后，可以得到 GPS 点的大地高。为了求得 GPS 点的正常高，可以使一些 GPS 点与水准点重合，或对一些 GPS 点联测水准，而且尽量使已知高程的 GPS 点均匀分布于网中。然后采用适当的拟合方法求得所有 GPS 点的正常高，以满足测图或工程建设的需要。有关(2)、(3)的内容将在第 6 章进行介绍。

(4) GPS 网所使用的坐标系统应该尽量与测区过去的坐标系统一致。如果采用的是某地方独立坐标系统，通常还应该了解该坐标系统的以下参数：①该坐标系统相对应的参考椭球；②坐标系的中央子午线经度；③纵、横坐标加常数；④坐标系的投影面高程及测区平均高程异常值；⑤起算点的坐标值。

5.1.4　GPS 测量的图形设计

在利用常规测量方法建立控制网时，通常可以布设成测角网、测边网、边角网和导线网等形式。采用不同的布网形式，施测成本、外业工作量的大小以及所能达到的精度都有所不同，所以，测量控制网的图形设计也是一项非常重要的工作。在建立 GPS 控制网时，GPS 同步观测不要求通视，使得 GPS 测量具有更大的灵活性，GPS 控制网的图形设计也是这样。

在介绍GPS测量控制网的图形设计之前，我们首先有必要了解有关GPS网构成的几个基本概念，并应掌握GPS网特征条件的计算方法。

1. 几个基本概念

(1) 同步观测：两台或两台以上接收机同时对同一组卫星进行的观测。

(2) 同步观测环：三台或三台以上接收机同步观测所获得的基线向量构成的闭合环。

(3) 观测时段：测站上开始接收卫星信号到停止接收，连续观测的时间间隔，称为观测时段，简称时段。

(4) 独立观测环：由非同步观测获得的基线向量构成的闭合环。

(5) 异步观测环：在构成多边形环路的所有基线向量中，只要有非同步观测基线向量，则该多边形环路即为异步观测环，简称异步环。

(6) 独立基线：利用 m 台GPS接收机进行同步观测并构成同步观测环，可以获得 J 条同步观测基线，其中独立基线数为$(m-1)$。

(7) 非独立基线：同步观测环中，除独立基线外的其他基线称为非独立基线。总基线数与独立基线数之差即为非独立基线数。

2. GPS网特征条件的计算

理论上，最少观测时段数（亦称观测期数）$S_{\min}$可用下式进行计算

$$S_{\min} = \mathrm{INT}\left(\frac{R \cdot n}{m}\right) \tag{5-4}$$

式中：R 为GPS网每点的设站率，是该网的总设站次数与网点数的比值；n 为GPS网的点数；m 为整个GPS网观测使用的接收机台数；INT为凑整函数，而且取$\mathrm{INT}(x) \geqslant x$。

m 台GPS接收机进行同步观测所构成的同步图形，在一个观测时段所包含的基线数（或称GPS边数）为

$$J = m \cdot (m-1)/2 \tag{5-5}$$

GPS网的总基线数为

$$J_{总} = S_{\min} \cdot m \cdot (m-1)/2 = S_{\min} \cdot J \tag{5-6}$$

GPS网的独立基线数为

$$J_{独} = S_{\min} \cdot (m-1) \tag{5-7}$$

GPS网的多余基线数为

$$J_{多} = S_{\min} \cdot [(m-1)-(n-1)] \tag{5-8}$$

3. GPS 网图形设计

1）同步图形

m 台 GPS 接收机进行同步观测构成同步图形，接收机台数 m 取不同的值所构成的同步图形是不一样的，图 5-1 为 $m=2\sim5$ 时所构成的同步图形。

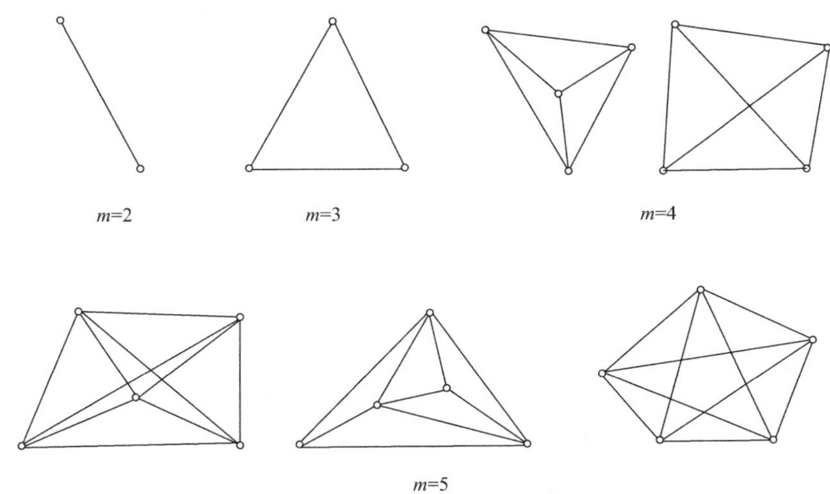

图 5-1　m 台接收机同步观测所构成的同步图形

由图 5-1 可知，当 $m=2$ 和 $m=3$ 时，其所构成的同步图形的形式仅有一种，比较简单；当 $m=4$ 时，其所构成的同步图形有两种形式；当 $m=5$ 时，其所构成的同步图形有多种形式。由此可见，接收机的台数增多，其所构成同步图形的形式也相应增多。在实际应用中，接收机的台数多，进行 GPS 控制网的图形设计时就有较大的灵活性。

在一个观测时段内，由 m 台 GPS 接收机进行同步观测，所构成的同步图形包含的基线数（GPS 边数）可以利用式（5-5）进行计算。例如，当 $m=2$ 时，基线数 $J=1$；当 $m=3$ 时，基线数 $J=3$；当 $m=4$ 时，基线数 $J=6$；当 $m=5$ 时，基线数 $J=10$。但是，当 $m=3\sim5$ 时，GPS 基线数中，仅有 $(m-1)$ 条 GPS 基线是独立基线（独立边），而其余的 GPS 基线为非独立基线（非独立边）。其中独立基线（独立边）的选择有多种方法，图 5-2 列举了几种选择方法。

另外，由 m 台 GPS 接收机进行同步观测所构成的同步图形中，当 $m\geqslant3$ 时，所获得的这些基线可以构成若干个同步闭合环。其所构成同步闭合环最少个数 T 可用以下公式进行计算

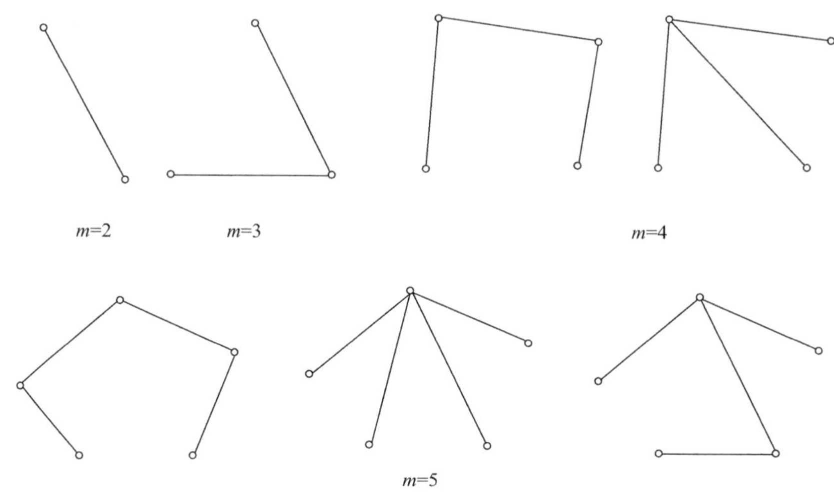

图 5-2 GPS独立基线选择的不同方法

$$T = J - (m-1) = (m-1)(m-2)/2 \tag{5-9}$$

m 台 GPS 接收机进行同步观测所获得的基线数 J 与其所构成的同步闭合环数(最少个数)T 的对应关系如表 5-5 所示。

表 5-5 m 与 J、T 的对应表

接收机台数 m	2	3	4	5	6
基线数 J	1	3	6	10	15
最少闭合环数 T	0	1	3	6	10

理论上,由同步观测获得的 GPS 基线组成的同步闭合环,其各 GPS 基线向量的坐标差之和(闭合差)应该等于零。但是,有时由于同步观测的各台 GPS 接收机并不是严格同步或其他原因,同步闭合环的闭合差并不等于零。为此,在 GPS 测量的有关规范中,规定了同步闭合环闭合差的限差。当进行同步观测的各台 GPS 接收机同步观测时间段较好时,其检核应严格遵守限差要求;如果由于某种原因,同步观测时间段不是很好时,可适当放宽此项检核的限差要求。例如,在交通部发布的行业标准《公路全球定位系统(GPS)测量规范》中就明确规定:当各基线的同步观测时间超过观测时间段的 80%时,其闭合差值应符合规范要求;当各基线同步观测时间为观测时间段的 40%~80%时,其同步环坐标分量闭合差可适当放宽;当各基线同步观测时间少于观测时间段的 40%时,应按异步环处理。

值得注意的是,同步环闭合差较小,一般只能说明 GPS 基线向量计算合格,而并不能说明 GPS 边的测量精度高，也不能发现所接收的卫星信号受到干扰而产生的某种粗差。

2) GPS 网图形设计

GPS 测量控制网是由若干个同步图形经过逐步扩展得到的。同步图形彼此之间的连接方式不同，GPS 测量控制网的网形结构和形状也有所不同。GPS 测量控制网的网形结构不同，则其网的几何强度、网的可靠性以及花费的时间和经费等都有所不同。所以，进行 GPS 测量控制网的图形设计，确定 GPS 网中同步图形的连接方式应该根据用户的具体要求(如精度、时间等)以及接收机的类型、数量和后勤保障条件等综合考虑。

根据不同的情况，GPS 测量控制网中同步图形的连接方式通常有点连接、边连接和网连接三种基本方式。而在实际应用中，又往往采用混合连接方式、星形布设方式、导线连接方式和三角锁连接方式等。

(1) 点连接方式。点连接方式是指相邻同步图形之间仅有一个公共点的连接方式，如图 5-3 所示。点连接方式所构成的图形几何强度很弱，而且没有或很少有非同步图形闭合条件，其可靠性较低，一般不单独使用。采用点连接方式构网的优点是作业效率高，即在 GPS 网点数目相同的条件下，观测时段数最少，其花费的时间和经费较少。

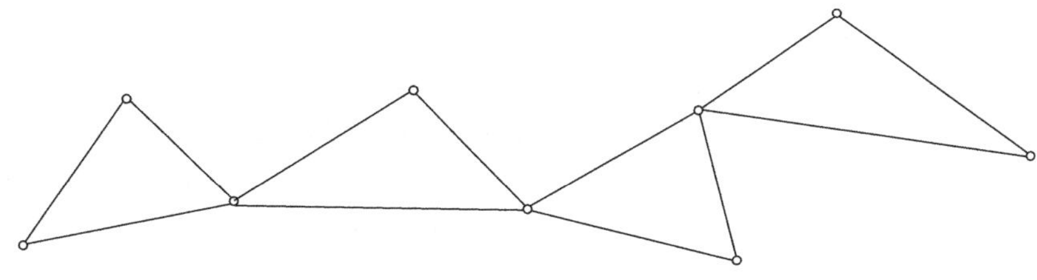

图 5-3 点连接方式

(2) 边连接方式。边连接方式是指相邻同步图形之间只有两个公共点(一条公共边)的连接方式，如图 5-4 所示。边连接方式所构成图形的几何强度较高，有较多的重复观测边，而且可以产生较多的非同步图形闭合条件，所构成 GPS 控制网的可靠性较高。但是，在 GPS 网点数目相同的条件下，采用边连接方式构网的观测时段数比点连接方式要有所增加。

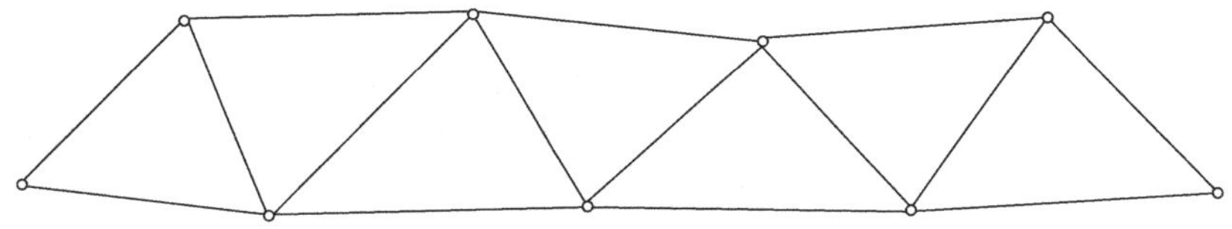

图 5-4 边连接方式

(3) 网连接方式。网连接方式是指相邻同步图形之间有两个以上公共点的连接方式。采用这种连接方式构网需要有4台以上的GPS接收机进行同步观测。网连接方式所构成的图形几何强度很强,GPS网的可靠性很高。采用网连接方式构网的缺点是作业效率较低,在GPS网点数相同的条件下,与上述两种方式相比较,其观测时段数是最多的,花费的观测时间和经费也最多。

(4) 边、点或网、边混合连接方式。在实际应用时,建立GPS测量控制网大多是根据具体情况,将边连接方式和点连接方式或将网连接方式和边连接方式恰当地结合起来使用,即混合连接方式。采用混合连接方式构成GPS测量控制网,既能保证网的几何强度、提高网的可靠性,又能减少外业工作量,适当地节省时间和经费,降低成本,是一种理想并被广泛使用的构网方式。

边连接和点连接混合构网方式主要应用于建立精度要求较高的测量控制网中,而网连接和边连接混合构网方式主要应用于建立精度要求很高的测量控制网中。

(5) 星形布设方式。星形布设方式如图5-5所示。其作业过程是:将一台接收机设为基准站,连续对GPS卫星信号进行接收观测;另一台接收机依次设置于1、2、…、n等流动站点上,在每点上观测一个时间段。

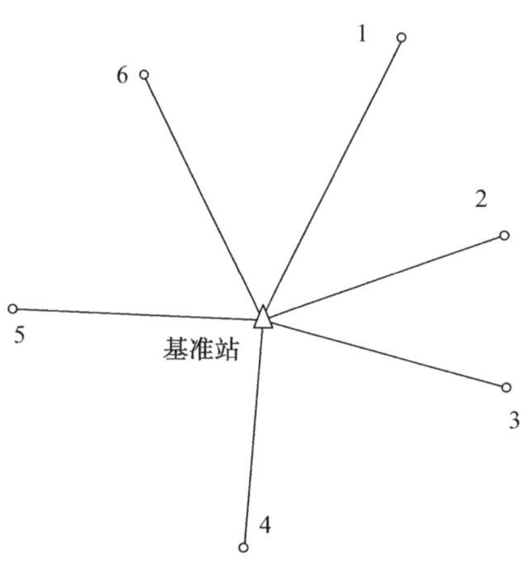

图5-5 星形布设方式

可见,该布设方式的几何图形简单,作业方法简便,作业速度快。其缺点是:由于其观测边不构成任何闭合图形,其检查和发现粗差的能力比点连接方式还差。同时对于距离较近的各流动站点之间相对精度较低。

有两台GPS接收机就可以选择星形布设方式。如有三台GPS接收机,一台接收机设为基准站,而另两台接收机可以分别独立地进行流动作业,不受同步观测条件的限制。

星形布设方式广泛应用于精度要求较低的地质勘查、边界测量、地籍测量、工程测量和地形测量等领域。

(6) 导线连接方式。导线连接方式布网是将同步观测图形布设成为直伸状,图形如同导线结构的GPS网。在组网时各独立边应该组成闭合环,即形成异步观测环,用以检查和发现粗差,并检核GPS网的可靠性。通常应用于精度要求较低的GPS网。

(7) 三角锁连接方式。三角锁连接方式如图5-6所示。三角锁连接方式实际上是边连接和点连接混合构网方式的一个特例。这种构网方式广泛应用于在狭长地区建立GPS控制网,例如,为建设铁路、公路和管线工程等而布设的GPS控制网。

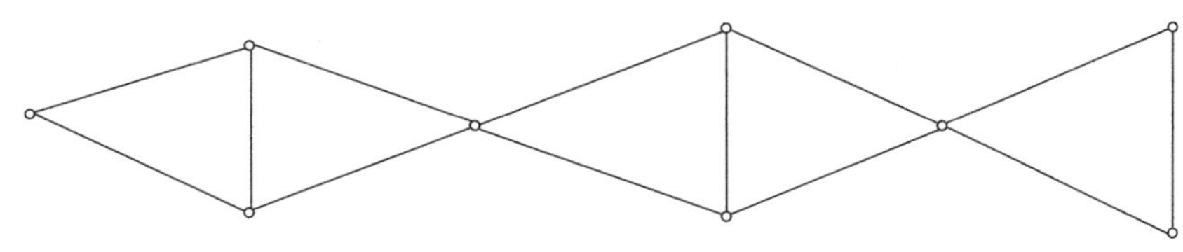

图 5-6　三角锁连接方式

在建立 GPS 测量控制网进行图形设计时，还应注意以下问题：

(1) 为了确保 GPS 测量控制网的可靠性，同时能有效地检查和发现观测结果中的粗差，必须使 GPS 网中的独立边构成一定的几何闭合图形。这种几何闭合图形，可以是由数条 GPS 独立边构成的非同步多边形(即异步观测环)，如三边形、四边形或多边形。当 GPS 网中有若干个起算点时，也可以是由两个起算点之间的数条 GPS 独立边构成的附合线路。然而，无论是闭合环路或附合线路，所包括的独立边数不宜过多。所以，在 GPS 测量规范中，对各级 GPS 控制网中的闭合环路或附合线路中的独立边数有相应的规定，具体如表 5-6 和表 5-7 所示。

表 5-6　最简单独立闭合环或附合路线边数的规定

级　别	A	B	C	D	E
闭合环或附合路线的边数/条	≤5	≤6	≤6	≤8	≤10

表 5-7　闭合环或附合路线边数的规定

等　级	二等	三等	四等	一级	二级
闭合环或附合路线的边数/条	≤6	≤8	≤10	≤10	≤10

(2) 在 GPS 测量控制网中不应存在自由基线。因为自由基线不参与构成几何闭合图形，不具备检查和发现观测结果中粗差的能力，所以在 GPS 网中必须避免出现自由基线。

(3) 为了顾及原有测绘成果资料以及各种大比例尺地形图的沿用，应该尽量采用原有地方(或工程)坐标系统。对凡符合 GPS 网点要求的原有控制点，应该充分利用其标石点。

5.2　GPS 测量的组织实施

5.2.1　GPS 测量的外业准备

在进行 GPS 外业施测工作之前，应该做好准备工作。施测之前的准备工作通常包括收集资料、测区踏勘、仪器设备的筹备、GPS 接收机检验、观测计划的拟定等内容。

1. 收集资料和测区踏勘

1）收集资料

结合GPS测量工作的特点，通常需要收集有关测区的资料，主要包括以下四个方面。

（1）各类图件：1∶1万～1∶10万比例尺地形图、大地水准面起伏图和交通图等；

（2）既有各类控制测量资料，包括控制点的平面坐标、高程、坐标系统、技术总结等有关资料，并应特别注意所采用的坐标系统和高程系统；

（3）测区有关的地质、地形、地貌、交通、气象和通信等方面的资料；

（4）城市、乡村行政区域位置及建设发展方面的资料。

2）测区踏勘

可依据测区的有关地形图等资料，到测区进行踏勘，调查和了解测区的下列情况，以便为编写技术设计书（或大纲）提供依据。

（1）已知控制点的分布情况：三角点、导线点、水准点、GPS点等各类控制点的等级、数量、分布情况以及各点位标志的保存状况等；

（2）交通情况：铁路、公路和乡村便道等的分布及通行情况；

（3）居民点的分布情况：测区内城镇、乡村居民点的分布、食宿及供电情况；

（4）水系分布情况：江河、湖泊、池塘、水渠的分布，桥梁、码头及水路等的交通情况；

（5）植被情况：森林、草原和农作物的分布及面积；

（6）当地风俗民情：民族的分布、习俗和地方方言，社会治安情况等。

2. 仪器设备的筹备和人员组织

仪器设备的筹备和人员组织包括以下内容：

（1）筹备必要的仪器、计算机及其配套设备；

（2）筹备必要的机动设备和通信设备；

（3）筹备必要的施工器材，并计划油料、材料的消耗；

（4）组建施测队伍，拟定施测人员名单并确定岗位；

（5）进行详细的经费预算。

GPS接收机是完成测量任务、保证测量成果质量的关键设备，所以，应该对所选用的GPS接收机的性能、精度和可靠性进行检验，经检验合格后方可投入使用。GPS接收机的检验要求可参考第7章的有关内容。

3. 外业观测计划的拟定

利用 GPS 接收机接收 GPS 卫星信号进行测量定位是建立 GPS 测量控制网的主要外业工作。由于 GPS 测量的特殊性(若干台 GPS 接收机要进行同时观测),外业观测工作开始之前,拟定完善的外业观测计划是非常必要的。其对于保证顺利完成外业数据采集任务、确保测量成果质量、提高工作效率是极为重要的。

1) 拟定外业观测计划的依据

(1) GPS 测量控制网规模的大小;
(2) GPS 点位精度和密度的要求;
(3) GPS 卫星星座分布的几何图形强度;
(4) 参加 GPS 测量作业的接收机型号和数量;
(5) 测区交通运输、联系通信及后勤保障等情况。

2) 外业观测计划的主要内容

(1) 编制 GPS 卫星的可见性预报图:输入测区中心某一测站的概略坐标、观测日期和时间,在一定的高度角条件下(一般要求高度角不小于 15°),利用近期的卫星星历(最长不要超过 20 天),通过相应的软件即可以编制 GPS 卫星的可见性预报图。

(2) 选择 GPS 卫星的几何图形强度:在 GPS 测量定位中,对于观测站与所测卫星组成的几何图形,其强度因子可以利用空间位置精度因子(PDOP)或几何精度因子(GDOP)来代表。无论进行绝对定位还是相对定位,都应该选择精度因子最小的时间段进行观测,以获取高精度的观测结果,这样的时间段称为最佳观测时间段。在 GPS 测量规范(或规程)中,施测各等级 GPS 控制网时,对几何图形强度因子都有所规定,如表 5-8 所示。

表 5-8　对几何图形强度因子的规定

级别	A	B	C	D	E
PDOP	≤4	≤6	≤8	≤10	≤10

(3) 观测区域的设计与划分:当 GPS 网的点数较多、规模较大,而参加测量作业的 GPS 接收机数量有限,交通和通信不便时,可以对 GPS 控制网实行分区,分别进行观测。为了增强网的整体性,提高网的精度,相邻分区应该设置公共观测点,而且公共观测点的数量不得少于 3 个。

(4) 编排施测作业调度表:施测作业组在观测前应该根据测区的地形、交通状况、GPS 网的大小、精度的高低、仪器设备的数量、GPS 网的设计、GPS 卫星预报表等编制作业调度表，以提高工作效益。作业调度表通常包括测站名称、测站号、接收机号、观测时段（开始时间和结束时间）等，如表5-9所示。

表5-9　GPS测量作业调度表

观测时间 / 观测时段编号	开始时间	测站点名/号	测站点名/号	测站点名/号	测站点名/号
	结束时间	接收机编号	接收机编号	接收机编号	接收机编号
1					
2					
3					
4					

4. 技术设计书的编写

根据测区情况，将资料收集完后，应编写GPS测量的技术设计书，以便于GPS测量工作的顺利实施。技术设计书的主要内容如下。

1）任务来源及工作量

包括GPS测量项目的来源，项目任务的目的、用途与意义；GPS测量点数（包括新测点数、约束点数、水准点数、检查点数）；GPS点位的精度指标、坐标系统与高程系统。

2）测区概况

对于大型工程测区，应包括工程建设的业主单位、设计单位、施工单位、监理单位概况；主管部门对工程的要求；测区的地理位置及控制区域；测区的交通状况和人文地理；测区的地形、地貌及气象情况；测区控制点的分布及对控制点的分析、利用和评价；测区周围环境（临近建筑物、城市道路等）情况。

3）布网方案

GPS定位网点的图形设计及基本连接方法；GPS网结构特征的估算；点位布设图的绘制。

4）选点与埋标

GPS点位的基本要求；点位标志的选用及埋设方法；点位编号等。

5）观测

对观测工作的基本要求；观测纲要的制定；设备供电及有关数据采集中应注意的问题。

6）数据处理

数据处理的基本方法及使用软件；起算点坐标的确定方法；闭合差检验及点位精度的评价指标。

7）完成任务的措施

制定具体的实施细则，方法可靠且便于操作，能在实际工作中贯彻执行。

5.2.2　GPS 选点与标石埋设

1. GPS 测量点位的选择

利用 GPS 定位技术建立测量控制网与利用经典常规测量方法建立测量控制网具有一些不同之处。例如，GPS 测量的观测站之间不必要求彼此相互通视，而且布设 GPS 网的图形结构也比较灵活，所以，GPS 测量的选点工作比常规测量的选点工作要简便得多。但是，GPS 测量的观测站也有其特殊要求，例如，GPS 测站是对 GPS 卫星信号进行接收和观测的，必须要求测站的顶空开阔。因此，GPS 点位的选择对于保证外业观测工作的顺利进行和保证测量结果的质量及可靠性有着很重要的意义，实践中选择 GPS 点位时应慎重。所以，在选择 GPS 点位工作开始之前，首要的工作是广泛收集有关测区的地理、环境资料，了解原有测量控制点的分布及标架、标石保存的完好状况。同时，在选择 GPS 点位时，还应遵守以下一些原则：

（1）点位应该选择在易于安装接收机设备、视野开阔的位置上，点位周围不应有高度角大于 15°的成片障碍物，否则，应绘制点位环视图。

（2）点位应远离大功率无线电发射源（如电视台、微波站等），其距离不应小于 200m；应远离高压输电线，其距离应不小于 50m，以避免电磁场对 GPS 卫星信号的干扰。

（3）点位附近不应该有大面积水域或强烈干扰卫星信号接收的物体，以减弱多路径效应的影响。

（4）点位应该选择在地面基础稳定、易于点位保存的位置。

（5）点位应该选择在交通便利并且有利于利用其他观测手段扩展和联测的地方。

（6）当需要利用原旧控制点时，应该对旧控制点的稳定性、完好性以及觇标是否安全可用进行检查,符合要求方可以使用。

(7) 当所选择的GPS点位需要进行水准联测时,选点人员应该实地踏勘水准路线,并提出有关建议。

2. 标石埋设

GPS测量点位的标石均应设有中心标志,以精确标定GPS点位。GPS点的标石制作材料和尺寸等,应该按照有关GPS规范(或规程)的规定进行。GPS点的标石和中心标志必须稳定、坚固,以利于长久保存和利用。若在荒漠或平原地区不易寻找GPS点时,还应该在GPS点位近旁埋设指示牌。每个GPS点位标石埋设结束后,应该填写GPS点之记。GPS点之记如表5-10所示。

表 5-10 GPS点之记

GPS点之记

日期:20 年 月 日 记录者: 绘图者: 检查者:

<table>
<tr><td rowspan="4">点名及其种类</td><td rowspan="2">GPS点</td><td>名</td><td></td><td>等级</td><td colspan="2"></td></tr>
<tr><td>号</td><td></td><td>旧点名</td><td colspan="2"></td></tr>
<tr><td rowspan="2">相邻点(名、号、里程、通视否)</td><td colspan="2" rowspan="2"></td><td>土质</td><td colspan="2"></td></tr>
<tr><td>标石说明(单、双层)</td><td colspan="2"></td></tr>
<tr><td colspan="2">所在地</td><td colspan="5"></td></tr>
<tr><td colspan="2">交通路线</td><td colspan="5"></td></tr>
<tr><td colspan="2" rowspan="2">所在图幅号</td><td colspan="2" rowspan="2"></td><td rowspan="2">概略坐标</td><td>X(L)</td><td></td></tr>
<tr><td>Y(B)</td><td></td></tr>
<tr><td colspan="7">略图:</td></tr>
<tr><td>备注</td><td colspan="6"></td></tr>
</table>

GPS选点埋石后应提交以下资料:

(1) GPS点的点之记及点位环视图;

(2) GPS网的选点网图;

（3）土地占用批准文件与测量标志委托保管书；

（4）选点与埋石工作技术总结。

GPS 点的点名应该向当地政府部门或群众进行调查后方可确定，通常取村名、山名、地名或单位名。当利用原旧控制点时，点名不宜更改。点号的编排（码）应该便于计算机使用。

5.2.3　GPS 测量的外业实施

1. 观测时依据的基本技术指标

由于测量方法的不同，GPS 测量与经典常规测量相比较在技术方面的要求有着很大的差别。利用 GPS 测量方法施测各等级 GPS 测量控制网，观测时依据的基本技术指标应该按照有关 GPS 测量的规范（或规程）的要求执行。

在 2001 年国家质量技术监督局发布的国家标准《全球定位系统（GPS）测量规范》（GB/T 18314-2001）中，对各等级 GPS 测量基本技术指标的规定如表 5-11 所示。

表 5-11　各级 GPS 测量基本技术指标的规定

项目			AA	A	B	C	D	E
卫星截止高度角/(°)			10	10	15	15	15	15
同时观测有效卫星数			≥4	≥4	≥4	≥4	≥4	≥4
有效观测卫星总数			≥20	≥20	≥9	≥6	≥4	≥4
观测时段数			≥10	≥6	≥4	≥2	≥1.6	≥1.6
时段长度/min	静态		≥720	≥540	≥240	≥60	≥45	≥40
	快速静态	双频＋P(Y)码	—	—	—	≥10	≥5	≥2
		双全波	—	—	—	≥15	≥10	≥10
		单频或双频半波	—	—	—	≥30	≥20	≥15
采样间隔/s	静态		30	30	30	10～30	10～30	10～30
	快速静态		—	—	—	5～15	5～15	5～15
时段中任一卫星有效观测时间/min	静态		≥15	≥15	≥15	≥15	≥15	≥15
	快速静态	双频＋P(Y)码	—	—	—	≥1	≥1	≥1
		双全波	—	—	—	≥3	≥3	≥3
		单频或双频半波	—	—	—	≥5	≥5	≥5

注：在各时段中，观测时间符合规定的卫星，即为有效观测卫星；计算有效观测卫星总数时，应该将各时段的有效观测卫星数扣除其间的重复卫星数；观测时间长度，应该为开始记录数据到结束记录的时间段；观测时段数大于等于 1.6，是指每站观测一时段，至少 60％观测站再观测一时段。

在1998年国家建设部发布的行业标准《全球定位系统城市测量技术规程》中，对各等级GPS测量基本技术指标的规定如表5-12所示。

表5-12 各级GPS测量基本技术指标的规定

项目	观测方法	二等	三等	四等	一级	二级
卫星高度角/(°)	静态 快速静态	≥15	≥15	≥15	≥15	≥15
有效观测卫星数	静态 快速静态	≥4 —	≥4 ≥5	≥4 ≥5	≥4 ≥5	≥4 ≥5
平均重复设站数	静态 快速静态	≥2 —	≥2 ≥2	≥1.6 ≥1.6	≥1.6 ≥1.6	≥1.6 ≥1.6
时段长度/min	静态 快速静态	≥90 —	≥60 ≥20	≥45 ≥15	≥45 ≥15	≥45 ≥15
数据采样间隔/s	静态 快速静态	10～60	10～60	10～60	10～60	10～60
PDOP值	静态 快速静态	<6	<6	<6	<6	<6

注：当采用双频GPS接收机进行快速静态观测时，时间长度可缩短为10min。

2. 天线的安置

(1) 在GPS点位上，GPS接收机天线应该架设在三脚架上，并安置于标志中心的正上方，进行严格整平对中。

(2) GPS接收机天线上的定向标志线应该指向正北，并应该顾及当地磁偏角的影响，以削弱天线相位中心偏差的影响。天线定向的误差随GPS定位的精度不同而异，通常不应该超过±(3°～5°)。

(3) 当在刮风天气进行GPS测量安置接收机天线时，应该设法对其进行固定，以防刮倒碰坏接收机天线。若在雷雨天气安置接收机天线时，应该将其底盘接地，以防雷击天线。

(4) 架设GPS接收机天线不宜过低，通常情况下应该距地面1m以上。天线架设好后，应该在三个方向(相互间隔120°)上分别量取天线高，三次测量结果之差不应该超过3mm，并取三次测量结果的平均值记入测量手簿上。天线高记录取值0.001m。

(5) 在进行高精度GPS测量定位中，应该利用气压计、温度计等测定气象元素。每个测量时段应该分三次(时段开始、中间、结束)测定气象元素，气压应读至

0.1mbar，温度应读至 0.1℃。对于一般的城市测量或工程测量通常只记录测量时的天气状况。

(6) 记录者应该复查点名、点号并记录在测量手簿上。将天线与主机利用电缆连接好，并经检查无误后，即可以开机进行观测。

(7) 在一些特殊的情况下，例如，有时需要在原旧的控制点上进行 GPS 测量定位，而这样的控制点上往往建有觇标。此时若在标架内安置接收机天线进行观测时，会造成卫星信号的中断，影响 GPS 测量定位的精度。在这种情况下，可以进行 GPS 偏心观测。偏心点应该选择在离该控制点 100m 以内的位置，并且以解析法精密测定归心改正元素。

3. 开机观测

利用 GPS 接收机进行外业观测，其主要目的是捕获 GPS 卫星信号，并对其进行跟踪、量测和处理，以获得所需要的定位数据和观测数据。

在外业观测过程中，接收机操作人员应该注意以下事项：

(1) 当检查并确认外接电源的电缆及天线等各项连接准确无误后，方能接通电源，并启动接收机。

(2) 将接收机开机，要在接收机有关指示显示正常并通过自检后，方能输入关于测站和时段控制的有关信息。

(3) 接收机在开始记录数据后，应该注意查看有关观测卫星的数量、卫星号、实时测量定位结果及其变化、存储介质记录等情况。

(4) 在一个时段观测过程中，接收机操作人员不允许进行以下操作：改变天线的位置、改变数据采样间隔、改变卫星的高度角、按动关闭文件和删除文件等功能键，更不应该关闭又重新启动接收机。

(5) 在进行高精度 GPS 测量定位中，每一个观测时段，通常都应该在时段的开始、中间和结束分别测定气象元素，并记录在测量手簿上。如果观测时段较长时，应该适当地增加气象元素的测定次数。

(6) 天线高的测量，通常在观测时段的开始和结束分别量测一次，并及时输入仪器或记录在测量手簿上。

(7) 在观测过程中，不要在靠近接收机处使用接听对讲机或手机，也要避免任何人接近接收机天线。雷雨季节架设天线时要防止雷击，雷雨过境时应该关机停止观测，并卸下天线。

(8) 在观测过程中应该特别注意接收机供电情况。为此在出测前应认真检查电池的容量是否充足，必要时要配备备用电池。在观测过程中操作人员不要远离接收机，如听到仪器有低电压报警时应该及时进行处理，以免造成仪器内部数据的破坏或丢失。

(9) 在每一观测站上，当全部预定作业项目经检查已按规定完成，并且记录资料完整后方可以迁站。

(10) 在观测过程中也要随时查看仪器内存或硬盘容量，每日观测结束后，应该及时将数据转存至计算机的硬、软盘上，以确保观测数据不丢失。

4. 观测记录

在外业观测工作中的每一测站，观测员都应该详细记录有关资料信息，并妥善保管。记录形式包括以下两种。

1) 观测记录

观测记录由GPS接收机自动进行，均记录在存储介质(如硬盘、磁卡等)上，其记录的主要内容有：①每一历元的观测值(载波相位测量观测值和测距码伪距观测值等)；②GPS卫星星历和卫星钟差参数等信息；③实时绝对测量定位结果；④有关观测站的控制信息及接收机工作状态信息。

2) 观测手簿记录

外业观测手簿记录是在每一个观测站上接收机启动前和观测过程中由观测者实时填写的。其记录的格式和内容应该严格地按照有关GPS测量规范(或规程)的规定执行。

观测记录和观测手簿记录都是进行GPS测量定位的重要依据，所以必须严格、认真并实时地填写，坚决杜绝事后补记或追记。

5.2.4 技术总结与成果资料提交

1. 技术总结

在GPS测量工作完成以后，应该按要求编写技术总结报告，技术总结报告的主要内容包括：

(1) 测区范围及其位置，自然地理条件，气候特点，交通和通信、电源等情况；

(2) 任务来源，项目名称，测区已有测量成果情况，施测的目的及基本精度要求；

(3) 施测单位，施测的起止时间，技术依据，作业人员的数量及技术状况；

(4) 参加作业仪器类型、数量及检验等情况；

(5) 选点所遇障碍物和环境影响的评价，埋石与重合点等情况；

(6) 观测方法要点与补测、重测情况，以及野外作业发生与存在问题的说明；

(7) 野外数据检核，起算数据情况和数据后处理内容、方法及软件情况；

(8) 工作量与工日及定额计算；

(9) 方案实施与规范执行情况；

(10) 上交成果尚存在的问题和需要说明的其他问题；

(11) 各种附表与附图。

2. 资料提交

在GPS测量任务完成以后，应该提交下列资料：

(1) 测量任务书与专业设计书；

(2) 点之记、环视图和测量标志委托保管书；

(3) 卫星可见性预报表和观测计划；

(4) 外业观测记录(包括原始记录的存储介质及其备份)、测量手簿及其他记录(包括偏心观测)；

(5) 接收设备、气象及其他仪器的检验资料；

(6) 外业观测数据质量分析及野外检核计算资料；

(7) 数据加工处理中生成的文件(包括磁盘文件)、资料和成果表；

(8) GPS网展点图；

(9) 技术总结和成果验收报告。

5.3　GPS测量的作业模式

利用GPS测量定位技术，确定观测站之间相对位置时所采用的作业方式，即通常称为GPS测量的作业模式。GPS测量的作业模式与GPS接收设备的硬件和软件有着非常密切的关系。另外，在实际应用GPS测量进行作业中，采用不同的作业模式，其作业的方法和观测的时间都是不同的，所能达到的测量定位精度也是不同的，所以不同的作业模式，应具有不同的应用范围。

随着GPS测量定位技术的迅速发展，GPS测量的作业模式已有多种形式。目前，在GPS接收系统硬件和软件的支持下，在实践中应用较为普遍的GPS测量作业模式，主要有静态相对定位模式、快速静态相对定位模式、准动态相对定位模式和动态相对定位模式等。下面即对这些不同作业模式的作业方法、特点及其适用范围进行简要介绍。

5.3.1　静态相对定位模式

1. 作业方法

通常采用两台(或两台以上)GPS接收机，分别安置在一条(或数条)基线的端

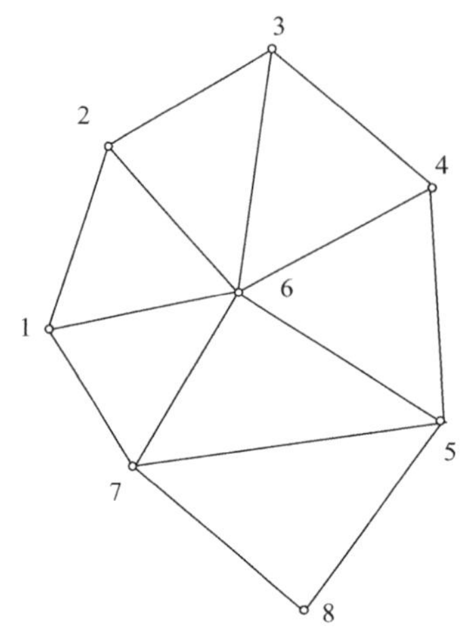

图 5-7　静态相对定位模式

点上，对4颗以上的GPS卫星进行同步观测若干个时段，具体施测的时段数或每一时段的时间长短取决于基线的长度及所要求的精度。其作业布网形式如图5-7所示。

2. 定位精度

基线的测量定位精度通常可以按其标称精度进行描述：

（1）对于双频接收机其精度为 $5\text{mm}+1\text{ppm}\times D$；

（2）对于单频接收机其精度为 $10\text{mm}+2\text{ppm}\times D$；其中，$D$ 为基线长度，以千米为单位。

3. 特点

利用静态相对定位模式所观测的独立基线一般都应该构成一系列封闭图形，这有利于外业观测成果的检核，同时可以提高网的强度和可靠性。并且通过平差计算，亦有助于进一步提高测量定位的精度。

4. 应用范围

静态相对定位模式通常应用于：建立全球性或国家级大地控制网；建立地壳运动或工程变形监测网；建立长距离检校基线；进行岛屿、大陆彼此之间的联测；建立精密工程测量控制网等。

5.3.2　快速静态相对定位模式

1. 作业方法

通常在测区的中部选择一个基准站（亦称参考站）安置一台GPS接收机，并对所有可见GPS卫星进行连续跟踪观测。另一台接收机依次在各点进行流动设站，在每个点上都静止观测数分钟。其作业布网形式如图5-8所示。接收机在流动站点之间移动时，不必保持对所测卫星进行连续的跟踪观测，接收机可以关闭电源以节省能耗。流动站与基准站之间的距离通常不超过20km。

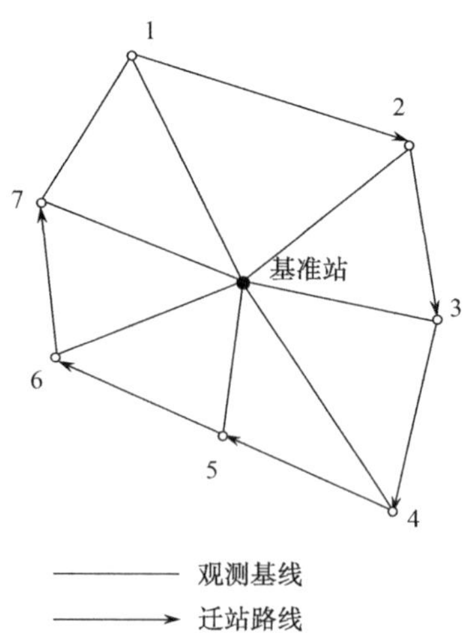

图 5-8　快速静态定位模式

2. 定位精度

流动站相对于基准站的基线中误差一般为

$$(5 \sim 10)\text{mm} + 1\text{ppm} \times D(\text{km})$$

3. 特点

快速静态相对定位模式具有方法简单、作业速度快、精度高和能耗低等优点；其缺点是当采用两台接收机进行作业时，因为其并不构成闭合图形，所以可靠性较差。

4. 应用范围

快速静态相对定位模式通常应用于控制网的建立及其加密、工程测量、地籍测量、边界测量等。

5.3.3　准动态相对定位模式

1. 作业方法

通常在测区的中部选择一个基准站(亦称参考站)安置一台 GPS 接收机，并对所有可见 GPS 卫星进行连续跟踪观测。将另一台接收机首先置于 1 号点上，并保持对 GPS 卫星进行静止观测数分钟。然后在对所测卫星连续跟踪不失锁的情况下，将该接收机分别置于 2、3、4、… 各点上观测数秒钟。其作业布网形式如图 5-9所示。

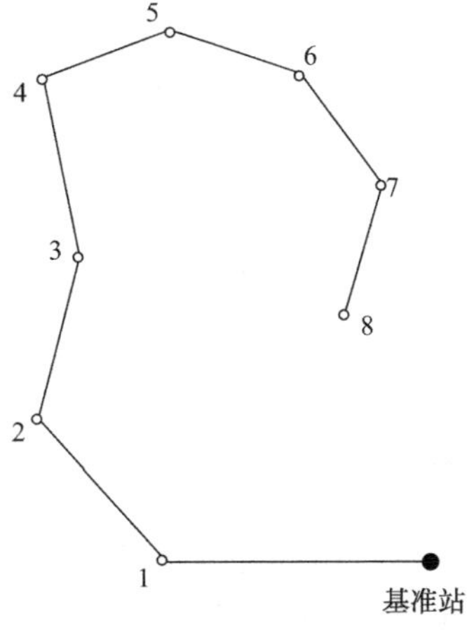

图 5-9　准动态相对定位模式

进行准动态相对定位模式作业时，应该在观测时段内有 4 颗以上分布良好的 GPS 卫星可供观测，而且在观测过程中，流动接收机对所测卫星信号不能失锁，一旦发生失锁现象，应该在失锁后的站点上将观测时间延长至数分钟。流动站与基准站之间的距离通常不超过 20km。

2. 定位精度

流动站与基准站基线测量的中误差一般可达(10～20)mm＋1ppm×D(km)。

3. 特点

准动态相对定位模式的特点是作业效率高。

4. 应用范围

准动态相对定位模式通常应用于开阔地区的控制网加密测量、地籍测量、工程定位、碎部测量、剖面测量及线路测量等。

5.3.4 动态相对定位模式

1. 作业方法

选择一个基准站(亦称参考站)安置一台GPS接收机,并对所有可见GPS卫星进行连续跟踪观测。另一台接收机首先在出发点上静态观测数分钟,然后该接收机从出发点开始连续运动,在运动过程中,按照预定的时间间隔自动地进行观测。其作业布网形式如图5-10所示。

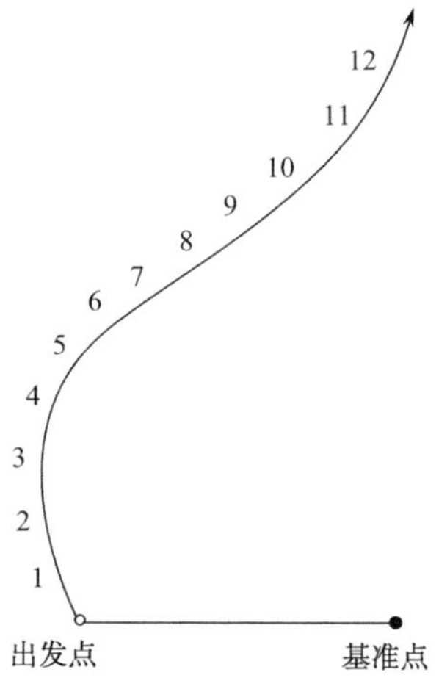

图5-10 动态相对定位模式

进行动态相对定位模式作业时应在观测时段内有4颗以上分布良好的GPS卫星可供观测,而且在观测过程中,流动接收机对所测卫星信号保持连续地跟踪观测不能失锁,流动站与基准站之间的距离通常不超过20km。

2. 定位精度

流动站与基准站基线测量的中误差一般可达(10～20)mm＋1ppm×D(km)。

3. 特点

动态相对定位模式的特点是测量速度快,可实现对运动载体(如汽车、船只和火车等)的连续实时定位。

4. 应用范围

精密测定载体的运动轨迹、测定道路的中心线、剖面测量和航道测量等。

习　　题

1. 名词解释:同步观测环;异步观测环;独立观测环;重复基线;RTK;网络 RTK。
2. 在我国,现行的 GPS 测量规范、规程有哪些?
3. 为什么 GPS 测量也要采用分级布网方案? GPS 测量分哪些等级? 各级精度怎样衡量?
4. GPS 测量技术设计书应该考虑哪些主要内容?
5. 简述 GPS 测量选点的一般原则?
6. 在测量工程中,GPS 测量有哪些主要作业模式?
7. GPS 测量技术总结报告的内容及提交的成果资料有哪些?
8. 简述 GPS RTK 的基本工作原理。
9. 说明 GPS RTK 技术与网络 RTK 技术的区别和联系。

第6章 GPS测量数据处理

GPS观测数据需要通过一定的数学方式处理才能获得需要的成果，其中获取预期测量精度的点位坐标是数据处理的主要目的。为了保证内业数据解算的质量，当外业观测任务结束后，首先必须及时在测区对观测数据进行严格的检核；并根据情况采取淘汰或必要的重测、补测措施。只有按照《GPS测量规范》要求对各项检核内容进行严格检查，确保准确无误，方可进行后续的GPS平差计算和数据处理。GPS数据处理具有如下特点。

(1) GPS测量数据之多、信息量之大是常规测量方法无法比拟的；即使按连续同步观测、15s自动记录一组数据的普通模式也是如此。若按每15s采集一组数据，一台接收机连续观测1h将有240组数据。每组数据都含有对若干个(大于等于4)卫星的伪距、载波相位观测值、卫星星历和气象数据等。若GPS定位时使用几台接收机同步观测，则将会产生上万个甚至更多的数据。

(2) GPS数据处理过程复杂，采用的数学模型、算法等形式多样。从采集到的原始数据到GPS定位成果，整个处理过程十分复杂，每一过程的数学模型和计算方法各不相同，每一过程都需要对不同的数据进行有序的组织、检验和分析。

结合TRIMBLE的TGO平差软件，GPS测量数据基本解算过程叙述如下。

1. 原始观测数据的读入

在进行基线解算时，首先需要读取原始的GPS观测值数据(图6-1)。一般来说，各接收机厂商随接收机一起提供的数据处理软件可以直接处理从接收机中传输出来的GPS原始观测值数据，而由第三方开发的数据处理软件则不一定能对各接收机的原始观测数据进行处理，要处理这些数据，首先需要进行格式转换。目前，最常用的格式是RINEX(the Receiver Independent Exchange Format)格式，大部分的数据处理软件都能直接处理此格式的数据。

2. 外业输入数据的检查与修改

在读入了GPS观测数据文件后，就需要对观测数据进行必要的检查，检查项目包括测站名、点号、测站坐标、天线高等。对这些项目进行检查是为了避免外业操作时的误操作。

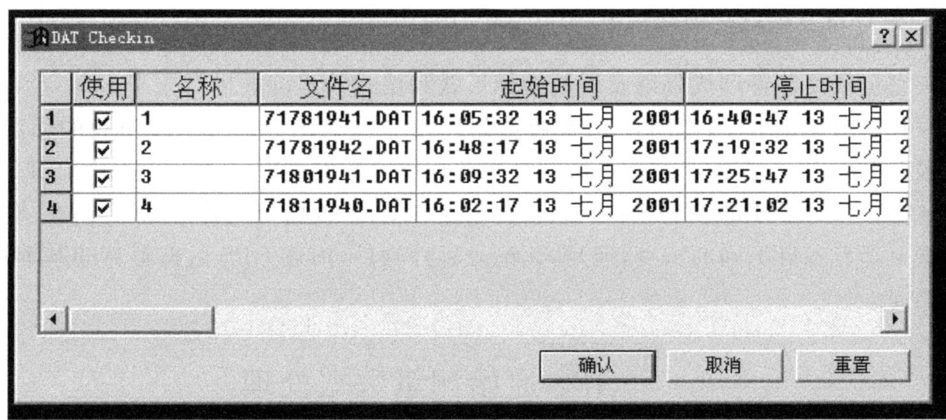

图 6-1　导入的 GPS 观测文件

3. 基线解算的控制参数

基线解算的控制参数用以确定数据处理软件采用何种处理方法进行基线解算,设定基线解算的控制参数是基线解算的一个非常重要的环节,通过控制参数的设定,可以实现基线的精化处理。

4. 基线解算

基线解算的过程一般是自动进行的,无需过多的人工干预。GPS 基线处理形式可以适当改变,主要是改变卫星高度截止角、电离层模型改正方式、对流层天顶延迟等。质量控制 3R 是基线解算质量的三个衡量标准,即信噪比率(ratio)、参考变量(reference factor)、均方根(RMS)。

5. 基线质量的检验

基线解算完毕后,基线结果并不能马上用于后续的处理,还必须对基线的质量进行检验。只有质量合格的基线才能用于后续的数据处理;如果不合格,则需要对基线进行重新解算或重新测量。

6. 平差

通过不同平差方式,可得到各测站点的平差后坐标,并对点坐标进行精度评定。

7. 成果分析及坐标转换和输出

它包括平差各项成果以及不同坐标形式和格式的坐标输出。

目前借助于电子计算机，GPS数据处理工作自动化已达到了相当高的程度，一般各个GPS厂商生产的接收机都会配备相应的数据处理软件，如TRIMBLE的TGO、ASHTECH的WINPRISM、南方测绘的GPS数据处理软件等，它们在使用方法上都有各自不同的特点，但是，无论是哪种软件，内业GPS数据解算的基本过程相同。

6.1　GPS原始测量数据处理

6.1.1　观测值文件导入

GPS接收机采集的数据记载在接收机或控制手簿的内存模块上。数据处理前的首要工作就是数据传输，即将数据从记录载体传输至计算机。数据传输的同时进行数据分流，将各类数据归入不同的文件。为此，传输至计算机的GPS观测数据需要解译，提取出有用的信息，分别建立不同的GPS观测数据文件。

由于接收机的型号很多，厂商设计的数据格式各不相同，国际上为了能统一使用不同接收机的数据，设计了一种与接收机无关的RINEX格式。所有接收机的观测文件均可转换为这种文件格式，并形成RINEX 2格式下的广播星历文件、观测数据文件和地面气象数据文件。例如，TRIMBLE接收机的接收数据传输至计算机后形成以DAT为后缀的GPS观测文件，每站观测结果转换成RINEX格式后变成三个文件，包括观测值B文件、星历C文件和测站信息的O文件，并以单机测站为单位分别存储；同样，ASHTECH接收机产生的观测文件转换为RINEX数据格式后，也会形成三个标准文件，即一个B文件、一个C文件和一个O文件。

RINEX 2格式下的GPS数据文件的命名方式是

$$\text{ssssddd}f.\,yyt$$

其中：ssss为以4个字节表示的台站接收机名；ddd为文件中第一组数据观测时间的当年年积日(例如，1月1日为001，2月2日为032)；f为该站该日收到的某类文件的顺序号，0表示只有一个；yy为观测年份；t为文件种类。

而后缀O、N、M文件主要内容如下所述。

1）观测值文件(后缀*.o)

内含观测历元、C/A码伪距、载波(L1、L2)相位、积分多普勒计数、信噪比等信息。这是容量最大的文件。文件开头包含测站信息如测站名、概略坐标、接收机号、天线号、天线高、观测的起止时间、记录的数据量、初步定位结果等。

2）预报星历参数文件（后缀*.n）

包括所有被测卫星的轨道位置信息，据此可以算出任一瞬间卫星的在轨位置。

3）电离层参数和 UTC 参数文件（后缀*.m）

用于改正观测值的电离层影响和将 GPS 时间修正为协调世界时（UTS）时间。

以 TRIMBLE-5700 接收机为例，某站 GPS 文件 76201030.dat，转换为标准 RINEX 后形成 76201030.07o 和 76201030.07n 等文件。表 6-1 列出了 RINEX 观测文件的格式。

表 6-1　RINEX 2 格式的观测数据文件

观测值及测站信息文件（文件 76201030.07o）

```
     2.10            OBSERVATION DATA    G (GPS)            RINEX VERSION / TYPE
DAT2RINW 3.10 001    y                   23DEC07   9:45:58  PGM / RUN BY / DATE
bb                   dlut                                   OBSERVER / AGENCY
220287620            TRIMBLE 5700        Nav 1.24 Sig 0.00  REC # / TYPE / VERS
00000000             TRM41249.00                            ANT # / TYPE
-------------------------------------------- COMMENT
Offset from BOTTOM OF ANTENNA to PHASE CENTER is   53.3 mm   COMMENT
--------------------------------------------COMMENT
76201030                                                    MARKER NAME
7620                                                        MARKER NUMBER
-2599046.8451  4223075.8362  3998029.2735                   APPROX POSITION XYZ
        1.4300         0.0000         0.0000                ANTENNA: DELTA H/E/N
* * *  Above antenna height is from mark to BOTTOM OF ANTENNA.  COMMENT
--------------------------------------------COMMENT
Note: The above offsets are CORRECTED.                      COMMENT
Raw Offsets: H=      1.4833 E=      0.0000 N=      0.0000   COMMENT
--------------------------------------------COMMENT
     1     1     0                            WAVELENGTH FACT L1/2
     4    L1    C1    L2    P2                # / TYPES OF OBSERV
    15.000                                    INTERVAL
  2007     4    13     1    54    0.0000000   TIME OF FIRST OBS
  2007     4    13     2    33    0.0000000   TIME OF LAST OBS
     0                                        RCV CLOCK OFFS APPL
     9                                        # OF SATELLITES
     2   157   157   157   157                PRN / # OF OBS
```

续表

```
     4   157   157   157   157                      PRN / # OF OBS
     5   156   156   156   156                      PRN / # OF OBS
    10   157   157   157   157                      PRN / # OF OBS
    12   155   155   155   155                      PRN / # OF OBS
    13   157   157   157   157                      PRN / # OF OBS
    17   152   152   152   152                      PRN / # OF OBS
    23   102   102   102   102                      PRN / # OF OBS
    30   155   155   155   155                      PRN / # OF OBS
                                                    END OF HEADER
[时间行] 07  4 13      1 54  0.0000000    0  4  2  4 10 13
    -73957.32417    20918626.47707   -52268.85358    20918619.56348
     29004.30917    20688701.81307    13160.64458    20688697.86748
   -128308.34416    22059280.91406   -79886.54457    22059276.87547
        47.57017    21926942.73407    -4483.30958    21926937.93048
[时间行] 07  4 13      1 54 15.0000000    0  5  2  4  5 10 13
   -101489.57407    20913387.30507   -73722.55048    20913380.64148
     39450.29307    20690689.47707    21300.37248    20690685.23848
     20900.18416    23755224.18806    10211.51156    23755219.98846
   -172787.93406    22050816.71106  -114545.94247    22050812.77347
       181.44907    21926968.35207    -4378.97647    21926963.76247
```

表头结束后，是观测各历元的观测数据，每历元数据由一个历元时间行和多个观测数据行组成，每个历元时间行的内容为：年，月，日，时，分，秒，质量标记，卫星数，卫星号码，卫星号码，…，钟差。

其中：①卫星数指该历元观测到的卫星总数，紧接着的是观测到的卫星号码序列；②卫星号码计为 snn；③历元行中的钟差（选项）是接收机钟差，处在 68～80 位，如果此项存在，则应对历元时刻、测得的伪距相位作如下修正：

$$历元时刻 = 给出历元时刻 - 钟差$$

$$伪距 = 测得伪距 - 钟差 \times 光速$$

$$相位 = 测得相位 - 钟差 \times 频率$$

接收机测得所追踪到的每个卫星上在 L1、L2 的相位和伪距观测值，它们均记录在观测文件时间行下，表 6-1 列出 2 个历元的 4 个观测数据类型（L1　C1　L2　P2）。其中：L1 为 L1 上的载波相位；C1 为 L1 上的 C/A 码伪距；L2 为 L2 上的载波相位；P2 为 L2 上的 P 码伪距。

6.1.2　预处理

定位数据预处理在定位数据处理中占有较大比例，预处理所采用的模型、方法的优劣将直接影响定位成果的质量。预处理的主要目的在于净化观测值，提高其“精度”，将各类数据文件标准化，形成平差计算所需要的文件。预处理的主要内容包括以下几个方面。

(1) 对观测数据进行平滑滤波检验，剔除粗差，删除无效数据。

(2) 统一数据文件格式。将各类接收机的数据记录格式、项目和采样间隔等加工成彼此兼容的标准化文件，以便统一处理。

(3) GPS 卫星轨道方程的标准化。由于不同的星历有不同的数据格式和卫星位置计算公式，且星历参数又依时间不同(每小时更新一次)而各具独立性。这就为卫星位置的计算、周跳的检测修正、观测值的残差分析等带来许多不便或不确定性因素。为此，需要建立一组标准化的轨道方程，用一个连续的、平滑的轨道来覆盖整个观测时段，以便用统一的格式提供观测时段内任一时刻任一卫星的空间位置。

一般采用以时间为变元的多项式作为 GPS 卫星位置标准化表达式。多项式的阶数取 8～10 时就足以保证米级甚至厘米级轨道拟合的数字精度。

(4) 诊断整周跳变点，发现并修复整周跳变；确定整周未知数的初值。诊断整周跳变常采用曲线拟合的方法，即根据几个相位观测值拟合一个 n 阶多项式，用此多项式预估下一个观测值并与实测值比较，从而获得正确整周跳变。

整周未知数可以采用伪距观测值 $\tilde{\rho}_i$ 与载波相位测量值 $\tilde{\varphi}_1$ 和波长 λ 的乘积相比较的方法确定出 $\lambda \cdot N_0$。以整周未知数的初值作为平差时整周未知数的近似值。

(5) 对观测值进行各项改正，并使观测值文件标准化。主要对观测值进行电离层折射改正和对流层折射改正。改正后的观测值文件必须标准化，包括记录格式标准化、记录类型标准化、记录项目标准化、采样密度标准化、数据单元标准化等。

(6) 观测值文件经标准化以后，就可输入主处理程序进行 GPS 网平差计算。

6.2　GPS 网整体平差基本方法

6.2.1　网平差的分类

GPS 网平差的类型有多种，根据平差所利用的坐标空间，可将 GPS 网平差分为三维平差和二维平差；根据平差时所采用的观测值和起算数据的数量和类型，可将平差分为无约束平差、约束平差和联合平差等。

1. 无约束平差

无约束平差属于经典自由网平差，仅具有必要的起始数据，即可按间接平差的一般程序进行计算。

GPS基线向量本身已经提供了方向基准信息和尺度基准信息(由向量坐标可以算出基线方位和基线长度),它们都属于WGS-84坐标系。因而,无约束平差时只需引入位置基准信息,它不会引起观测值的变形和改正。引入位置基准信息的方法一般是取网中任一点的伪距定位坐标作为所有GPS点坐标的起算数据。整个平差计算都是在WGS-84坐标系中进行的。

无约束平差的重点在于考察GPS网本身的内部符合精度、考察基线向量之间有无明显的系统误差和粗差,同时也为GPS点提供大地高程数据,以便联合有关的正常高程数据求出GPS点的正常高程。

2. 约束平差

约束平差是以国家大地坐标系中某些点的坐标、边长和方位角为约束条件所进行的平差,其成果属于国家统一坐标系统。

为了将GPS基线向量网观测值与约束条件联系起来,应考虑WGS-84坐标系与国家大地坐标系之间的系统差,即平差时应设立GPS网与地面网之间的转换参数,通过这些参数将两个具有不同基准的坐标系统化为一致。

约束平差实际上就是附有条件式的相关间接平差。它可以在空间直角坐标系中进行,也可以在大地坐标系中进行。

3. 联合平差

联合平差是将GPS基线向量观测值、结束数据、地面常规观测值(距离、方向、高差)等一并进行平差计算。

GPS网联合平差既可以在空间直角坐标系(或三维大地坐标系)中进行三维平差,也可以在高斯投影平面(或椭球面上)进行二维平差。

有时把不同型号的GPS数据或不同时期观测的数据进行统一处理,也称为GPS网联合平差,如图6-2所示的两种GPS接收机联合平差方式。

6.2.2 GPS网平差过程及特点

(1) 进行GPS网平差前,首先必须提取基线向量,构建GPS基线向量网。提取基线向量时需要遵循以下几项原则:①必须选取相互独立的基线,若选取了不相互独立的基线,则平差结果会与真实的情况不相符合;②所选取的基线应构成闭合的几何图形;③选取质量好的基线向量,基线质量的好坏可以依据RMS、RDOP、RATIO、同步环闭和差、异步环闭和差和重复基线较差来判定;④选取能构成边数较少的异步环的基线向量;⑤选取边长较短的基线向量。

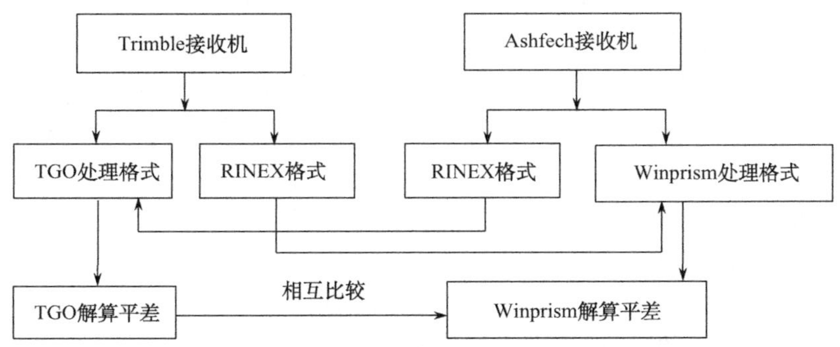

图 6-2　两种 GPS 接收机数据的联合平差方式

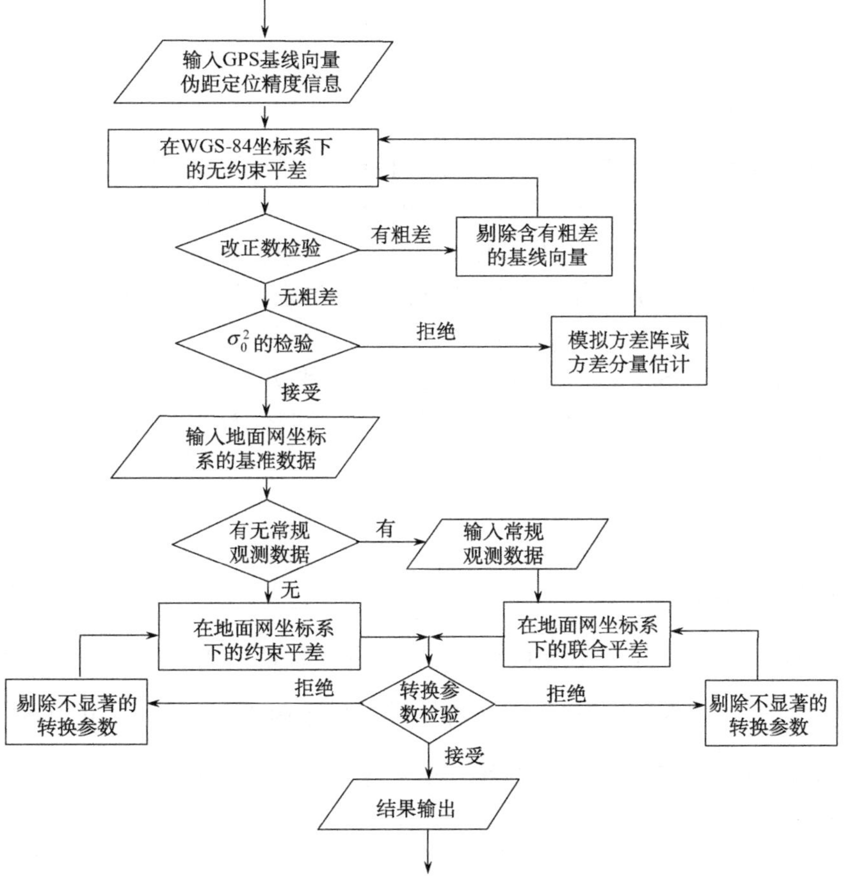

图 6-3　GPS 网三维平差流程图

(2) 在构成了GPS基线向量网后，需要进行GPS网的三维无约束平差，通过无约束平差主要达到以下两个目的：①根据无约束平差的结果，判别在所构成的GPS网中是否有粗差基线，如发现含有粗差的基线，则需要进行相应的处理，必须使最后用于构网的所有基线向量均满足质量要求；②调整各基线向量观测值的权，使它们相互匹配。

(3) 在进行完三维无约束平差后，需要进行约束平差或联合平差，平差可根据需要在三维空间或二维空间中进行。

约束平差的具体步骤是：①指定进行平差的基准和坐标系统；②指定起算数据；③检验约束条件的质量；④进行平差解算。

图6-3为GPS网三维整体平差的基本流程。

6.3 GPS基线处理方法

6.3.1 基线向量及基线质量

GPS卫星定位在控制测量中均采用了相对定位技术，所确定的是控制点间的相对位置关系。这种相对位置关系是用WGS-84世界大地坐标系的三维直角坐标(Δx_{ij}，Δy_{ij}，Δz_{ij})来表示的，我们称这种点间的相对位置量为基线向量。

GPS基线向量表示了各测站间的一种位置关系，即测站与测站间的三维坐标增量。GPS基线向量与常规测量中的基线是有区别的，常规测量中的基线只有长度属性，而GPS基线向量则具有长度、水平方位和垂直方位三项属性。GPS基线向量是GPS同步观测的直接结果，也是进行GPS网平差、获取最终点位的依据。

1. 基线分类

1) 单基线解算

(1) 定义。当m台GPS接收机进行了一个时段的同步观测后，每两台接收机之间就可以形成一条基线向量，则共有$\frac{m(m-1)}{2}$条同步观测基线，其中可以选出相互独立的($m-1$)条同步观测基线。至于这($m-1$)条相互独立的基线如何选取，只要保证所选的($m-1$)条独立基线不构成闭合环就可以了。这也是说，凡是构成了闭合环的同步基线都是函数相关的，而同步观测所获得的独立基线虽然不具有函数相关的特性，但它们却是误差相关的，实际上所有的同步观测基线间都是误差相关的。所谓单基线解算，就是在基线解算时不顾及同步观测基线间的误差相关性，对每条基线单独进行解算。

(2) 特点。单基线解算的算法简单，但由于其解算结果无法反映同步基线间误差相关的特性，不利于后面的网平差处理，一般只用在较低级别的 GPS 网测量中。

2) 多基线解算

(1) 定义。与单基线解算不同的是，多基线解算顾及了同步观测基线间的误差相关性，在基线解算时对所有同步观测的独立基线一并解算。

(2) 特点。多基线解在基线解算时顾及了同步观测基线间的误差相关性，因此，在理论上是严密的。

2. 基线解算的质量控制

1) 单项指标(表 6-2)

表 6-2　基线解算质量控制指标

指标	定义	实质	评价标准	备注
解算类型	短基线 $L1$ 固定解	模糊度确定	固定	
单位权方差因子 $\hat{\sigma}_0$	$\hat{\sigma}_0=\sqrt{\frac{\mathbf{V}^{\mathrm{T}}\boldsymbol{P}\mathbf{V}}{f}}$	参考变量	越小越好	$\mathbf{V}$ 为观测值的残差；P 为观测值的权；f 为多余观测数
数据删除率	被删除观测值的数量与观测值的总数的比值	观测值的质量	越高观测值质量越差	
RATIO 值(比率)	$\mathrm{RATIO}=\frac{\mathrm{RMS}_{次最小}}{\mathrm{RMS}_{最小}}$	反映确定的整周未知数参数的可靠性	RATIO≥1.0 越大越好	
RDOP	$\mathrm{RDOP}=\sqrt{\mathrm{tr}(\boldsymbol{Q})}$	GPS 卫星的状态对相对定位的影响	越小越好	Q 为待定参数的协因数阵
RMS 均方根误差	$\mathrm{RMS}=\sqrt{\frac{\mathbf{V}^{\mathrm{T}}\boldsymbol{P}\mathbf{V}}{n-1}}$	表明了观测值的质量	越小越好	$\mathbf{V}$ 为观测值的残差；P 为观测值的权；n 为观测值的总数

2) 同步环闭合差

同步环闭合差是指由同步观测基线所组成的闭合环的闭合差。

由于同步观测基线间具有一定的内在联系,从而同步环闭合差在理论上应总是为 0 的。如果同步环闭合差超限,则说明组成同步环的基线中至少存在一条基线向量是错误的;反之,如果同步环闭合差没有超限,也不能说明组成同步环的所有基线在质量上均合格。

3) 异步环闭合差

不是完全由同步观测的基线所组成的闭合环称为异步环,异步环的闭合差称为异步环闭合差。

当异步环闭合差满足限差要求时,则表明组成异步环的基线向量的质量是合格的;当异步环闭合差不满足限差要求时,则表明组成异步环的基线向量中至少有一条基线向量的质量不合格,要确定出哪些基线向量的质量不合格,可以通过多个相邻的异步环或重复基线来进行比较确定。

4) 重复基线较差

不同观测时段对同一条基线的观测结果,就是重复基线。这些观测结果之间的差异就是重复基线较差。

另外,表 6-2 中 RATIO、RDOP 和 RMS 这几个质量指标只具有某种相对意义,它们数值的高低不能绝对地说明基线质量的好坏,如若 RMS 偏大,则说明观测值质量较差;若 RDOP 值较大,则说明观测条件较差。

6.3.2 基线解算

基线解算的过程实际上主要是一个平差的过程,平差所采用的观测值主要是双差观测值。在基线解算时,平差要分三个阶段进行:第一阶段进行初始平差,解算出整周未知数参数和基线向量的实数解(浮动解);在第二阶段,将整周未知数固定成整数;在第三阶段,将确定了的整周未知数作为已知值,仅将待定的测站坐标作为未知参数,再次进行平差解算,解求出基线向量的最终解即整数解(固定解)。

求解基线向量一般采用差分模型。其中,在接收机和卫星间求二次差的模型是多数 GPS 基线向量处理软件的必选模型。以站、星二次差分观测值为解算时的观测量,以测站间的基线向量为主要未知量建立误差方程,组成并求解法方程,这就是双差法的基线向量解算。

为了列立误差方程式,必须对观测方程进行线性化,并且引入 Δx_{ij}、Δy_{ij}、Δz_{ij} 这三个量作为未知数,才能得到任一观测历元 t_1 测站 i、j 和卫星 p、q 的双差观测值的线性误差方程。

当 t_1 历元在测站 i、j 同步观测了 sv 个卫星时,则可列出(sv－1)个误差方程,相应要引入(sv－1)个初始整周未知数，即 t_1 历元共有[(sv－1)＋3]个未知数。若测站 i、j 对所有 sv 个卫星进行了 n 次连续观测，则总共有 $m=n(\mathrm{sv}-1)$个误差方程。

将所有误差方程写成矩阵形式：

$$\boldsymbol{V} = \boldsymbol{AX} + \boldsymbol{L} \tag{6-1}$$

式中：$\boldsymbol{V}=(v_1,v_2,\cdots,v_m)^{\mathrm{T}}$；$\boldsymbol{X}=(\delta_x,\delta_y,\delta_z,\delta_{N_1},\delta_{N_2},\cdots,\delta_{N_{SV-1}})^{\mathrm{T}}$；$\boldsymbol{L}=(w_1,w_2,\cdots,w_m)^{\mathrm{T}}$；$\boldsymbol{A}$ 为$m\times[(\mathrm{sv}-1)+3]$阶的误差方程系数矩阵。

设各类双差观测值等权且彼此独立，即权阵为一单位阵，于是可组成法方程

$$\boldsymbol{NX} + \boldsymbol{B} = 0 \tag{6-2}$$

式中：$\boldsymbol{N}=\boldsymbol{A}^{\mathrm{T}}\boldsymbol{A}$；$\boldsymbol{B}=\boldsymbol{A}^{\mathrm{T}}\boldsymbol{L}$。

则可解得

$$\boldsymbol{X} = -\boldsymbol{N}^{-1}\boldsymbol{B} = -(\boldsymbol{A}^{\mathrm{T}}\boldsymbol{A})^{-1}(\boldsymbol{A}^{\mathrm{T}}\boldsymbol{L}) \tag{6-3}$$

基线向量平差值为

$$\begin{cases} \Delta x_{ij} = \Delta x_{ij}^0 + \delta x_{ij} \\ \Delta y_{ij} = \Delta y_{ij}^0 + \delta y_{ij} \\ \Delta z_{ij} = \Delta z_{ij}^0 + \delta z_{ij} \end{cases} \tag{6-4}$$

同时亦得基线长度平差值和整周未知数平差值。

为了评定基线向量的精度，可用常规方法计算单位权中的误差 m_0，并取协因数矩阵 $\boldsymbol{N}^{-1}$的相应对角元素 $Q_{x_ix_i}$，按下式计算基线水平或垂直分量中的误差：

$$m_{x_i} = m_0\sqrt{Q_{x_ix_i}} \tag{6-5}$$

图 6-4 为基于 TGO 下 GPS 基线解算样例。其中，比率、参数变量、RMS 是确定 L1 固定解的重要质量指标。

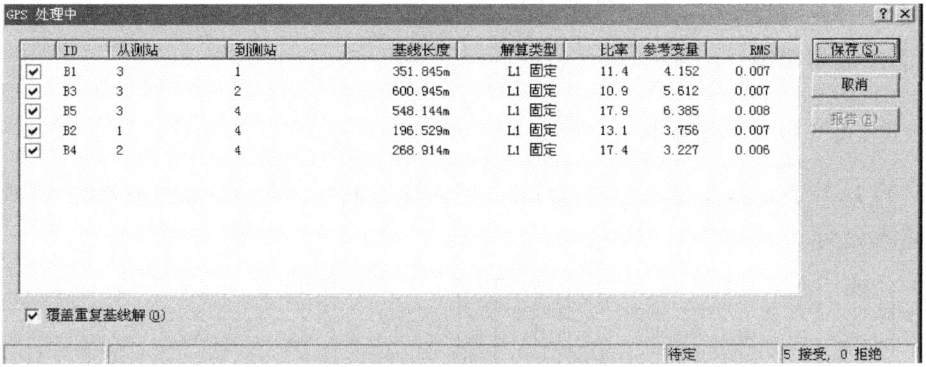

GPS 处理中

	ID	从测站	到测站	基线长度	解算类型	比率	参考变量	RMS
☑	B1	3	1	351.845m	L1 固定	11.4	4.152	0.007
☑	B3	3	2	600.945m	L1 固定	10.9	5.612	0.007
☑	B5	3	4	548.144m	L1 固定	17.9	6.385	0.008
☑	B2	1	4	196.529m	L1 固定	13.1	3.756	0.007
☑	B4	2	4	268.914m	L1 固定	17.4	3.227	0.006

保存(S)　取消　报告(R)

☑ 覆盖重复基线解(O)

待定　5 接受，0 拒绝

图 6-4　GPS 基线求解成果

6.4　GPS网的三维平差

三维GPS网是由GPS相对定位求得的基线向量所构成的空间基线向量网。基线向量解算后,已经得到了基于WGS-84椭球的同步观测的基线向量值。通常GPS网是由多个异步网构成的,它们之间往往形成多个观测基线异(同)步环闭合。所以GPS网平差思路,首先是将各观测时段所确定的基线向量视为观测值,以其方差阵之逆阵为权,进行平差计算,消除环闭合差;其次是建立网的基准(位置基准、方向基准和尺度基准),求出各GPS点在指定坐标系中的坐标值,并评定定位精度。

下面介绍GPS网三维平差的数学模型及其解算方法。

6.4.1　GPS网三维无约束

GPS三维网平差中,首先应进行基于WGS-84的三维无约束平差,平差后通过观测值改正数检验发现基线向量中是否存在粗差,并剔除含有粗差的基线向量;再重新迭代进行平差,直至确定网中没有粗差;对单位权方差因子进行χ^2检验,判断平差的基线向量随机模型是否存在误差,并对随机模型进行改正,以提供较为合适的平差随机模型。

网平差是一个迭代过程,一般在平差前,要对基线向量选择交替形式下的加权模式。每次平差迭代完毕后,一个观测值残差的两次迭代计算差值与结束迭代限差相比较,如果计算出的观测值残差间的差值小于结束迭代限差,平差迭代将停止;如果计算出的观测值残差间的差值大于结束迭代限差,平差迭代将继续进行,直到最大迭代数止。最后一次平差迭代后,如果观测值残差大于最终收敛限值,平差失败。一般用χ^2来测试平差是否通过。

1. 基本数学模型

1) 基线向量观测方程

设$\boldsymbol{L}_{ij}=[\Delta x_{ij},\Delta y_{ij},\Delta z_{ij}]^{\mathrm{T}}$为GPS网内任一基线向量,GPS网平差时,其观测误差方程为

$$\begin{bmatrix}\Delta x_{ij}\\ \Delta y_{ij}\\ \Delta z_{ij}\end{bmatrix}=\begin{bmatrix}-1&0&0\\0&-1&0\\0&0&-1\end{bmatrix}\begin{bmatrix}\mathrm{d}x_i\\ \mathrm{d}y_i\\ \mathrm{d}z_i\end{bmatrix}+\begin{bmatrix}1&0&0\\0&1&0\\0&0&1\end{bmatrix}\begin{bmatrix}\mathrm{d}x_i\\ \mathrm{d}y_i\\ \mathrm{d}z_i\end{bmatrix}-\begin{bmatrix}\Delta x_{ij}-x_i+x_j\\ \Delta y_{ij}-y_i+y_j\\ \Delta z_{ij}-y_i+z_j\end{bmatrix}\tag{6-6}$$

写成矩阵形式为

$$\boldsymbol{V}_{ij}=-E\mathrm{d}X_i+E\mathrm{d}X_j-\boldsymbol{L}_{ij} \tag{6-7}$$

解算基线对应的协方差阵和权阵分别是

$$\boldsymbol{D}_{ij}=\begin{bmatrix}\sigma^2\Delta x & \sigma\Delta x\Delta y & \sigma\Delta x\Delta z\\ \sigma\Delta x\Delta y & \sigma^2\Delta y & \sigma\Delta y\Delta z\\ \sigma\Delta x\Delta z & \sigma\Delta y\Delta z & \sigma^2\Delta z\end{bmatrix}\text{和}\ \boldsymbol{P}_{ij}=\boldsymbol{D}_{ij}^{-1}$$

2）位置基准方程

当引入一个点的伪距定位值作为固定位置时，如设第 K 点为固定点，可以列出基准方程为

$$\begin{bmatrix}\mathrm{d}x_k\\ \mathrm{d}y_k\\ \mathrm{d}z_k\end{bmatrix}=\begin{bmatrix}x_k^0\\ y_k^0\\ z_k^0\end{bmatrix}-\begin{bmatrix}x_k\\ y_k\\ z_k\end{bmatrix}=0 \tag{6-8}$$

或 $\mathrm{d}X_K=0$，而对秩亏自由网平差位置基准，有基准方程：$\boldsymbol{G}^{\mathrm{T}}\mathrm{d}B=0$

式中：$\boldsymbol{G}^{\mathrm{T}}=\begin{bmatrix}1&0&0&\cdots&1&0&0\\0&1&0&\cdots&0&1&0\\0&0&1&\cdots&0&0&1\end{bmatrix}=\underbrace{[E\quad E\quad\cdots\quad E]}_{N\text{个}}$；$\mathrm{d}B=[\mathrm{d}x_1\quad \mathrm{d}y_1\quad \mathrm{d}z_1\quad\cdots\quad \mathrm{d}x_n\quad \mathrm{d}y_n\quad \mathrm{d}z_n]$

2. 法方程的组成及解算

由于 GPS 网各基线向量观测值之间可认为是相互独立的，且误差方程的坐标未知数的系数均是单位阵，因而其法方程既简单又有规律，可分别对每个基线向量观测误差方程组成法方程，由式(6-7)得

$$\begin{bmatrix}P_{ij} & -P_{ij}\\ -P_{ij} & P_{ij}\end{bmatrix}\begin{bmatrix}\mathrm{d}X_i\\ \mathrm{d}X_j\end{bmatrix}-\begin{bmatrix}-P_{ij}L_{ij}\\ P_{ij}L_{ij}\end{bmatrix}=0 \tag{6-9}$$

再将这些单个法方程的系数和常数项加到总法方程对应的系数项和常数项上，则有

$$\begin{bmatrix}\sum P_1 & -\sum P_{12} & \cdots & \sum P_{1n}\\ -\sum P_{21} & \sum P_2 & \cdots & \sum P_{2n}\\ \vdots & \vdots & & \vdots\\ -\sum PN_1 & -\sum P_{11n2} & \cdots & \sum P_n\end{bmatrix}\begin{bmatrix}\mathrm{d}X_1\\ \mathrm{d}X_2\\ \vdots\\ \mathrm{d}X_n\end{bmatrix}-\begin{bmatrix}\sum P_1L_{1k}\\ \sum P_2L_{2k}\\ \vdots\\ \sum P_nL_{nk}\end{bmatrix}=0 \tag{6-10}$$

或

$$N\mathrm{d}\overline{X} - U = 0$$

式中：$\mathrm{d}\overline{X} = (\mathrm{d}X_1^{\mathrm{T}} \quad \mathrm{d}X_2^{\mathrm{T}} \quad \mathrm{d}X_3^{\mathrm{T}} \quad \cdots \quad \mathrm{d}X_n^{\mathrm{T}})$。

于是可解得坐标未知数

$$\mathrm{d}\overline{X} = \boldsymbol{N}^{-1}U \tag{6-11}$$

3. 精度评定及单位权中误差检验

单位权中误差估值为

$$\bar{\sigma}_0 = \pm\sqrt{\frac{\boldsymbol{V}^{\mathrm{T}}P\boldsymbol{V}}{3m - 3n + 3}} \tag{6-12}$$

式中：m 为网中的基线向量数；n 为网中的总点数。而坐标未知数 $\mathrm{d}\overline{X}$ 的方差估值为

$$D_X = \bar{\sigma}_0^2\boldsymbol{N}^{-1} \tag{6-13}$$

通过迭代平差计算，单位权中误差估值 $\bar{\sigma}_0$ 应与先验单位权中的误差 σ_0 一致，检验方法为 χ^2-检验。

原始假设 $H_0: \bar{\sigma}_0^2 = \sigma_0^2$

备选假设 $H_1: \bar{\sigma}_0^2 \neq \sigma_0^2$

若 $\dfrac{\boldsymbol{V}^{\mathrm{T}}PV}{\chi^2_{\alpha/2}} < \bar{\sigma}_0^2 < \dfrac{\boldsymbol{V}^{\mathrm{T}}PV}{\chi^2_{1-\alpha/2}}$，则 H_0 成立；反之 H_1 成立。

这里 α 为显著水平。

6.4.2 GPS网的三维约束平差

GPS基线向量网的三维约束平差是在国家大地坐标系中进行的，平差中将GPS网中的已知国家大地坐标（如1954年北京坐标系或1980年西安坐标系）的地面点的点位、方位、边长作为基准约束条件，并建立GPS三维基线向量的观测方程。

1. GPS基线向量观测方程

观测方程必须顾及WGS-84坐标系与国家大地坐标系间的转换参数，即应顾及7个转换参数。但由于观测量（基线向量）是以三维坐标增量的形式表示的，因而转换关系与平移参数无关，7个参数中只需考虑尺度参数 m 和3个旋转参数 ε_x、ε_y、ε_z，两坐标系（S-T）的坐标增量转换模型为

$$\begin{bmatrix} \Delta x_{ij} \\ \Delta y_{ij} \\ \Delta z_{ij} \end{bmatrix}_S = (1+m)\begin{bmatrix} \Delta x_{ij} \\ \Delta y_{ij} \\ \Delta z_{ij} \end{bmatrix}_T + \boldsymbol{R}_{ij}\begin{bmatrix} \varepsilon_x \\ \varepsilon_y \\ \varepsilon_z \end{bmatrix} \tag{6-14}$$

其中：

$$\boldsymbol{R}_{ij}=\begin{bmatrix}0 & -\Delta z_{ij} & \Delta y_{ij}\\ \Delta z_{ij} & 0 & -\Delta x_{ij}\\ -\Delta y_{ij} & \Delta x_{ij} & 0\end{bmatrix}$$

由式(6-14)可得考虑转换参数后的 GPS 基线向量观测方程为

$$\begin{bmatrix}V_{\Delta x_{ij}}\\ V_{\Delta y_{ij}}\\ V_{\Delta z_{ij}}\end{bmatrix}=-\begin{bmatrix}\mathrm{d}x_i\\ \mathrm{d}y_i\\ \mathrm{d}z_i\end{bmatrix}+\begin{bmatrix}\mathrm{d}x_j\\ \mathrm{d}y_j\\ \mathrm{d}z_j\end{bmatrix}+m\begin{bmatrix}\Delta x_{ij}\\ \Delta y_{ij}\\ \Delta z_{ij}\end{bmatrix}+\boldsymbol{R}_{ij}\begin{bmatrix}\varepsilon_x\\ \varepsilon_y\\ \varepsilon_z\end{bmatrix}-\begin{bmatrix}L_{\Delta x_{ij}}\\ L_{\Delta y_{ij}}\\ L_{\Delta z_{ij}}\end{bmatrix}\qquad(6\text{-}15)$$

其中：

$$\begin{bmatrix}L_{\Delta x_{ij}}\\ L_{\Delta y_{ij}}\\ L_{\Delta z_{ij}}\end{bmatrix}=\begin{bmatrix}x_j^0-x_i^0-\Delta x_{ij}\\ y_j^0-y_i^0-\Delta y_{ij}\\ z_j^0-z_i^0-\Delta z_{ij}\end{bmatrix}$$

GPS 基线向量通常以空间直角三维坐标增量$(\Delta x_{ij},\Delta y_{ij},\Delta z_{ij})^{\mathrm{T}}$表示，而地面网坐标系统的坐标是以大地坐标$(B,L,H)^{\mathrm{H}}$表示，因此，应将两坐标系的转换关系线性化，将式(1-8)中给出的两者间关系进行微分化后代入式(6-15)，则观测值误差方程为

$$\begin{bmatrix}V_{\Delta x_{ij}}\\ V_{\Delta y_{ij}}\\ V_{\Delta z_{ij}}\end{bmatrix}=-A_i\begin{bmatrix}\mathrm{d}B_i\\ \mathrm{d}L_i\\ \mathrm{d}H_i\end{bmatrix}+A_j\begin{bmatrix}\mathrm{d}B_j\\ \mathrm{d}L_j\\ \mathrm{d}H_j\end{bmatrix}+m\begin{bmatrix}\Delta x_{ij}^0\\ \Delta y_{ij}^0\\ \Delta z_{ij}^0\end{bmatrix}+\boldsymbol{R}_{ij}\begin{bmatrix}\varepsilon_x\\ \varepsilon_y\\ \varepsilon_z\end{bmatrix}-\begin{bmatrix}L_{\Delta x_{ij}}\\ L_{\Delta y_{ij}}\\ L_{\Delta z_{ij}}\end{bmatrix}\qquad(6\text{-}16)$$

式中：$\begin{bmatrix}\Delta x_{ij}^0\\ \Delta y_{ij}^0\\ \Delta z_{ij}^0\end{bmatrix}=\begin{bmatrix}x_j^0-x_i^0\\ y_j^0-y_i^0\\ z_j^0-z_i^0\end{bmatrix}$，$\begin{bmatrix}x_i^0\\ y_i^0\\ z_i^0\end{bmatrix}=\begin{bmatrix}(N_i+H_i)\cos B_i^0\cos L_i^0\\ (N_i+H_i)\cos B_i^0\sin L_i^0\\ [(N_i(1-e^i)+H_i)]\sin B_i^0\end{bmatrix}$，这里，$(B_i^0,L_i^0,H_i^0)$为地面测量系统中 GPS 网控制点的近似大地坐标；所有系数矩阵 $\boldsymbol{A}_i$、$\boldsymbol{A}_j$、$\boldsymbol{R}_{ij}$ 等均以此近似值为依据进行计算。

2. 约束条件方程

对于已知点的坐标，其坐标约束条件为

$$\begin{bmatrix}\mathrm{d}B_k\\ \mathrm{d}L_k\\ \mathrm{d}H_k\end{bmatrix}=\begin{bmatrix}0\\ 0\\ 0\end{bmatrix}(k\ \text{为已知地面坐标})\qquad(6\text{-}17)$$

平差中，可将其代入式(6-16)的误差方程中，取对应点的系数 $\boldsymbol{A}_i$（或 $\boldsymbol{A}_j$）为零。

对于已知的地面高精度测距值，可用来作为GPS网平差的尺度基准，其约束条件为

$$-\boldsymbol{C}_{ij}\boldsymbol{A}_i\begin{bmatrix}\mathrm{d}B_i\\ \mathrm{d}L_i\\ \mathrm{d}H_i\end{bmatrix}+\boldsymbol{C}_{ij}\boldsymbol{A}_j\begin{bmatrix}\mathrm{d}B_j\\ \mathrm{d}L_j\\ \mathrm{d}H_j\end{bmatrix}+W_D=0 \tag{6-18}$$

式中：$\boldsymbol{C}_{ij}=(\Delta X_{ij}^0/\Delta D_{ij}^0;\Delta Y_{ij}^0/\Delta D_{ij}^0;\Delta Z_{ij}^0/\Delta D_{ij}^0)$；$W_D=(\Delta X_{ij}^0+\Delta Y_{ij}^0+\Delta Z_{ij}^0)^{1/2}-D_{ij}$，$D_{ij}$为已知的距离值。

对于已知的大地方位角，用其作为网的定向基准，约束条件方程为

$$-F_{kj}A_k\begin{bmatrix}\mathrm{d}B_k\\ \mathrm{d}L_k\\ \mathrm{d}H_k\end{bmatrix}+F_{ij}A_j\begin{bmatrix}\mathrm{d}B_j\\ \mathrm{d}L_j\\ \mathrm{d}H_j\end{bmatrix}+W_a=0 \tag{6-19}$$

其中：

$$F_{kj}=\begin{bmatrix}\dfrac{\sin A_{kj}^0\sin B_k^0\cos L_k^0-\cos A_{kj}^0\sin L_k^0}{D_{kj}^0\sin Z_{kj}^0}\\[2ex] \dfrac{\sin A_{kj}^0\sin B_k^0\sin L_k^0+\cos A_{kj}^0\sin L_k^0}{D_{kj}^0\sin Z_{kj}^0}\\[2ex] -\dfrac{\sin A_{kj}^0\cos B_k^0}{D_{kj}^0\sin Z_{kj}^0}\end{bmatrix}$$

$$W_a=\arctan\frac{(N_j^0+H_j^0)\cos B_j^0\sin(L_j^0-L_k^0)}{X_{kj}^0}-a_{kj}$$

$$\begin{aligned}X_{kj}^0=&[\cos B_k^0-\sin B_k^0\cos B_j^0\cos(L_j^0-L_k^0)](N_j^0+H_j^0)\\&+(N_k^0\sin B_k^0-N_j^0\sin B_j^0)e^2\cos B_k^0。\end{aligned}$$

式中：D_{kj}^0为k、j两点之间的近似弦长；Z_{kj}^0为k点至j点的天顶距近似值；A_{kj}^0为k，j两点间近似方位角；α_{kj}^0为地面网中的已知方位角。

3. 法方程的组成及解算

GPS网三维约束平差即为附有条件的间接平差，其误差方程为基线向量的观测方程，写成矩阵式为

$$\boldsymbol{V}=\boldsymbol{B}\mathrm{d}\bar{B}-\boldsymbol{L} \tag{6-20}$$

约束条件方程为

$$\boldsymbol{C}\mathrm{d}\bar{B}+\boldsymbol{W}=0 \tag{6-21}$$

则可按附有条件的间接平差方法组成法方程

$$\begin{bmatrix} N & \boldsymbol{C}^{\mathrm{T}} \\ C & 0 \end{bmatrix}\begin{bmatrix} \mathrm{d}\bar{B} \\ K \end{bmatrix}+\begin{bmatrix} -U \\ W \end{bmatrix}=0 \tag{6-22}$$

其中：$\boldsymbol{N}=\boldsymbol{B}^{\mathrm{T}}\boldsymbol{PB}$；$\boldsymbol{U}=\boldsymbol{B}^{\mathrm{T}}\boldsymbol{PL}$；$K$ 为联系数；$\mathrm{d}\bar{B}=[\mathrm{d}B_1^{\mathrm{T}} \quad \cdots \quad \mathrm{d}B_2^{\mathrm{T}} \quad \mathrm{d}B_n^{\mathrm{T}} \quad m \quad \varepsilon_x \quad \varepsilon_y \quad \varepsilon_z]$为未知数矩阵。

按矩阵分块求逆，可解出未知数

$$\boldsymbol{K}=[\boldsymbol{CN}^{-1}\boldsymbol{C}^{\mathrm{T}}]^{-1}[\boldsymbol{W}+\boldsymbol{CN}^{-1}\boldsymbol{U}] \tag{6-23}$$

点位大地坐标成果（包括转换参数）

$$\mathrm{d}\bar{B}=\boldsymbol{N}^{-1}(\boldsymbol{U}-\boldsymbol{C}^{\mathrm{T}}\boldsymbol{K}) \tag{6-24}$$

4. 精度评定

平差后未知参数的协因数阵为

$$\begin{aligned} \boldsymbol{Q}_{kk} &= -[\boldsymbol{CN}^{-1}\boldsymbol{C}^{\mathrm{T}}]^{-1} \\ \boldsymbol{Q}_{\bar{B}} &= \boldsymbol{N}^{-1}+\boldsymbol{N}^{-1}\boldsymbol{C}^{\mathrm{T}}\boldsymbol{Q}_{kk}\boldsymbol{CN}^{-1} \end{aligned} \tag{6-25}$$

单位权方差估值为

$$m_0=\pm\sqrt{\frac{\boldsymbol{V}^{\mathrm{T}}\boldsymbol{PV}}{3m-n+r}} \tag{6-26}$$

式中：m 为基线数；n 为未知数个数；r 为条件方程个数。则平差后未知数的方差估值为

$$D_{\bar{B}}=m_0^2Q_{\bar{B}} \tag{6-27}$$

表 6-3 为基于 TGO 平差解算软件，在约束平差（两个地面坐标起算点）后求算的某 GPS 网成果。

表 6-3　约束平差后 GPS 坐标成果

点名称	北坐标	纵轴误差	东坐标	横轴误差	高程	高程误差	固定
G0	4 313 254.781	0.004	62 190.718	0.003	14.944	0.000	起算点
FG07	4 313 954.963	0.000	62 401.402	0.000	83.474	0.000	起算点
FG03	4 313 592.603	0.005	62 442.135	0.003	14.895	0.006	
FG04	4 313 107.813	0.005	61 877.980	0.003	14.900	0.005	

6.5　GPS 网平差成果分析

GPS 平差成果的好坏可以通过多项指标来评价，包括 GPS 点位精度、基线环

闭合差、观测量误差统计分布规律、不同约束基准点的兼容性等，一般在平差软件中都会给出包括上述指标的平差后的GPS网平差报告。

6.5.1 GPS网平差精度评定

GPS网平差精度的好坏有很多种方式表达，下面列出的几项指标就是GPS网平差报告的组成部分。

1. 点位精度

在获得了点的坐标后，利用式(6-25)，也可以得到各点的点位平差精度，如表6-3中的纵轴误差、横轴误差和高程误差。其中纵轴误差为平差的北向分量X的计算误差，横轴误差为平差东向分量Y的计算误差，高程误差为平差高程坐标分量的计算误差。误差计算均依据式(6-26)和式(6-27)按式(6-28)得到。

$$\left.\begin{aligned} m_x &= m_0\sqrt{Q_{xx}} \\ m_y &= m_0\sqrt{Q_{yy}} \\ m_h &= m_0\sqrt{Q_{zz}} \end{aligned}\right\} \tag{6-28}$$

式中：m_0为单位权中误差估值；Q_{ii}为点在x、y、h三个坐标分量的协因数阵。

2. 水平误差参数

传播线性误差[E]：从估计观测误差导出的计算误差，用坐标位置的方法表示，传播坐标误差可以依次被传播进入相对误差，用两点间的方位角、距离和高度增量表示。

线性误差比例[S]：用这个列表把缩放的三维标量选择到期望的置信度。为了缩放相关的协方差矩阵，传播线性误差需要自乘，如95%置信度，则取1.969，即以约2倍的m_0作为观测值误差的限差。

如果计算出的观测值残差间的差值大于结束迭代限差，选择交替权，平差迭代继续进行。如果平差继续达到了最大迭代数，则最终收敛角截止项就被使用。

3. 环闭合差

前面说过，环闭合差尤其是异步环闭合差是检验GPS网质量的重要指标。在GPS平差报告中，一般都附有GPS环闭合差子报告，其中一个环的节点数(最少三个)需要事先设定。表6-4为GPS网某一闭合环(三节点)平差后的解算结果。

表 6-4　GPS 闭合环 1 解算成果

王家—凌水—河口—王家
观测值：

基线 ID	解算 ID	从	到	解算类型	开始时间
B3	G1	王家	凌水	L1 固定	13:45:02 24 二月 2005
B1	G9	凌水	河口	L1 固定	14:05:02 24 二月 2005
B45	G2	河口	王家	L1 固定	14:05:02 24 二月 2005

闭合环 1 通过的观测值：

环基线号	环长度	dHoriz	dVert	ppm
G1 - G9 - G2	3795.569m	0.001m	−0.002m	0.508

注：dHoriz、dVert、ppm 分别表示对应三维环的闭合环生成的水平闭合差误差、垂直闭合差误差及这个域(长度)以百万分位来显示的总的水平及垂直的相对闭合差误差。

4. 标准残差柱状图、点误差椭圆

GPS 平差后标准残差柱状图(图 6-5)可用来查看下列信息。

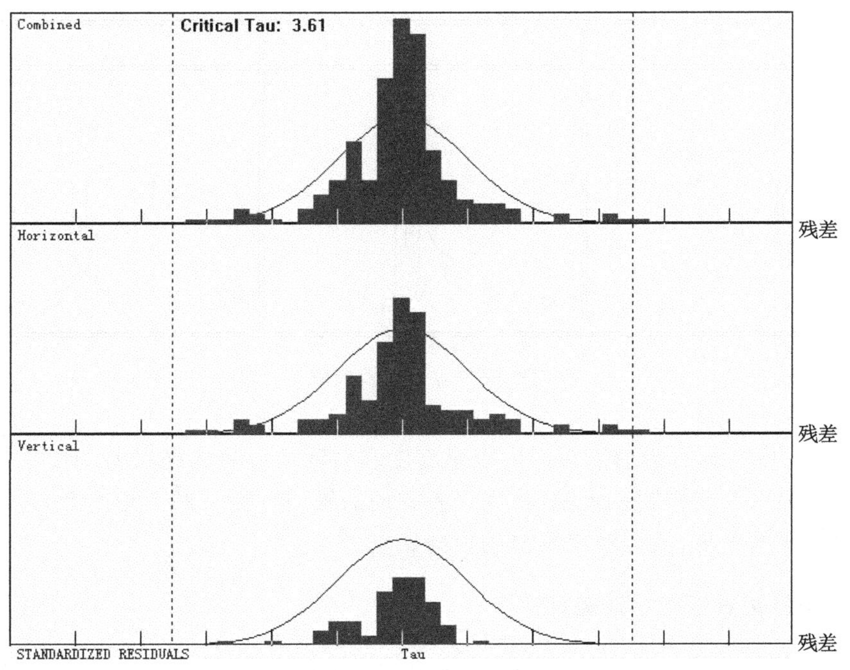

图 6-5　观测值柱状图分布

(1) 标准化残差的频率分布，图 6-5 中柱状序列反映了观测值标准化残差在水平(horizontal)、垂直(vertical)和组合(combined)方式下出现的分布概率。

(2) 正态分布曲线。根据正态分布,最小的残差环聚在中心垂线周围,显示了残差分布的最高频率;从中心零线向两侧较远的位置,较大的残差数量随着频率的减小而递减。

如果平差残差随机分布,则频率分布绘图就接近于正态分布曲线。该曲线叠加在残差图的上面。

(3) 临界 τ 值(图 6-5 中 Tau)。它是基于观测值数、自由度和给定概率(一元变量 sigma 标量下取 95%)的内部频率分布来计算的值。在平差中,这个值用于判断一个观测值与其他观测值是否相符。如果一个观测残差超过了这个值 τ,它就被标志为一个超限值。图 6-5 中对称中心两侧的虚线表示的是标准残差柱状图中的 τ 线。

(4) 观测值超限判断:如果观测值超出图中两侧 τ 值虚线,则对应观测值超限。

另外,用来查看网中各点位精度(水平和垂直)的大小和方向可采用点误差椭圆表示。点误差椭圆用图形方式显示了平差点的水平坐标后验标准误差以及点间的协方差项。图 6-6 绘出了 GPS 网中三个点的误差椭圆。

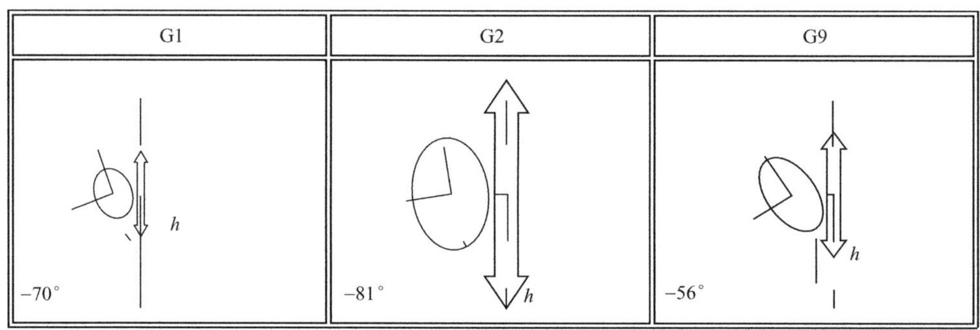

图 6-6　点的误差椭圆

图 6-6 中椭圆右侧的箭头指向表示高度和高程的后验标准误差刻度尺度。左下角角度为以误差椭圆长半轴(最大误差方向的轴)指北(从右下角向上)逆时针量取与水平线的夹角,表示对应误差的指向。

5. 基线向量边长相对中误差评定

这一项统计用来表示平差点间基线向量相关的线精度,如表 6-5 所示为 GPS 观测网基线平差的成果。

表 6-5　GPS 网观测边长平差成果

从点	到点	方向角	后验误差(1.96)	水平精度(比率)	3D 精度(比率)
GP3	G7	115°52′27.2980″	0°00′00.1238″	1∶1 663 535	1∶1 663 535
GP3	G4	110°25′42.8959″	0°00′00.0722″	1∶3 555 492	1∶3 555 492
GP3	G2	176°21′04.2594″	0°00′00.1052″	1∶1 517 532	1∶1 517 532

表中,后验误差 σ 为基线观测值分量的后验误差。平差形式中所选择的置信等级显示在括号内(本处 1.96,对应置信度 95%),用它来计算后验误差估算值。水平精度表示基线的二维或水平精度,表示精度的方法用 ppm(或比率)。3D 精度表示基线值的三维精度,表示精度的方法用 ppm (或比率)。

6.5.2　不同约束基准转换及兼容性的分析

1. GPS 网平差中基准起算数据的检验

在进行 GPS 网的约束平差或联合平差时,起算数据的质量非常重要。由于在 GPS 网平差中所用的起算数据一般为点的坐标,因此,可以采用如下三种方法对点坐标的质量进行检验。

1) *方差检验法*

由前所知,在进行三维无约束平差时,要进行方差估计,调整观测值的权,直到验后单位权方差与先验的单位权方差相容。在进行约束平差时,将由三维无约束平差得到的验后单位权方差作为先验的单位权方差,逐个加入起算数据进行平差解算,同时检验验后单位权方差与先验的单位权方差之间的相容性,当加入了某一起算数据后发现其间不一致时,则说明该起算数据可能存在质量问题。

2) *附合路线法*

附合路线法是从一个起算点通过一条由 GPS 基线向量组成的 GPS 导线推算另一个起算点的坐标,将此坐标与已知值进行比较,根据它们差异的大小来判断起算点的质量的方法。为准确地判断起算点质量的好坏,一般需要采用多条附合路线。

3) *检查点法*

在进行平差解算时,不将所有起算点的坐标固定,而是保留一个点作为检查点,平差后比较该点坐标的平差值与已知值,根据它们差异的大小来判断起算点质量的好坏。为了准确地判断起算点质量的好坏,一般需要轮换地将各个起算点分别作为检查点。

2. 基准转换模型

从上面的讨论可以看出，无论利用何种方法进行起算基准检验，都应尽量使平差后的GPS网能较好地转换至地面坐标系框架下。

在GPS平差数据处理中，通常需要进行不同空间直角坐标系间的坐标转换，这就需要确定两个坐标系间的转换参数。一般有三参数和七参数两种，前者指坐标系间的三维线平移($\Delta x,\Delta y,\Delta z$)；后者除了三个线平移参数外，还包括三个旋转参数($\varepsilon_x,\varepsilon_y,\varepsilon_z$)和一个尺度参数 m。通常确定七参数，需要同时知道在两个坐标系下的三个公共点三维坐标，并按确定的转换模型解算，式(6-29)为典型的布尔莎转换模型。

$$\begin{bmatrix} X \\ Y \\ Z \end{bmatrix}_{iS} = \begin{bmatrix} 1 & 0 & 0 & X_{iT} & 0 & -Z_{iT} & Y_{iT} \\ 0 & 1 & 0 & Y_{iT} & Z_{iT} & 0 & -X_{iT} \\ 0 & 0 & 1 & Z_{iT} & -Y_{iT} & X_{iT} & 0 \end{bmatrix} \begin{bmatrix} \Delta x \\ \Delta y \\ \Delta z \\ m \\ \varepsilon_x \\ \varepsilon_y \\ \varepsilon_z \end{bmatrix} + \begin{bmatrix} X \\ Y \\ Z \end{bmatrix}_{iT} \tag{6-29}$$

根据式(6-29)知，利用布尔莎转换模型就可实现空间直角坐标系 S 和 T 间的坐标转换。转换后坐标的精度和准确性不仅取决于需转换的坐标本身的精度，更取决于采用的转换参数的精度以及其能否真正在两坐标系之间实现转换的匹配兼容，不可靠的转换参数将导致原网发生极大变形。

GPS网联合平差中，影响转换参数解算精度的主要因素之一是用于联合平差的GPS网 S 和地面网 T 的公共点 i 的坐标精度，GPS卫星网绝对定位坐标的精度通常为5～30m，因此，其三维空间坐标精度较低。另一方面，地面网点坐标(X,Y,Z)是由大地坐标(B,L,H)按式(1-8)求出的，而其中的大地高 H，是由正常高加上该点的高程异常值得到的，目前在我国高程异常的精度为米级。鉴于以上两个原因，由式(6-28)求得的GPS网的转换参数的精度不高。

在约束平差条件下，对于GPS网约束平差来说，当采用多个地面网已知点作为基准时，这些点的精度必须保证，即各基准信息必须兼容一致。否则，将导致约束平差后的成果精度大大降低，使网产生扭曲变形。而且，这种不准确的基准信息还会影响约束平差求出的坐标转换参数的真实可靠性。

事实上，由于地面各控制点建立时间的先后不同，测量的单位和仪器不同以及地壳的不均匀运动，它们之间往往难以完全兼容一致。因此，必须研究讨论基准兼容性的检验问题。判断一组地面约束基准点是否与GPS网兼容的标准，一是基准约束平差后的成果与原 GPS 网测量精度相当；二是成果满足 GPS 网测量规范相应等级网的精度要求。

3. 不同基准兼容性确定准则

不同基准兼容性研究可采用的应变分析方法张勤和李家权(2005)，即借用弹性力学中的几何方程，建立不同基准约束平差的坐标之差——“位移”与网形变之间的关系式，获得基准不兼容造成变形大小的数量和几何概念，并分析判断基准点是否满足标准进而建立判断准则。

对于二维平面坐标，假设 $P_1(x_1, y_1)$ 和 $P_2(x_2, y_2)$ 分别表示不同基准下求得的 GPS 网两组坐标，则可得该点“位移”为

$$\begin{aligned} \mu &= x_1 - x_2 \\ \nu &= y_1 - y_2 \end{aligned} \tag{6-30}$$

假定 GPS 控制网具有均匀、各向同性和小变形的性质，按弹性力学中平面“位移”与应变的关系式，由“位移”计算 GPS 网的应变

$$\begin{aligned} \begin{bmatrix} \mu \\ \nu \end{bmatrix} &= \begin{bmatrix} \mu_0 \\ \nu_0 \end{bmatrix} + \begin{bmatrix} \dfrac{\partial \mu}{\partial x} & \dfrac{\partial \mu}{\partial y} \\ \dfrac{\partial \nu}{\partial x} & \dfrac{\partial \nu}{\partial y} \end{bmatrix} \begin{bmatrix} \Delta x \\ \Delta y \end{bmatrix} = \begin{bmatrix} \mu_0 \\ \nu_0 \end{bmatrix} + \begin{bmatrix} \dfrac{\partial \mu}{\partial x} & \dfrac{1}{2}\left(\dfrac{\partial \mu}{\partial y} + \dfrac{\partial \nu}{\partial x}\right) \\ \dfrac{1}{2}\left(\dfrac{\partial \mu}{\partial y} + \dfrac{\partial \nu}{\partial x}\right) & \dfrac{\partial \nu}{\partial y} \end{bmatrix} \begin{bmatrix} \Delta x \\ \Delta y \end{bmatrix} \\ &\quad + \begin{bmatrix} 0 & -\dfrac{1}{2}\left(\dfrac{\partial \mu}{\partial y} - \dfrac{\partial \nu}{\partial x}\right) \\ -\dfrac{1}{2}\left(\dfrac{\partial \mu}{\partial y} - \dfrac{\partial \nu}{\partial x}\right) & 0 \end{bmatrix} \begin{bmatrix} \Delta x \\ \Delta y \end{bmatrix} \end{aligned} \tag{6-31}$$

式中：$\Delta x = x_i - x_0$；$\Delta y = y_i - y_0$。

令 $\varepsilon_x = \dfrac{\partial \mu}{\partial x}$，$\varepsilon_y = \dfrac{\partial \mu}{\partial y}$，$\varepsilon_{xy} = \dfrac{1}{2}\left(\dfrac{\partial \mu}{\partial y} + \dfrac{\partial \nu}{\partial x}\right)$为应变参数。

其中，线应变 ε_x、ε_y 反映了在网 x、y 轴线方向的伸缩变形，剪应变 ε_{xy} 反映 GPS 网在 x 轴与 y 轴之间的角度变形。$\omega = \dfrac{1}{2}\left(\dfrac{\partial \mu}{\partial y} - \dfrac{\partial \nu}{\partial x}\right)$为刚体旋转参数。

式(6-31)可表达为

$$\begin{aligned} \mu &= \mu_0 + \Delta x \varepsilon_x + \Delta y \varepsilon_{xy} - \Delta y \omega \\ \nu &= \nu_0 + \Delta x \varepsilon_{xy} + \Delta y \varepsilon_y - \Delta x \omega \end{aligned} \tag{6-32}$$

式(6-32)是“位移”与平面应变(变形)的基本关系式，式中 ε_x、ε_y、ε_{xy} 与所取坐标轴有关。在众多的任意方向轴的应变值中，存在着一对互相垂直的特殊方向，这对坐标方向存在最大和最小线应变 ε_1、ε_2，其间的剪应变为零，称为主应变(椭圆)。主应变(长、短半轴)值由下式计算：

$$\varepsilon_1 = \frac{1}{2}(\varepsilon_x + \varepsilon_y) + \frac{1}{2}\gamma$$

$$\varepsilon_2 = \frac{1}{2}(\varepsilon_x + \varepsilon_y) - \frac{1}{2}\gamma \tag{6-33}$$

式中：$\gamma=\sqrt{(\varepsilon_x-\varepsilon_y)^2+4\varepsilon_{xy}^2}=\varepsilon_1-\varepsilon_2$。

$$\text{总应变量(尺度差)}：\lambda = \sqrt{\varepsilon_1^2 + \varepsilon_2^2} \tag{6-34}$$

$$\text{应变方向(旋转参数)}：\tan 2\theta = \frac{2\varepsilon_{xy}}{\varepsilon_x - \varepsilon_y} \tag{6-35}$$

生产实践与应变分析均证明，基准兼容的判断原则应以不降低GPS测量精度为前提，同时满足生产需要，以将GPS网依附于地面坐标系统的要求为基本准则。因此，利用上述计算方法，给出基准兼容准则：

(1) 最大与最小线应变之差不应超过GPS基线测量精度的比例误差，即

$$\varepsilon_1 - \varepsilon_2 < b \times 10^{-6}$$

(2) 最大线应变和剪应变不应超过GPS测量精度的比例精度，可取

$$\lambda < \sqrt{2}b, \gamma < b$$

此处b有两种含意：如果以基准约束平差后的成果应与GPS网原测量精度相一致为判断标准，则b为GPS网无约束平差后，网中基线向量的最弱边精度；而如果以满足GPS网测量规范相应等级网的精度要求为判断标准，则b为GPS规范中基线向量的比例误差允许值。例如，B级GPS网中$b=1$，C级网$b=5$，D级网$b=10$等。

准则(1)是针对GPS网与地面网转换时尺度参数的均匀性要求提出的，准则(2)是对GPS网依附于地面基准时变形大小的限制。

6.6　GPS高程测量技术

在具有精密水准测量资料时，利用GPS测量成果，可以精密地确定大地水准面的高程；反之，当详细掌握了有关大地水准面的高程资料时，利用GPS测量成果，便可确定点的高程。我们把综合利用GPS测量和水准测量资料来确定高程异常的方法，称为GPS水准法。

随着GPS定位技术的发展和普及，GPS高程测量有广阔的应用前景。

6.6.1　高程系统

高程是表示地球上一点的空间位置的三维量值之一，它和平面坐标一起，统一地表示了点的位置。一个点在空间的位置需要用三个量来表示。在一般测量工作

中，将地面点的空间位置用大地经度、纬度（或高斯平面直角坐标）和高程表示，它们分别从属于大地坐标系（或高斯平面直角坐标系）和指定的高程系统，即用一个二维坐标系（椭球面或平面）和一个一维坐标系的组合来表示空间点位。

任何高程系统都是由高程基准面和水准原点定义的。不同的高程基准面决定了不同的高程系统。

1. 国家高程基准

高程基准面就是地面点高程的统一起算面，由于大地水准面所形成的形体——大地体是与整个地球最为接近的形体，因此，通常采用大地水准面作为高程基准面。理想的大地水准面是海洋处于完全静止的平衡状态时的海水面，及其延伸到大陆面以下所形成的闭合曲面。事实上，海洋受着潮汐、风力的影响，永远不会处于完全静止的平衡状态，总是存在着不断的升降运动。但是可以在海洋近岸的一处竖立水位标尺，长年累月地观测海水面的升降，根据长期观测的结果可以求该点处海洋水面的平均位置，于是设定的大地水准面就是该点处实测的平均水面。

新中国成立前，我国曾在不同时期以不同方式建立坎门、吴淞口、青岛和大连等地验潮站，得到不同的高程基准面系统。新中国成立后，根据基本验潮站应具备的条件，1957 年确定青岛验潮站为我国基本验潮站，并以该站 1950～1956 年 7 月的潮汐资料推求的平均海面作为我国的高程基准面。将此高程基准面作为我国统一起算面的高程系统，称为“1956 年黄海高程系统”。

“1956 年黄海高程系统”的高程基准面的确立，对统一全国高程有其重要历史意义，在国防和经济建设、科学研究等方面都起了重要的作用。但从潮汐变化周期来看，确立“1956 年黄海高程系统”的平均海水面所采用的验潮资料间短，还不到潮汐变化的一个周期（一个周期一般为 18.61 年），同时又发现潮汐资料中含有粗差。因此，又根据青岛验潮站 1952～1979 年的潮汐资料，计算确定新的国家高程基准面，将这个高程基准面作为全国高程的统一起算面，称为“1985 国家高程基准”，两个高程基准面差 0.029m。

2. 大地高系统

大地高的定义是：由地面点沿通过该点的椭球面法线到参考椭球面的距离。通常以 H 表示。

大地高系统是以参考椭球面为基准面的高程系统，即如图 6-7 所示地面点 P 的大地高 H 为 PC。因为椭球面在地球内部的位置取决于椭球体的定位参数 $\Delta=(\Delta X_0, \Delta Y_0, \Delta Z_0)^{\mathrm{T}}$ 和定向参数 $\boldsymbol{\omega}=(\omega_X, \omega_Y, \omega_Z)^{\mathrm{T}}$，所以当椭球的定位与定向不同时，相应大地高系统也是不同的。如果以 δH 表示不同的大地高系统的高程差，则有关系式：

$$\delta H = (\cos B\cos L \quad \cos B\sin L \quad \sin B)\begin{bmatrix}\Delta X_0 \\ \Delta Y_0 \\ \Delta Z_0\end{bmatrix}$$

$$+\left(-\frac{1}{2}Ne^2\sin 2B\sin L - \frac{1}{2}Ne^2\sin 2B\cos L \quad 0\right)\begin{bmatrix}\omega_X \\ \omega_Y \\ \omega_Z\end{bmatrix} \tag{6-36}$$

式中：(B,L)为 P 点大地坐标；N、e 意义同式(1-8)。

大地高是一个几何量，它不具有物理上的意义。利用 GPS 定位技术，可以直接测定观测点在 WGS-84 中的大地高 H。

GPS 定位测量获得的是 WGS-84 椭球空间直角坐标系中的成果，其中的高程值是地面点相对于 WGS-84 椭球的大地高 H。不难理解，不同定义的椭球空间直角坐标系构成不同的大地高程系统。

3. 正高系统

正高系统是以大地水准面为基准面的高程系统，地面某点 P 的正高 H_g 定义为由地面点 P 沿垂线方向至大地水准面的距离。它具有明确的物理意义。

大地水准面是一族重力等位面（水准面）中的一个，因为水准面互不平行，所以，过一点并与水准面相垂直的铅垂直线实际上是一条曲线，正高的计算公式为

$$H_g = \frac{1}{g_m}\int^{H_g} g\mathrm{d}H \tag{6-37}$$

式中：$\int^{H_g} g\mathrm{d}H$ 是地面点至大地水准面之间的位能差；g_m 为由地面点沿垂线方向至大地水准面的平均重力加速度。由于 g_m 无法直接测定，所以严格地讲，正高是不能精确确定的。由于正高是以大地水准面为基准面的，具有非常重要的物理意义，所以它在水利建设、管道和隧道建设等精密工程技术方面有着广泛的应用。若以 h_g 表示大地水准面和椭球面之间的差距，则正高与大地高的关系按照图 6-7 可得

$$H = H_g + h_g \tag{6-38}$$

4. 正常高系统

g_m 无法直接测定，导致正高无法严格确定。为了方便使用，根据前苏联大地测量学学者莫洛金斯基的理论，建立了正常高系统：

$$H_\gamma = \frac{1}{\gamma_m}\int^{H_\gamma} g\mathrm{d}H \tag{6-39}$$

式中：γ_m 为由地面点沿垂线至似大地水准面之间的平均正常重力值，其值按式(6-

40)确定：

$$\gamma_m = \gamma - 0.3086\left(\frac{H_\gamma}{2}\right) \tag{6-40}$$

式中：γ 为地球椭球面上的正常重力，其值按式(6-41)确定：

$$\gamma = \gamma_e(1 + \beta_1 \sin^2\varphi - \beta_2 \sin^2 2\varphi) \tag{6-41}$$

式中：γ_e 为椭球赤道上的正常重力；$\beta_1 = -f + \frac{5}{2}\overline{m} - \frac{17}{14}\overline{m}f + \frac{15}{4}\overline{m}^2$；$\beta_2 = \frac{1}{4}(f\beta_1 + \frac{1}{2}f^2)$；$\overline{m} = \frac{w^2 a^3}{GM}(1-f)$；$a$ 为椭球长半径；f 为椭球极扁率；w 为地球自转速度；φ 为地面点的天文纬度。

任意点处的大地水准面与椭球面的差值称为高程异常(重力异常)，正常高与大地高的转换关系为

$$H = H_\gamma + \xi \tag{6-42}$$

式中：ξ 为似大地水准面的高程异常。

5. 不同高程系统的关系

任何一个高程系统都是由高程基准面和水准原点定义的。不同的高程基准面决定了不同的高程系统。对于同一地面点，由于选用不同的高程系统，其所对应的高程数值与名称都不同。目前通常用的有大地高、正高、正常高。

大地高 H、正高 H_g、正常高 H_γ 之间的关系如图 6-7 所示，这里没有考虑垂线偏差的影响，即认为地面点 P 到似大地水准面 (大地水准面)的垂线 PA(PB)和 P 点到参考椭球面的法线 PC 重合。

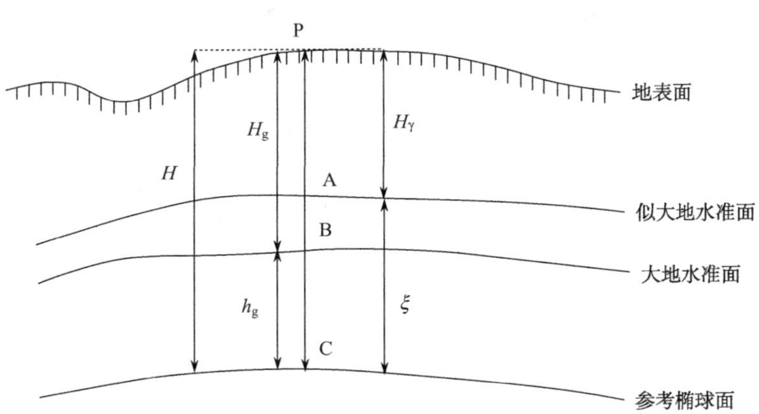

图 6-7　大地高、正高、正常高的关系(不考虑垂线偏差)

大地水准面定义为设想与平均海水面相重合，不受潮汐、风浪及大气压变化的影响，并延伸到大陆面下且处处与铅垂线垂直的水准面，它是一个没有褶皱、无棱角的连续封闭曲面。

似大地水准面是由地面沿铅垂线向下量取正常高所得的点形成的连续曲面，它不是水准面，只是用以计算的辅助面。

6.6.2　利用 GPS 测高资料精化(似)大地水准面

前已介绍大地水准面为重力等位面，它既是一个几何面，又是一个物理面。随着卫星大地测量和相关地学学科的发展，如何确定一个高分辨率、精度的全球(局域)大地水准面，并使大地高成果直接应用于正常高求算，已成为 21 世纪大地测量学科发展带有全局性的战略目标，这一工作也称为精化(似)大地水准面。

1. 等值线图示法

如图 6-8 所示，首先根据已知点的高程异常值，绘出测区高程异常的等值线图。然后利用内插算法确定未知点的高程异常。具体做法是：设在某一区域内，有 m 个 GPS 点，用几何水准联测其中 n 个点(联测水准的点称为已知点)的正常高，根据 GPS 观测获得点的大地高，求出 n 个已知点的高程异常。然后，选定适合的比例尺，将 n 个已知点按平面坐标 (经 GPS 网平差获得)展绘在图纸上，并标注相应的高程异常，再用适当的等高距，绘出测区的高程异常图。在图上内插出未联测几何水准的 $(m-n)$个点 (未联测几何水准的 GPS 点称为待定点)的高程异常，从而求出这些待定点的正常高。

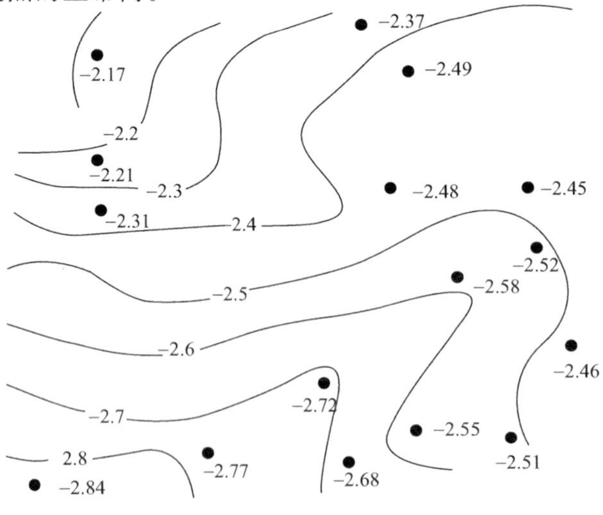

图 6-8　某地区似大地水准面高程异常等值线图(单位：m)

在地形比较平坦的地区，这种内插算法的精度可达厘米级。当水准测量资料比较充分时，利用这一方法所求的高程异常的精度主要取决于 GPS 观测点的分布密度以及大地高的测定精度。如果测区比较大，GPS 点分布比较稀疏，则应综合利用重力测量资料，以顾及 GPS 点间高程异常的非线性变化。

绘等值线图示法对于描述高程异常变化的趋势比较直观，使用起来比较简单。但是，高程异常值会受到内插误差和等值线绘制精度误差的影响。

2. 曲面拟合法

当 GPS 点布设成一定区域面时，可以用数学曲面拟合法求得待定点的正常高。其原理是：根据测区中已知点的平面坐标 (x,y)（或大地坐标 (B,L)）和 ξ 值，用数值法拟合出测区似大地水准面，再内插出待求点的 ξ，从而求出待求点的正常高。

1）多项式曲面拟合法

多项式曲面拟合法是近年来使用的主要拟合方法，其中二次多项式曲面拟合最为常见。多项式曲面拟合的一般模型为

$$\xi = a_0 + a_1 x + a_2 y + a_3 x^2 + a_4 xy + a_5 y^2 + a_6 x^3 + a_7 x^2 y + a_8 xy^2 + a_9 y^3 + \cdots \tag{6-43}$$

当控制点为 n 个，所取的项数为 n 项时，则存在如下线性方程组矩阵：

$$\boldsymbol{\xi} = \boldsymbol{XB} \tag{6-44}$$

其中，$\boldsymbol{\xi}=\begin{bmatrix}\xi_0\\ \xi_1\\ \vdots\\ \xi_{n-1}\end{bmatrix}$；$\boldsymbol{B}=\begin{bmatrix}a_0\\ a_1\\ \vdots\\ a_{n-1}\end{bmatrix}$；$\boldsymbol{X}=\begin{bmatrix}1 & x_0 & y_0 & x_0^2 & \cdots\\ 1 & x_1 & y_1 & x_1^2 & \cdots\\ \vdots & \vdots & \vdots & \vdots & \\ 1 & x_{n-1} & y_{n-1} & x_{n-1}^2 & \cdots\end{bmatrix}$

上式通过高斯消元求逆即可解出系数 $a_0, a_1, \cdots, a_{n-1}$，然后通过式(6-43)解出其他测点 (x,y) 对应高程异常值 $\boldsymbol{\xi}$，并进一步按式(6-42)求出正常高 H_γ。

当控制点个数多于多项式的未知数时，为了充分利用已知数据，通常会采用最小二乘法拟合。设点的 $\boldsymbol{\xi}$ 与平面坐标 (x,y) 存在以下关系式：

$$\boldsymbol{\xi} = \boldsymbol{XB} + \boldsymbol{\varepsilon} \tag{6-45}$$

其中，$\boldsymbol{\xi}=\begin{bmatrix}\xi_0\\ \xi_1\\ \vdots\\ \xi_{n-1}\end{bmatrix}$，$\boldsymbol{B}=\begin{bmatrix}a_0\\ a_1\\ \vdots\\ a_{n-1}\end{bmatrix}$，$\boldsymbol{\varepsilon}=\begin{bmatrix}\varepsilon_0\\ \varepsilon_1\\ \vdots\\ \varepsilon_{n-1}\end{bmatrix}$，$\boldsymbol{X}=\begin{bmatrix}1 & x_0 & y_0 & x_0^2 & \cdots\\ 1 & x_1 & y_1 & x_1^2 & \cdots\\ \vdots & \vdots & \vdots & \vdots & \\ 1 & x_{n-1} & y_{n-1} & x_{n-1}^2 & \cdots\end{bmatrix}$

对于每一个已知点，均可以列出上式方程，在$\sum\boldsymbol{\varepsilon}^2=\min$条件下，通过解算可求出系数阵$\boldsymbol{B}$，进而可求出任意点的高程异常值$\boldsymbol{\xi}$，从而求出$H_\gamma$。

实践表明，在地势较为平坦的地区，当已知高程异常的点的密度适当、分布比较均匀时，该法计算高程异常的精度可达厘米级。

在山区，大地水准面的起伏较大，按上述方法建立的模型误差往往比较大，误差以及算得高程异常的精度将难以达到代替三、四等水准测量的要求。在这种情况下，一般可采用以下方法加以改善：

(1) 根据测区的地形情况，适当增加已知高程异常的点的密度，并改善其分布；

(2) 综合利用测区的重力观测资料，改善模型对高程异常的分辨率；

(3) 考虑到高程异常与测区地形的密切相关性，模型中可引入地形影响的改正项，以提高确定高程异常的精度。

应用比较多的是二次曲面拟合法，其拟合模型为

$$f(x,y)=a_0+a_1x+a_2y+a_3x^2+a_4xy+a_5y^2 \tag{6-46}$$

另外，还有三次曲面拟合模型：

$$f(x,y)=a_0+a_1x+a_2y+a_3x^2+a_4xy+a_5y^2+a_6x^3+a_7x^2y+a_8xy^2+a_9y^3 \tag{6-47}$$

由于三次模型次数较高，形成的系数矩阵很大，在求解的过程中很容易出现计算不稳定的现象，因此，在求解之前一般需要对数据进行预处理。

2) 平面及平面相关拟合法

在一些地势比较平坦的地区或者沿海地区，由于高程异常的变化比较小，因此可采用平面模型或者平面相关模型。下面分别是这两种拟合方法的数学模型。由于求解过程同曲面模型类似，这里不再一一详述。

$$\text{平面模型：}f(x,y)=a_0+a_1x+a_2y \tag{6-48}$$

$$\text{平面相关模型：}f(x,y)=a_0+a_1x+a_2y+a_3xy \tag{6-49}$$

3) 多面函数曲面拟合法

多面函数拟合法是一种数学曲面逼近方法。它是美国的哈笛教授于1971年提出的。1976年将此法应用于美国大地测量，来拟合重力异常、大地水准面差距、垂线偏差等；1978年将此法用于地壳形变，并取得了较为理想的效果。

多面函数法的基本思想是：任何数学表面和任何不规则的圆滑表面，总可用一系列有规则的数学表面的总合以任意精度逼近之。也就是说，在每个插值点上，同所有的已知数据点分别建立函数关系（称这样的函数为多面函数），将这些多面函

数的值叠加起来，获得最佳的曲面拟合值。似大地水准面正是这样一种曲面。多面函数的一般形式为

$$\xi = f(x,y) = \sum_{i=1}^{n} a_i Q(x,y,x_i,y_i) \tag{6-50}$$

式中：a_i 为待定系数；$Q(x,y,x_i,y_i)$ 为 x 和 y 的核函数，其中心在 (x_i,y_i) 处，简称多面函数。核函数可以任意构造，一般说来，在实践中常用的核函数 $Q(x,y,x_i,y_i)$ 有以下几种形式。

(1) 锥面

$$Q(x,y,x_i,y_i) = C + [(x-x_i)^2 + (y-y_i)^2]^{\frac{1}{2}} \tag{6-51}$$

(2) 双曲面

$$Q(x,y,x_i,y_i) = [(x-x_i)^2 + (y-y_i)^2 + \delta^2]^{\frac{1}{2}} \tag{6-52}$$

(3) 倒曲面

$$Q(x,y,x_i,y_i) = [(x-x_i)^2 + (y-y_i)^2 + \delta^2]^{-\frac{1}{2}} \tag{6-53}$$

(4) 三次曲面

$$Q(x,y,x_i,y_i) = C + [(x-x_i)^2 + (y-y_i)^2]^{\frac{3}{2}} \tag{6-54}$$

在上述各式中，$[(x-x_i)^2+(y-y_i)^2]^{\frac{1}{2}}$ 为内插点与参考点之间的水平距离；δ 为光滑系数。

当核函数采用双曲面时，若已知参考点有 n 个，求解多项式系数 $(a_1,a_2\cdots,a_n)$ 的矩阵形式表示为

$$\boldsymbol{\xi} = \boldsymbol{XB} \tag{6-55}$$

式中：$\boldsymbol{\xi}=(\xi_1,\xi_2,\xi_3,\cdots,\xi_n)^{\mathrm{T}}$；$\boldsymbol{B}=(a_1,a_2,a_3,\cdots,a_n)^{\mathrm{T}}$；$\boldsymbol{X}$ 为核函数矩阵，可以表示为

$$\begin{bmatrix} \delta^{\frac{1}{2}} & [(x_1-x_2)^2+(y_1-y_2)^2+\delta]^{\frac{1}{2}} & [(x_1-x_3)^2+(y_1-y_3)^2+\delta]^{\frac{1}{2}} & \cdots & [(x_1-x_n)^2+(y_1-y_n)^2+\delta]^{\frac{1}{2}} \\ [(x_2-x_1)^2+(y_2-y_1)^2+\delta]^{\frac{1}{2}} & \delta^{\frac{1}{2}} & [(x_2-x_3)^2+(y_2-y_3)^2+\delta]^{\frac{1}{2}} & \cdots & [(x_2-x_n)^2+(y_2-y_n)^2+\delta]^{\frac{1}{2}} \\ [(x_3-x_1)^2+(y_3-y_1)^2+\delta]^{\frac{1}{2}} & [(x_3-x_2)^2+(y_3-y_2)^2+\delta]^{\frac{1}{2}} & \delta^{\frac{1}{2}} & \cdots & [(x_3-x_n)^2+(y_3-y_n)^2+\delta]^{\frac{1}{2}} \\ \vdots & \vdots & \vdots & & \vdots \\ [(x_n-x_1)^2+(y_n-y_1)^2+\delta]^{\frac{1}{2}} & [(x_n-x_2)^2+(y_n-y_2)^2+\delta]^{\frac{1}{2}} & [(x_n-x_3)^2+(y_n-y_3)^2+\delta]^{\frac{1}{2}} & \cdots & \delta^{\frac{1}{2}} \end{bmatrix}$$

对线性方程组求解，可求得唯一解

$$\boldsymbol{B} = \boldsymbol{X}^{-1}\boldsymbol{\xi} \tag{6-56}$$

此时，任意点 p 的高程异常可以表示为

$$\boldsymbol{\xi}_p = \boldsymbol{X}_p\boldsymbol{B} = \boldsymbol{X}_p\boldsymbol{X}^{-1}\boldsymbol{\xi} \tag{6-57}$$

在选择已知点时，最好选择那些高程异常变化比较显著的点，这些点能很好地描述该区域内高程异常分布的特征，最好位于最高、最低以及坡度变化处。

这种拟合法最大的问题来自于 δ 和核函数的选取，需要不断试验改进选取。

通过多次试验比较，才能取得最理想的拟合效果。对于双曲面，一般说来，δ 越大，内插的曲面越平滑；对于倒曲面，要求 δ 必须大于零，否则可能无法求解。

3. 地球重力场模型拟合法

地球重力场模型是根据卫星跟踪数据、地面重力数据、卫星测高数据等重力场信息，由地球扰动位的球谐函数级数展开式求高程异常 ξ，并结合 GPS 求出大地高，再求出点的正常高的一种方法。

由物理大地测量学可知，地面点 P 的扰动位 T 与该点引力位 V 和正常引力位 U 之间的关系为

$$T = V - U \tag{6-58}$$

而地面点 P 的高程异常为

$$\xi = T/r \tag{6-59}$$

式中：r 为地面点 P 的正常重力值。正常重力值 r 和正常引力位 U 可以精确计算，因此，只要给出地面点 P 的引力位 V，就可求出地面点 P 的高程异常 ξ。

引力位 V 可由球谐函数级数展开式计算：

$$V = \frac{\mathrm{GM}}{\rho}\left[1 + \sum_{n=0}^{\infty}\sum_{m=0}^{n}\left(\frac{a}{\rho}\right)^n (C_{nm}\cos mL + S_{nm}\sin mL)\cdot P_{nm}(\sin B)\right] \tag{6-60}$$

式中：G 为万有引力常数；M 为地球质量；ρ、B、L 分别为地面点的矢径、纬度、经度；C_{nm}，S_{nm} 为位系数；$P_{nm}(\sin B)$为勒让德函数；n 为阶；m 为次。

n 越趋向无穷大，上式越趋于正确。目前，国际上 n 已求到 360 阶次。我国 WDM-89 模型，除利用国外资料外，还用了我国 5 万多个重力点资料，用 WDM-89 模型在沿海平原地区计算 ξ 可达到厘米级精度，山区为 0.2m 精度，其他地区为 1.0～1.5m，这是重力点密度不足所致。

4. 地球重力场结合 GPS 水准拟合法

从目前我国的实际情况来看，GPS 重力高程的精度低于 GPS 水准高程精度，故重力场模型和 GPS 水准相结合的方法是一条有效的途径。

该方法的基本思路是：在 GPS 水准点上，将由 GPS 大地高程和水准正常高求得的高程异常 ξ 与由重力场模型求得的高程异常 ξ_m 进行比较，求出该地面点的两种高程异常的差值为

$$\Delta\xi = \xi - \xi_m \tag{6-61}$$

然后再采用曲面拟合方法，由公共点的平面坐标和 $\Delta\xi$ 推求其他点的高程异常差值 $\Delta\xi_n$，由此计算 GPS 网中未联测水准点的正常高程为

$$h = H - \xi_m - \Delta\xi_n \tag{6-62}$$

6.6.3　GPS 拟合模型精化大地水准面实用性分析

目前,应用比较多的用于精化大地水准面高程异常的拟合数学模型有绘等值线图示法、多项式曲线拟合法、三次样条曲线拟合法、正交函数拟合法、akima 函数拟合法、平面拟合法、多项式曲面拟合法、多面函数拟合法、地球重力场模型拟合法以及地球重力场模型与 GPS 水准相结合法,这些拟合模型归纳起来主要有四种类型:线状拟合模型、平面拟合模型、曲面拟合模型以及重力场拟合法。应该对测区现场的具体情况以及数据收集情况综合进行考虑,只有拟合前选择合适的拟合函数,才能获得比较满意的精度和结果。

多项式曲线拟合法、三次样条曲线拟合法、正交函数拟合法、akima 函数拟合法这几种方法实际上都是线状拟合模型。它们适合于 GPS 水准联测点按线状或带状布设的情况,如沿铁路、公路、渠道等,如果选点适当,拟合精度能达到厘米级。但这几种拟合方法又有所区别,多项式曲线拟合法计算较简单,适合已知点个数较少的情况,如果用最小二乘原理拟合较多的已知点,由于削高补低的影响,往往拟合效果不太理想。三次样条曲线拟合法更适于长测线的拟合,拟合精度可以满足一般工程的要求。

平面拟合模型适于在地形起伏较小的平坦测区或者沿海地区进行拟合,计算简单,在小测区内,获得的高程异常平面模型是平滑和平坦的,拟合精度能满足一般工程的要求。

多项式曲面拟合法、多面函数拟合法属于曲面拟合模型。它们适合于按网状布设的 GPS 联测点,特别是对于一些地形较复杂、起伏变化大的测区,采用这些模型比较合适。这两种拟合模型的适用范围也不相同。多项式曲面拟合法只能拟合单一地形变化的测区。从图形上看,曲面仅向一个方向凸出,无法显示高程异常的复杂变化,仅适合于面积较小的测区。多面函数拟合法适合于在地形复杂的测区拟合,需要较多数目的已知点。GPS 水准联测点越多,显著点越多,这种方法的拟合精度就越高,越能反映出测区内细部的高程异常的凸凹变化程度。不足之处在于无法事先确定合适的光滑因子,需要多次尝试才能达到比较理想的拟合效果。

多面函数拟合法、地球重力场模型拟合法则属于重力场模型拟合法。但是一般的工程单位无法取得较为充分的重力测量资料,这种方法往往应用较少,仅仅应用于一般科学研究。

研究表明,对于一个地形起伏较为平缓的测区,只要拟合模型选择得适当,联测点的分布及密度良好,获得厘米级的高程异常拟合精度是可以实现的。需要说明的是,我国国土面积大,地形起伏尤为复杂。任何单一的一种拟合方法都不能满足我们国家大地水准面拟合的精度要求,往往需要几种拟合方法综合使用,才能达到理想的效果。

习　题

1. 简述GPS测量数据解算基本过程和内容。
2. 观测值文件包括哪些？
3. 什么是基线解算质量？基线解算质量的衡量标准有哪些？
4. GPS基线向量网无约束平差的目的是什么？
5. GPS基线向量网引入位置基准方法有几哪种？
6. 什么叫GPS网与地面网约束平差？包括哪两种形式？
7. 约束平差的具体步骤是什么？
8. 什么叫GPS网与地面网的联合平差？包括哪两种形式？
9. 求定GPS网点正常高有几种方法？试叙述其基本内容。
10. 提取基线向量时需要遵循哪几项原则？
11. 简述利用数学曲面拟合法求定待定点的正常高的基本原理。

第 7 章　GPS 接收机

利用 GPS 进行导航和测量定位，必须使用 GPS 接收机接收 GPS 卫星发射的信号，并对卫星信号进行跟踪、测量和处理。

由于利用 GPS 进行导航和测量定位技术的迅速发展，应用领域的日益广阔，世界各国对卫星信号接收机的研制和生产也越来越多。目前世界上约有数十家厂商生产多种型号的 GPS 接收机，产品约有上百种。因为不同型号的 GPS 接收的工作原理、用途和性能等有所不同，所以本章将对 GPS 接收机作一介绍。

7.1　GPS 接收机的分类

7.1.1　按 GPS 接收机的用途进行分类

GPS 接收机按其用途，可以分为导航型、测地型和授时型三种。

1. 导航型 GPS 接收机

导航型 GPS 接收机主要用来确定车辆、船舶、飞机和导弹等运动载体的实时空间位置坐标和运行速度，并可以引导运动载体到达预定的目标，即为运动载体导航。导航型 GPS 接收机都是对测距码的测量进行伪距单点实时定位，其定位精度较低(一般为 25m 左右，美国实施 SA 计划时精度更低)。但导航型 GPS 接收机的结构较简单、操作方便、价格便宜，所以应用十分广泛。导航型 GPS 接收机又可以细分为：

(1) 车载型——用于为各种车辆进行导航定位。

(2) 航海型——用于为各种船舶进行导航定位。

(3) 航空型——用于为飞机进行导航定位，由于飞机运行速度很快，因此，用于航空上的接收机要求能适应高速运动。

(4) 星载型——用于卫星的导航定位。因为卫星的运行速度高达 7km/s 以上，因此对接收机的要求更高。

2. 测地型 GPS 接收机

测地型 GPS 接收机主要用于进行精密大地测量和精密工程测量等领域。测地型 GPS 接收机一般采用载波相位测量方式进行相对定位。其定位精度较高，一般在厘米级甚至更高。但测地型 GPS 接收机的结构较复杂，通常需要配备功能完善的相关数据处理软件，因此其价格也较昂贵。

近几年，测地型GPS接收机在技术上取得了很大的进展，开发出实时差分动态定位技术(RTD GPS)和实时相位差分动态定位技术(RTK GPS)。RTD GPS以伪距测量为基础，可以实时地提供流动站相对于基准站米级精度的坐标，主要应用于精密导航和海上定位等；而RTK GPS以载波相位测量为基础，可以实时地提供流动站相对于基准站厘米级精度的坐标，主要应用于加密控制网测量、工程测量和碎部测量等方面。

3. 授时型GPS接收机

授时型GPS接收机是利用GPS卫星提供的高精度时间信息进行授时，主要应用于天文台、地面监测站、无线电通信和电力领域中的测定时间和进行时间同步等。

7.1.2 按GPS接收机的工作原理进行分类

GPS接收机根据其工作原理，可以分为码相关型、平方型、混合型和干涉型GPS接收机。

1. 码相关型GPS接收机

码相关型GPS接收机是采用码相关技术去掉载波上的测距码信号。由于这类接收机在采用码相关技术时必须知道伪随机噪声码的结构，所以这类GPS接收机又分为C/A码接收机(应该已知C/A码结构)和P码接收机(应该已知P码结构)。因为P码对非特许用户是保密的，所以P码接收机是专供特许用户使用的。目前国内销售的GPS接收机大都是C/A码接收机。

2. 平方型GPS接收机

平方型GPS接收机是利用对载波信号进行平方的技术去掉载波上的调制信号，达到重新获得载波信号的目的；然后进行载波相位测量，从而获得载波相位测量观测值。由于这类GPS接收机不需要知道测距码的结构，所以又称为无码接收机。

3. 混合型GPS接收机

混合型GPS接收机综合了码相关型GPS接收机和平方型GPS接收机的优点，既可以获得测距码伪距观测值，同时也可以得到载波相位测量观测值。目前大部分测地型GPS接收机大都是这种类型的接收机。

4. 干涉型 GPS 接收机

干涉型 GPS 接收机是将 GPS 卫星作为射电源，采用与甚长基线干涉测量(VLBI)相同的方法，即通过测定卫星信号到达两个测站的时间差或相位差来测量两个测站间的距离。这种 GPS 接收机由于不需要知道 GPS 卫星信号的结构和卫星星历，所以不会受到美国军方对 GPS 控制的影响。但是由于干涉型 GPS 接收机的体积重、结构复杂，所以在实践中很少使用。

7.1.3　按 GPS 接收机接收的载波频率进行分类

GPS 接收机接收按其载波频率，可以分为单频 GPS 接收机和双频 GPS 接收机。

1. 单频 GPS 接收机

单频 GPS 接收机只能接收 L1 载波信号及调制在 L1 载波上的测距码(C/A 码和 P 码)信号和导航电文，并对它们进行测量。因为利用单频 GPS 接收机进行测量定位时无法很好地消除电离层折射误差的影响，所以其定位精度不如双频 GPS 接收机，一般只应用于对短基线进行测量定位。

2. 双频 GPS 接收机

双频 GPS 接收机可以同时接收 L1、L2 两个载波信号及调制在 L1 、L2 载波上的测距码(C/A 码和 P 码)信号和导航电文，并对它们进行测量，可根据需要分别获得 C/A 码或 P 码伪距观测值和 L1 、L2 载波信号的相位观测值。因为利用双频 GPS 接收机进行测量定位时可以采用双频改正技术很好地消除电离层折射误差的影响，其定位精度高，所以双频 GPS 接收机通常用于高精度 GPS 网的施测，尤其在基线长度较长(长达几千千米的基线)的测量定位中更能显示其优越性。

7.1.4　按 GPS 接收机的通道数进行分类

利用 GPS 接收机进行导航和测量定位时，GPS 接收机必须同时接收多颗卫星的信号，并能分离接收到的不同卫星的信号，从而实现对各颗卫星信号的跟踪、处理和测量。具有这种功能的器件称为天线信号通道。按 GPS 接收机所具有通道的数目，GPS 接收机可以分为多通道、序贯通道和多路复用通道 GPS 接收机。

1. 多通道 GPS 接收机

多通道 GPS 接收机具有多个信号通道，而且每个信号通道只连续跟踪一颗卫星的信号。来自不同卫星的信号分别进入不同的信号通道，接收机对各颗卫星信号进行测量和处理，从而获得各颗卫星信号的观测值。这种 GPS 接收机的优点是可以对卫星信号进行连续的跟踪，同时可以获得各颗卫星的广播星历。但是由于其通道多，价格较贵。另外，其通道之间存在时延，所以在信号的处理上首先要解决信号的时延问题。

2. 序贯通道 GPS 接收机

序贯通道 GPS 接收机只有一个通道，为了实现对多颗卫星信号的接收，需采用相关软件进行控制，按一定的时序依次对各颗卫星的信号进行跟踪、处理和测量。一个循环所需的时间是数秒钟。因为序贯通道 GPS 接收机要对多颗卫星的信号依次进行量测，当对一颗卫星的信号进行量测时，将丢失其他卫星信号的信息，无法获得完整的导航电文，所以通常是再设置一个通道来获取导航电文。序贯通道 GPS 接收机的通道少、结构简单、体积小、重量轻，在早期的导航型 GPS 接收机中常被使用。

3. 多路复用通道 GPS 接收机

多路复用通道 GPS 接收机与序贯通道 GPS 接收机相类似，其设有一个或两个通道，在相关软件的控制下，依次对各颗卫星的信号进行跟踪、处理和测量。但其量测的速度快，一个循环所需的时间通常不会超过 20ms。所以，其可以对各颗卫星的信号进行连续的跟踪和测量，获得相应的观测值，并能获取多颗卫星的完整导航电文。这种 GPS 接收机的信噪比较低。

7.2　GPS 接收机的组成和工作原理

GPS 接收机主要由三个部分组成，即接收机的天线部分、接收机的主机部分和接收机的电源部分，如图 7-1 所示。下面分别进行介绍。

7.2.1　GPS 接收机的天线部分

GPS 接收机的天线部分由接收（信号）天线和前置放大器组成。其中接收天线的作用是将 GPS 卫星信号极微弱的电磁波能转化为相应的电流，而前置放大器的作用则是对 GPS 卫星信号形成的电流进行放大和变频。为了便于接收机的主机对卫星信号进行跟踪、量测和处理，接收机天线部分的构造应该满足下列要求：

（1）接收天线与前置放大器两部分应该密封为一体，这样既有利于其正常工作，又可以减少信号的损失；

（2）必须保障接收天线能够接收到来自天空任何方向的卫星信号，不应该产生死角；

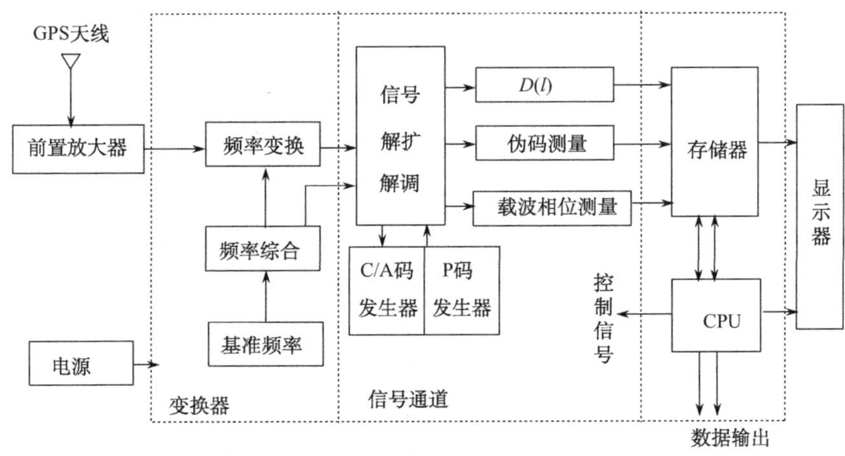

图 7-1　GPS 接收机工作原理图

(3) 为了能最大限度地削弱多路径效应的影响,接收机天线应该有防护与屏蔽多路径信号的措施;

(4) 接收天线的相位中心应保持高度的稳定,并且应与天线的几何中心尽量一致。

目前,GPS 接收机的接收天线一般有下列四种类型,它们各有特点,通常要结合接收机的性能进行选用。

1. 单板天线

这种天线结构简单、体积较小,需要安装在一块基板上,属于单频天线。

2. 四螺旋形天线(四线螺旋形结构天线)

四螺旋形天线是由四条金属管线绕制而成的,底部有一块金属抑制板。这种天线的频带宽,全圆极化性能好,可捕获低高度角卫星。其缺点是不能进行双频接收,抗震性差,通常用作导航型接收机天线。

3. 微带天线(微波传输带状天线)

微带天线的构造是:在一块厚度 h 小于工作波长 λ(即 $h < \lambda$)的介质基片上,用微波集成技术覆盖辐射金属(钢或金)片,如图 7-2 所示。其中一块辐射金属片完全覆盖着介质基片的一面,位于介质基片的底部,称为接地板;另一块辐射金属片做成矩形或圆形等规则形状,其大小近似等于工作波长,位于介质基片的另一面,称为辐射元。微带天线的特点是体积小、重量轻、结构简单,而且坚固、易于制

造，既可用于单频GPS接收机，也可用于双频GPS接收机。其缺点是增益较低，但可用低噪声前置放大器弥补。目前大部分测地型GPS接收机的天线都是微带天线。微带天线更适用于安置在飞机、火箭等高速飞行的载体上。

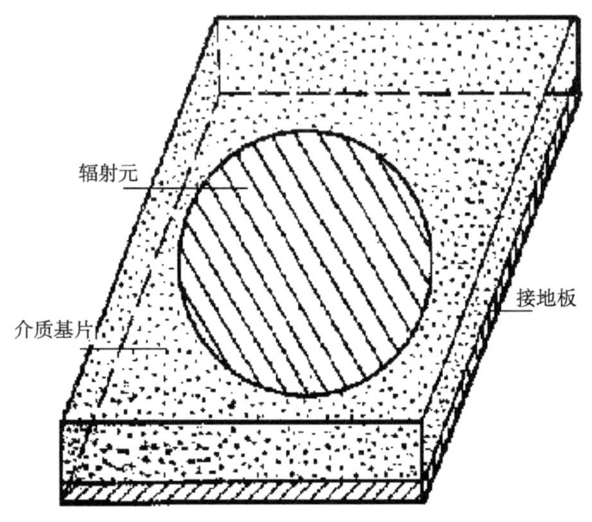

图7-2 微带天线示意图

4. 锥形天线(圆锥螺旋天线)

锥形天线是在介质锥体上，利用印刷电路技术在其上制成导电圆锥螺旋表面，所以也称盘旋螺线型天线。这种天线可以同时在两个频率上工作。锥形天线的特点是增益好。但是其天线高，并且在水平方向上不对称，天线的相位中心与几何中心不完全一致，因此，在安置仪器时要仔细定向并且要予以补偿。

GPS接收机在接收GPS卫星信号时，由于GPS卫星位于20 200km高空，接收到的信号很弱，信号的电平只有－180～－50dB、输入功率信噪比S/N＝－30dB，即信号源淹没在噪声中。为了提高信号的强度，通常在接收天线的后端设有前置放大器，对于双频接收机设有两路前置放大器，以减少带宽，抑制外来信号的干扰，也防止f_1、f_2信号的相互干扰。大部分GPS接收机的接收天线都与前置放大器结合在一起，但是也有些导航型GPS接收机为了减少天线的重量、便于安置、避免雷电事故，将天线与前置放大器分开。

7.2.2 接收机的主机部分

1. 变频器及中频放大器

经过前置放大器的信号仍然很微弱，为了使接收机的通道得到稳定的高增益，并且使 L 波段的射频信号变成低频信号，采用变频器。

2. 信号通道

信号通道是 GPS 接收机的核心部分，GPS 信号通道是软、硬件结合的电路。不同类型的 GPS 接收机，其通道是不同的。

GPS 信号通道的作用包括以下几个方面：

(1) 搜索卫星，牵引并跟踪卫星；

(2) 对广播电文数据信号进行解扩，解调出导航电文；

(3) 进行伪距测量、载波相位测量和多普勒频移测量。

从卫星接收到的信号是扩频的调制信号，所以要经过解扩、解调才能得到导航电文。为了要达到此目的，在相关通道电路中设有伪码相位跟踪环和载波相位跟踪环。

3. 存储器

通常在 GPS 接收机内都设有存储器或存储卡，用以存储接收机采集到的卫星导航电文、对卫星信号分别进行测量所获得的伪距观测值、载波相位观测值和多普勒频移观测值及有关测站的信息数据。目前，在 GPS 接收机内都利用内存存储有关数据，并且内存数据可以通过数据接收口很方便地传到计算机上，再利用相关软件进行数据处理以及对有关数据进行保存。在接收机存储器内还装有多种工作软件，如自测试软件、卫星导航电文解码软件、GPS 单点定位软件等。

4. 微处理器

应该说微处理器是 GPS 接收机工作的灵魂，GPS 接收机所做的一切工作都是在微处理机的指令控制下进行和完成的。其主要工作任务是：

(1) 在接收机开机后，首先对整个 GPS 接收机的各项功能进行自检，并显示自检结果，同时测定、校正和存储各个通道的时延值。

(2) 接收机对卫星进行搜索并捕捉卫星，捕捉到卫星后即对卫星信号进行牵引和跟踪，并将基准信号译码获得卫星星历；当接收机同时锁定 4 颗 GPS 卫星时，便利用对测距码(C/A 码)的伪距观测值和卫星星历一起计算用户的三维坐标(WGS-84 坐标系)，并按预置的位置更新率不断计算用户新的位置。

(3) 根据接收机内存存储的卫星历书和测站的近似位置，计算所有在轨卫星的升降时间、方位角和高度角等。

(4) 记录用户输入的有关测站信息，如测站名、天线高及气象参数等。

(5) 在导航中，可根据预先设置的航路点的坐标和用户点的近似坐标计算有关的导航参数，如航偏角、航偏距、航行速度等。

5. 显示器

GPS 接收机大都配有液晶显示屏，可以向用户提供接收机的工作状态信息，如显示接收机计算出的坐标值、卫星可见性情况和数据质量指数等有关信息。通常 GPS 接收机还配备控制键盘，以实现操作员与接收机的对话，操作员可以键入有关指令来控制接收机的工作。另外，有些导航型 GPS 接收机还配备大显示屏，直接显示有关导航信息甚至导航数字地图。

7.2.3 接收机的电源部分

GPS 接收机的电源有两种：一种为内电源，通常采用锂电池，主要是为 RAM 存储器供电，以防止数据的丢失；另一种为外接电源，这种电源通常采用可充电的 12V 直流镉镍电池组或采用汽车电瓶。

7.3 GPS 接收机的选用和检验

7.3.1 GPS 接收机的选用

利用 GPS 进行测量定位时，测量结果的精度与接收机有着非常密切的关系。而目前 GPS 接收机的种类和型号相当多，不同种类和型号的 GPS 接收机的性能、精度等分别适合于不同的导航和测量定位任务的要求。因此在 GPS 测量的生产实践中，对 GPS 接收机种类、型号的选择以及数量的确定，通常与所施测的 GPS 控制网的等级、规模和精度等因素有关。在测量生产实践中，可根据所施测 GPS 控制网的情况并按有关规范（或规程）的规定进行选择。

在 1992 年国家测绘局发布的中华人民共和国测绘行业标准《全球定位系统（GPS）测量规范》中，对不同项目选用相应的 GPS 接收机做了如表 7-1 所示的规定。

表 7-1　GPS 接收机的选用

项目	A	B	C	D、E
单频/双频	双频	双频	双频或单频	双频或单频
观测量	载波相位	载波相位	载波相位	载波相位
同步观测接收机数	≥4	≥3	≥2	≥2
标称精度	优于 5mm+0.5ppm	优于 5mm+1ppm	优于 10mm+2ppm	优于 10mm+3ppm

在 2001 年国家质量技术监督局发布的国家标准《全球定位系统（GPS）测量规范》中，对不同项目选用相应的 GPS 接收机做了如表 7-2 所示的规定。

表 7-2　GPS 接收机的选用

项目	AA	A	B	C	D、E
单频/双频	双频/全波长	双频/全波长	双频	双频或单频	双频或单频
观测量至少有	L1、L2 载波相位	L1、L2 载波相位	L1、L2 载波相位	L1 载波相位	L1 载波相位
同步观测接收机数	≥5	≥4	≥3	≥3	≥2

在 1998 年国家建设部发布的行业标准《全球定位系统城市测量技术规程》中，对不同项目选用相应的 GPS 接收机做了如表 7-3 所示的规定。

表 7-3　GPS 接收机的选用

项目	二级	三级	四级	一级	二级
单频/双频	双频或单频	双频或单频	双频或单频	双频或单频	双频或单频
观测量	载波相位	载波相位	载波相位	载波相位	载波相位
同步观测接收机数	≥2	≥2	≥2	≥2	≥2
标称精度	≤(10mm+2ppm・D)	≤(10mm+3ppm・D)	≤(10mm+3ppm・D)	≤(10mm+3ppm・D)	≤(10mm+3ppm・D)

7.3.2　GPS 接收机的检验

新购置的和经维修后的 GPS 接收设备只有按规定进行全面的检验后才可以使用，而对于正在使用中的 GPS 接收机，每年也应该定期对其性能和可能达到的精度水平进行检验，合格后方能参加作业。对 GPS 接收设备的全面检验通常包括一般性检视、通电检验和试测检验。

1. 一般性检视

对 GPS 接收设备进行一般性检视通常应该满足下列要求：

(1) GPS 接收机与天线的型号应正确；电池充电设备等部件及其附件应该匹配、齐全和完好；

(2) 应该紧固的部件不得松动或脱落，接收机使用说明书、后处理软件及其操作手册和必备的磁(光)盘应该齐全；

(3) 天线基座的圆水准器和光学对中器应该准确，天线测高尺应该完好、准确；

(4) 数据传输设备及其软件应齐全，性能完好，必要时应该通过实例进行计算和调试；

(5) 气象测量仪表(如温度计、气压表和通风干湿表)应该定期送气象部门进行检验，以保障其正常工作。

2. 通电检验

对GPS接收设备进行通电检验应该满足下列要求：

(1) 有关信号灯、按键、仪表和显示系统工作应该正常；

(2) 检查自测试系统的工作情况，当自测试正常后，检验接收机锁定卫星信号的时间快慢、接收信号的信噪比等情况。

3. 试测检验

对GPS接收设备进行通电检验以后，应该在不同长度的标准基线或专设的GPS测量检定场上进行测试检验。标准基线的相对精度应该不低于被检验GPS接收设备的标称精度。试测检验的主要内容包括：

(1) 接收机内部噪声水平的测试和接收机天线相位中心稳定性的测试；

(2) 接收机野外作业性能的测试，并对其综合性能进行评价；

(3) 接收机对不同测程基线的测量精度指标的测试；

(4) 接收机频标稳定性的检验和数据质量的评价。

综上所述，对长年参加测量作业的GPS接收机应该每年定期进行年检。当不同类型的接收机共同参加作业时，应该对它们的水平精度和垂直精度进行比较测试，超过相应等级限差规定时不得使用。对于经过大修或更换有关部件的接收机，应该按新购置的仪器标准进行全面的检验。

7.4　GPS接收机的维护

GPS接收机是精密、贵重的测量仪器，应该妥善保管和维护。在GPS测量定位中，GPS接收机都是成套使用的，如有接收机发生故障、损坏或不能正常工作，都会对GPS外业测量方案产生影响，以至于对最后的结果精度造成不良影响。所以对GPS接收机进行妥善的保管和维护是十分必要的。

(1) GPS接收机在运输过程中，应该由专人负责保管，并应采取必要的防震措施；同时还要注意，不得碰撞、倒置和重压；

(2) 在保管和使用GPS接收机时，应该注意防潮、防晒、防腐、防尘和防辐射等；

(3) 使用GPS接收机时，应由专业技术人员进行操作，而且必须严格遵守有关技术规定和操作要求，不许非专业技术人员操作仪器和拆卸仪器各部件；

(4) 当接收机采用外接电源时，应该特别注意其电压是否正常，电池的正负极不得接反；

(5) 当将接收机安置于高标、楼顶或其他设施的顶端时，应该采取必要的加固措施；在雷雨天气作业时，应该有避雷设施。

习　题

1. 试述 GPS 接收机如何进行分类(按 GPS 接收机的用途、工作原理、载波频率和通道数分别进行叙述)。

2. 试述 GPS 接收机工作的基本原理。

3. 试述对 GPS 接收机进行检验通常包括哪些内容。

4. 试述在使用和保管 GPS 接收机时应该注意哪些方面。

第 8 章　GPS 定位技术的应用

GPS 技术诞生以来，其应用之快、范围之广、应用层次之多，完全出乎当时原系统设计者的意料。可以说，GPS 的民用领域现已涵盖了陆地运输、海洋运输、民用航空、通信、测绘、建筑、采矿、农业、电力系统、医疗、科研、家电、娱乐等。因此，GPS 业界流行一句名言：GPS 的应用只受到人们想象力的限制。本章介绍的只是 GPS 技术的部分应用情况。

8.1　GPS 定位技术在地球形变测量方面的应用

地球动力学从地球的整体运动出发，由地球内部和表层的构造运动来探讨其动力演化过程，进而寻求其驱动机制。其基本问题是研究地球的变形及其变形机理，也是探讨由于地球变形而引起的如地震等灾害的预报问题的手段。

8.1.1　板块运动及其测量

1912 年，德国科学家魏格纳根据地壳均衡理论和大西洋两岸的海岸轮廓、地壳、岩石、古生物群的对应性和相应性以及古气候等资料，提出了大陆漂移的学说。认为在石炭纪前（约 3 亿年前），全球只有一个大陆（称为泛大陆）和一个大洋（泛大洋）。自中生代（约 2.3 亿年前）开始，泛大陆逐渐破裂分离，产生漂移，形成了现在的海陆分布（图 8-1）。

图 8-1　泛大陆分裂与漂移过程示意图

从 20 世纪 50 年代开始，古地磁学、海底地貌学、海洋地质学、地球物理学以及深海探测技术的迅速发展，大量的观测数据从多角度出发，不仅为大陆漂移学说提供了新的强有力的证据，而且使其进一步发展为海底扩张说，对大陆漂移的动力机制做出了更有力的解释。海底扩张说认为，大陆硅铝层作为岩石圈的一部分，在地幔对流的作用下，在软流圈之上产生“被动”的漂移。

根据勒比雄的观点，全球可划分为六大板块，即太平洋板块、欧亚板块、印度洋(大洋洲)板块、非洲板块、美洲板块和南极洲板块(图 8-2)，其中除太平洋板块全为海洋外，其余板块均含有陆地和大洋。后来美国人 D. P. Mekenzie 等又将美洲板块细分为南、北美洲板块、科科斯板块、加勒比板块、纳森板块和斯可等板块；印度洋板块分出澳大利亚板块，欧亚板块又分出菲律宾板块、阿拉伯板块等。

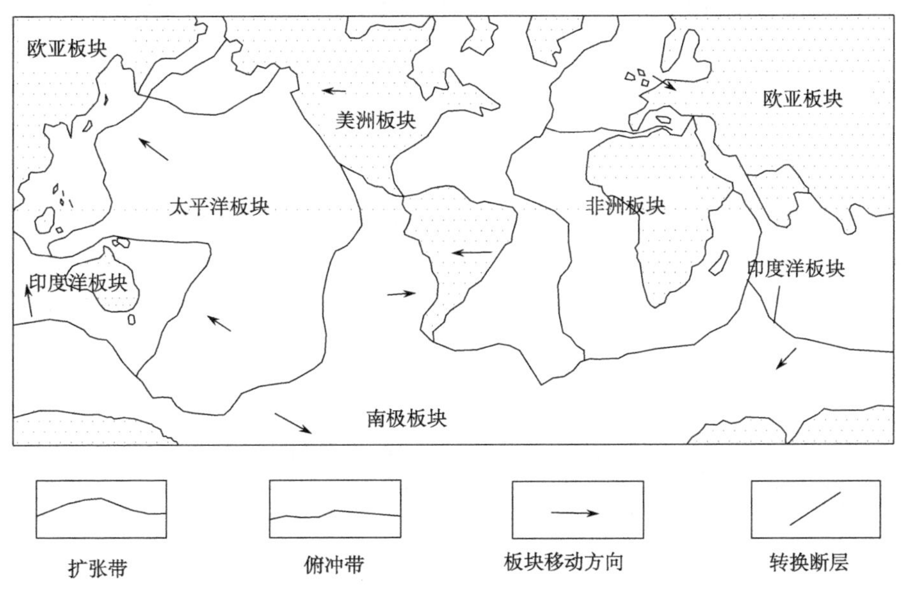

图 8-2　岩石圈板块的现代位置和推断的移动方向

板块构造概念带动了地学的一次重大革命，板间构造和板块运动理论，均需得到全球板块运动的最新直接测量结果的支持。此外，板块运动的动力学机制、板内和板缘运动的复杂性的精细描述等方面的设想或理论模型均有待更多测量结果去完善。

根据相邻板块间的相对运动方式，我们可以确定三种不同类型的板块边界。

(1) 扩张型板块边界——所有大洋中脊都是这类板块边界，两侧板块沿着相反的方向运动，两侧以线状玄武岩浆频繁上涌，扩张作用以引起浅源地震和高速热流为特征，如图 8-3(a)所示；

(2) 会聚型板块边界——以太平洋东、西两岸的海沟俯冲带为代表，可产生深源地震，形成褶皱山系(海岸山脉增生楔)，并以引起玄武质和安山质火山活动(火

山弧、弧前盆地和弧后盆地)为特征,如图 8-3(b)所示;

(3) 错动(走滑)断层型边界——这种边界既不形成新的岩石圈,原来的岩石圈也不会消减,转换断层并不是使洋中脊发生单方向的平移错位,而是反映了岩石圈的不均匀断裂;转换断层以陡崖为标志,具有水平位移的浅源地震特征,往往伴随着板块的分离和火山活动,如图 8-3(c)所示。

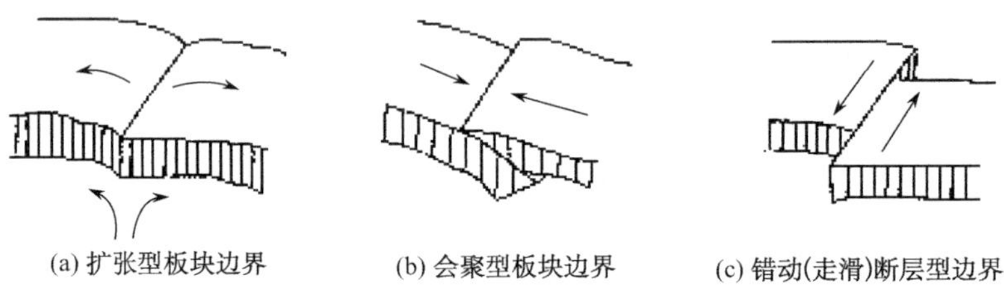

图 8-3　板块运动边界类型

地质学家根据百万年的地质学和地球物理学的资料,在假设地壳以地震带、海沟、造山带等为边沿且划分的板块为刚体的条件下,推出了板块运动的平均速度模型,近些年这些模型不断加以改进,目前国际推荐使用的是 NNR-NUVELlA 板块运动模型。

表 8-1 给出了 NNR-NUVEL1A 板块运动模型中各块体的三维运动角速度。

表 8-1　NNR-NUVEL1A 板块运动模型

块体名	块体代码	ωx/(10^{-9}rad/a)	ωy/(10^{-9}rad/a)	ωz/(10^{-9}rad/a)
非洲	AFRC	0.891	−3.099	3.922
南极洲	ANTA	−0.821	−1.701	3.706
阿拉伯	ARAB	6.685	−0.521	6.760
澳大利亚	AUST	8.839	5.124	6.282
加勒比	CARB	−0.178	−3.385	1.581
科科斯	COCO	−10.425	−21.605	10.925
欧亚	EURA	−0.981	−2.395	3.153
印度	INDi	6.670	0.040	6.790
简福卡	JUFU	5.200	8.610	−5.820
纳森	NAZC	−1.532	−8.577	9.609
北美	NOAM	0.258	−3.599	−0.153
太平洋	PCFC	−1.510	4.840	−9.970
菲律宾	PHIL	10.090	−8.160	−9.670
南美	SOAM	−1.038	−1.515	−0.870

刚性块体上某一点 i 随块体运动的速度可按下式计算出:

$$\boldsymbol{v}_{\text{plate}} = \begin{bmatrix} v_x \\ v_y \\ v_z \end{bmatrix}_{\text{plate}} = \begin{bmatrix} 0 & -Z_i & Y_i \\ Z_i & 0 & -X_i \\ -Y_i & X_i & 0 \end{bmatrix} \begin{bmatrix} \tilde{\omega}_x \\ \tilde{\omega}_y \\ \tilde{\omega}_z \end{bmatrix} \tag{8-1}$$

一般情况下，NNR-NUVEL1A 模型可以作为计算地面站板块运动的缺省值使用，但是对于块体的边缘和交界处，或块体内一些特殊的、非线性变化的子块体，NNR-NUVEL1A 模型可能存在较大的误差，这时应尽量采用所在测站实测的速度场。

证明板块运动的主要方法是在各板块上设立固定观测站，利用空间测量技术(如 VLBI 甚长基线干涉测量、SLR 卫星激光测距、LLR 月球激光测距等)，长期观测各站的位置及各站间长度、高差的变化。通过对各时期观测资料的分析，就可发现板块之间移动的速度和移动方向。而近些年高精度 GPS 测量技术的出现，给板块测量带来了新的方法和效率。

8.1.2　影响高精度 GPS 板块测量的因素及补偿方法

一般在高精度 GPS 测量中，影响定位精度的因素包括：

(1) 卫星轨道精度；

(2) 接收机振荡器的稳定度；

(3) 电离层、对流层折射的修正精度；

(4) 坐标基准和起始点坐标的精度；

(5) 数据的后处理技术。

下面就上述五个方面介绍板块测量精度的保证或提高的方法。

1. 卫星轨道精度提高方法

高精度 GPS 测量不同于一般的 GPS 测量，为了使基线达到 10^{-7} 的相对精度，卫星轨道误差必须小于 ± 2m。因此，数据处理时必须采用后处理的精密星历，并采用轨道改进法处理观测数据；或者同时在坐标精确已知的参考站(如 VLBI 站或 SLR 站)上进行观测，以便推算观测期间的轨道改正。

在 GPS 技术的发展过程中，由不同的组织和机构计算并发布了多种精密星历，目前使用的精度最高、最具权威性的星历当属由 IGS(International GPS Service for Geodynamics)发布的 IGS 综合精密星历。

IGS 即国际 GPS 地球动力学服务，是由国际大地测量协会组建的，其目的是向国际大地测量学和地球物理学的研究提供全球 GPS 跟踪站的数据和 GPS 精密星历等。

自 1991 年起，国际上一些组织和机构纷纷将自己的 GPS 跟踪站和数据分析中心加入到IGS中,实现数据和分析成果的共享。到目前为止,IGS的全球跟踪站已达100余个(图8-4),其中包括我国的上海(1991年)、武汉(1993年)、拉萨(1995年)和西安(1996年);IGS分析中心有7个,包括NRCan、GFZ、CODE、ESA、SIO、NGS、JPL等。

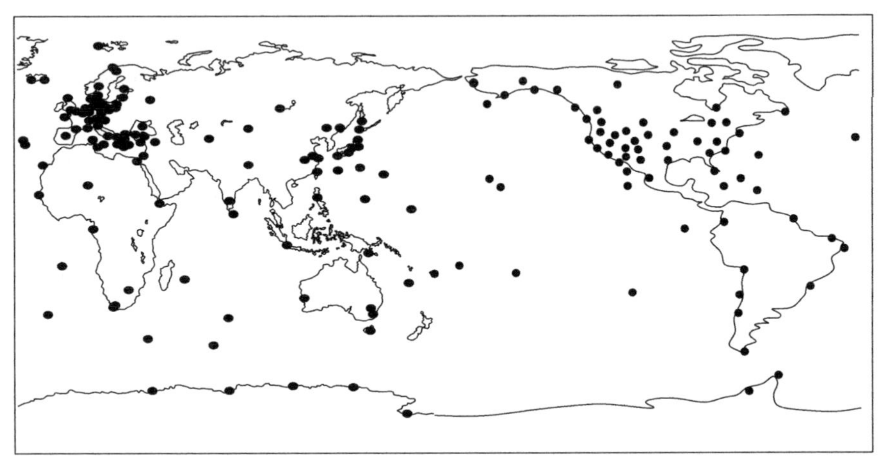

图8-4　IGS全球GPS跟踪站分布

IGS对全球GPS跟踪站的数据进行综合处理和分析,最终获得IGS综合精密星历,这一具体过程分为以下步骤:

(1) 全球GPS跟踪站的全天候观测;

(2) 观测数据通过电话线、卫星通信或国际互联网,在24h之内经IGS区域数据中心汇集到全球数据中心;

(3) IGS的7个分析中心每天从全球数据中心取走观测数据,独立地进行数据处理和分析,并将各自的分析成果如轨道、钟差改正、地球自转参数及站坐标等信息返回给数据中心,这一过程在数据采集以后一周内完成。

借助IGS综合精密星历,目前卫星在轨的定位精度(周期为一天的预报星历)已可达5cm。

2. 接收机振荡器的稳定度提高方法

铯钟,一种精密的计时器具。日常生活中使用的时间准到1min也就够了。但在近代的社会生产、科学研究和国防建设等部门,对时间的要求则高得多。它们要求时间要准到1/1000s,甚至1/1 000 000s。为了适应这些高精度的要求,人们制造出了一系列精密的计时器具,铯钟就是其中的一种。铯钟又称为"铯原子钟",它将铯原子内部的电子在两个能级间跳跃时辐射出来的电磁波作为标准,去控制、校准电子振荡器，进而控制钟的走动。这种钟的稳定程度很高，目前，最好的铯原子钟达到 500 万年才相差 1s。现在国际上普遍采用铯原子钟的跃迁频率作为时间频率的标准，广泛使用在天文、大地测量和国防建设等各领域中。

为了提高 GPS 接收机振荡器的稳定度，可以采用高稳定度的外接频率标准。例如，在目前发射的 GPS 卫星上所采用的确定时间基准的铯钟可以达到 10^{-13}s、而铷钟可以达到 10^{-13}s。

我国通过与多个国家进行科技合作，成功研发出铯原子喷泉钟，使我国时间频率基准的精度从 30 万年不差 1s 提高到 600 万年不差 1s，标志着我国时间频率基准研究进入世界先进行列，这为我国卫星定位系统的开发奠定了基础。

3. 电离层、对流层折射的修正模型

电离层根据其离地面高度的不同，可以划分为多个电离区，其对 GPS 信号产生了时延误差。可以采用双频 GPS 修正或建立改正模型解决这个问题。

但对高精度的广域 GPS 测量，需要增加其他的改正因素，因此 Brunner 等提出了一种电离层效应距离偏差改正模型，其充分考虑了折射指数高阶项和地磁场的影响，并沿着信号传播路径积分。结果表明，任何情况下，改进模型的精度均优于 2mm。

对流层引起的 GPS 测量误差主要包含两个方面：一个是数学模型误差；另一个是气象要素代表性误差。其中后者为主要误差源。

为了减弱对流层折射的气象残差，可以采用水质辐射计探测大气的水蒸气压，实现对湿分量的改正，并借此提高对流层改正的估算精度。

另一点是对传统的对流层折射模型加以改进，如用随机模型来描述天顶方向对流层湿延迟随时间的变化规律（李征航和黄劲松，2005），它适合于任意高度下的对流层效应偏差改正。

4. 坐标基准和起始点坐标的精度

第 1 章介绍过国际 ITRF 框架，它也是保证地球坐标基准高精度的需要。

同时，ITRF 和 IGS 之间也存在紧密的联系：一方面，IGS 使用 ITRF 作为其进行高精度 GPS 数据分析时的坐标基准；另一方面，借助 IGS 提供的全球 GPS 跟踪站数据，可以对 ITRF 坐标框架基准进行精化和维持。随着 IGS 提供更多全球 GPS 跟踪站的信息，ITRF 框架不断被精化，目前已从最初的 ITRF91 参考框架发展到 ITRF97 框架基准。

5. 数据的后处理技术

高精度 GPS 网解算需要编制专门 GPS 精密解算软件，国际上著名的软件包

括瑞士 Bernese 大学的 Bernese 软件、美国 MIT 的 GAMIT/GLOBK 软件、德国 GFZ 的 EPOS. P. V3 软件、美国加利福尼亚州喷气实验室 JPL 的 GIPSY 软件等。针对高精度 GPS 的数据处理，这些软件一般分为两个主要内容：一是对 GPS 原始数据进行处理，获得同步观测网的基线解；二是对各同步网解进行整体平差和分析，获得 GPS 网的整体解。其中同步网的基线处理是这些软件的重点。

国内 GPS 网平差软件主要有原武汉测绘科技大学研制的 GPSADJ 系列平差处理软件及同济大学研制的 TGPPS 静态定位后处理软件，这些软件主要用于完成商用 GPS 基线处理软件结果的三维和二维平差。

值得一提的是国家测绘研究所编制的 PowerAdj 软件，其在高精度 GPS 网解算方面具有独特的优点。PowerAdj 是针对我国国家高精度 GPS 网整体平差与分析的需要，研制的高精度 GPS 网平差和分析软件系统。它吸取了 Bernese、GAMIT、GEOLAB、GLOBK、GPSADJ 等 GPS 解算软件的先进思想和设计风格，适用于大规模高精度 GPS 控制网、高精度 GPS 形变监测网及精密 GPS 控制网的整体平差和分析。

PowerAdj 软件主要包括下面七大功能模块。

(1) 基于 GAMIT 软件的各种数据的转换和数据分类。

(2) 构造成异步环，剔除粗差基线。

(3) 平差计算：完成单个或多个 GPS 子网在基准站固定和松弛情况下的三维平差，并消除子网之间随机性的系统性差异。

(4) 成果分析：观测量可靠性分析和粗差分析功能。

(5) 输出图形功能：包括 GPS 网图、测站误差椭圆、基线相对误差椭圆图等。

(6) 变形分析功能：包括系统误差评估和分析、基准稳定性分析、变形分析等。

(7) 板块运动模型改正及不同坐标框架之间的转换。

6. GPS 连续运行跟踪站(COR)

GPS 技术获取全球尺度下相对于地球参考框架的三维地心坐标精度可到厘米级，并支持广域下高精度地球板块运动规律数据的获取。除了坐标基准框架和精密星历等因素外，进行全球尺度下 GPS 测量还需要一些关键观测技术支持，包括连续大地运行参考站 COR。

目前在应用 GPS 定位技术监测全球板块运动与区域地壳运动中，广泛应用了 GPS 连续大地参考站系统。GPS 连续大地参考站系统简称基准站或固定站，它由 GPS 双频接收机、高精度的双频扼流圈天线、调制解调器、远程控制软件、电源以及其他专用设备组成。

基准站接收机除应满足一般双频 GPS 接收机的要求外，还应具备以下性能：

(1) 能接受多种供电方式，确保设备常年连续运行；

(2) 具有环行缓冲存储功能，确保观测数据记录的安全和不间断；

(3) 支持调制解调器，可实施即时远程网络控制；

(4) 具有连续发布 RTK 与 RTD 差分信号的功能；

(5) 可连接气象仪、倾斜仪等多种传感器联合作业。

高精度的双频扼流圈天线是专为监测网设计的，具有优越的抗多路径干扰能力，图 8-5 为 Ashtech Micro-CGRS 连续大地参考站系统和扼流圈天线。配套远程控制软件称为 MicroManager 与 GBBS，具有人工干预和命令行两种作业模式，并可进行测段的预编，按用户意愿生成文件，GPS 文件可自动下载、自动解压分流、自动转换、自动删除。

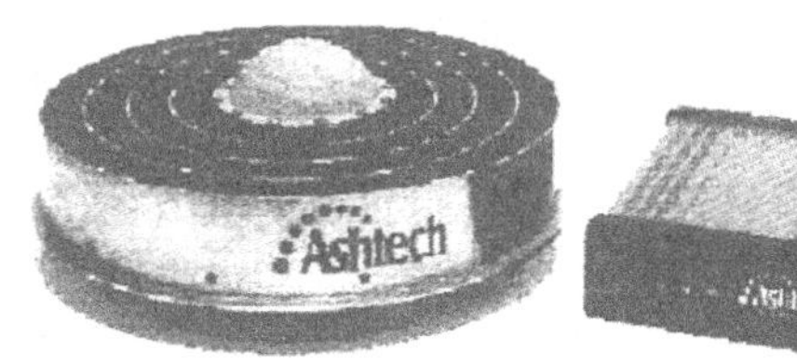

图 8-5　Ashtech 产品 Micro-CGRS

目前，IGS 全球监测网，如美国加利福尼亚地壳运动监测网以及中国地震运动观测网络工程等都配备了适当数量的 GPS 连续大地参考站。利用参考站的连续监测数据，不但可提高监测网的精度，并且可实现一网多用，建成 GPS 综合服务网，即兼顾形变监测、高精度控制、发布 RTK 与 RTD 信号，甚至提供气象学服务等。我国深圳、上海等大城市都相继建成了子 GPS 综合服务网，为城市建设和市民生活服务，这将在 8.3 节中介绍。

8.1.3　板块形变监测网布设方法

一般来说，当采用精密星历和适当的观测方案以及严密的 GPS 数据处理技术时，长距离 GPS 定位的相对精度可以达到 $10^{-8} \sim 10^{-7}$，也就是说，对 1000km 长的基线，相应的精度为 1～10cm。考虑到板块运动的速率，每年只有数厘米，数值微小，所以只有在板块构造活动的地区(如断层带周围)布设 GPS 监测网，并以适当的时间间隔进行重复观测，才有可能较为明显地检测出板块间的相对运动信息。GPS 监测网点必须选在地质构造稳固的地区，并远离活动断裂带或挤压破碎带。如图 8-6 所示，监测网的图形一般应选择三角形或大地四边形，以充分保障网的强度和可靠性。

美国加利福尼亚板块高精度 GPS 观测网 SCIGN 在监测板块运动方面的应用发展极为迅速，并取得了重要成果。本网由约 250 个 GPS 站组成，在区域上每 30km 一个站，其中在主要活动断层上设置两条密集型测线，沿两条测线每 3km 一个站。预期监测精度 1mm/a。这种测量实质上将是对加利福尼亚应变积累的一种“快镜拍摄”，通过这种“拍摄”，将为最精确的应变场提供空间上的高分辨率。其目的在于勾绘出测区范围内的构造应变图、监测隐伏逆断层及其几何性质和活动

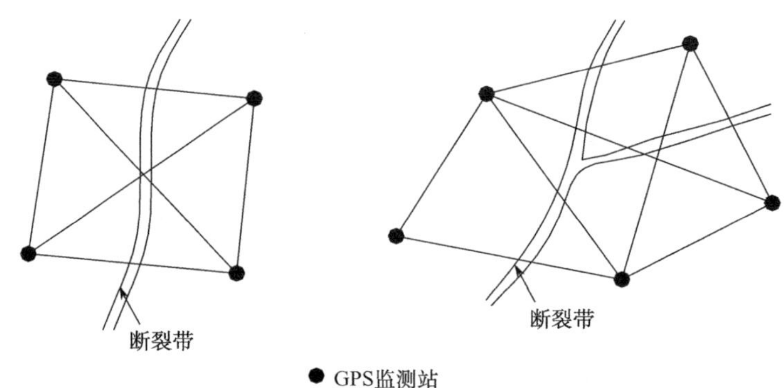

图 8-6 地区性板块运动监测网布设示意图

性质、应变积累中弹性应变与塑性应变的比例等。

例如，为了监测北美洲板块和太平洋板块的相对运动，1985 年在著名的圣安德烈斯断层两侧，沿加利福尼亚湾布设了基于 SCIGN 网的一个三角形监测网(图 8-7)，其边长分别为 $T_0T_1=650\text{km}$，$T_0T_2=350\text{km}$，$T_1T_2=450\text{km}$。

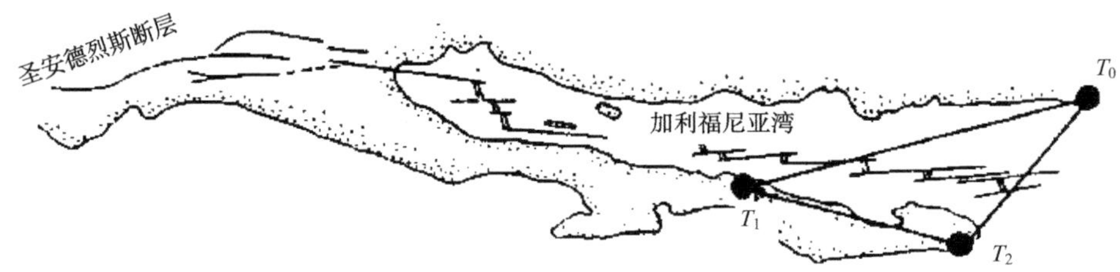

图 8-7 加利福尼亚湾板块运动监测图

根据 1985 年和 1989 年的 GPS 观测结果，求得两大板块的相互运动速度如表 8-2 所示。

表 8-2 板块运动速度和方位

基线	T_0T_1	T_0T_2	T_1T_2
运动速度/(mm/a)	47±6	44±8	4±9
运动方位/(°)	北西 57	北西 53	

而根据 VLBI 的观测结果，上述太平洋板块相对北美洲板块的运动向量长度约为 50mm/a，方向为北西 40°，而根据 Demeter 等于 1990 年提出的现代板块运动全球模型(称为 NUVEL-1)计算的结果，相应为 49mm/a，北西 38°。可见，在观测精度范围内三个结果是一致的。这充分说明，利用高精度的 GPS 定位技术监测地

球板块运动是精确和适用的。

我国应用GPS研究地壳运动始于20世纪80年代中期，1997年国家正式启动了国家重大科学工程——中国地壳运动观测网络(CMONOC)。它是以GPS为主，辅之以已有的VLBI和SLR等空间技术，结合精密重力和精密水准构成的大范围、高精度、高时空分辨率的地壳运动观测网络。

CMONOC以地震预测预报为主，兼顾了大地测量和国防建设的需要，可服务于广域差分GPS、气象等领域。

CMONOC工程由基准网、基本网、区域网和数据传输与分析处理系统四大部分组成。

基准网由25个连续观测站组成，基于统一的、高精度的空间坐标参考框架，并与国际地球坐标参考框架(ITRF)相联结。25个站中有5个站辅以SLR，3个站辅以VLBI，各站同时进行绝对重力、相对重力测量和水准联测，并监测与周边国家和我国大陆块体之间的地壳运动。

就全球而言，目前有200个GPS基准站，相关国际组织计划在板块边界和全球已知构造活动区约25个区域加密GPS监测网，实现全球地壳运动的自动监测。

8.2　GPS定位技术在航空、航海及车辆导航方面的应用

GPS接收器安置在飞行器(飞机、飞船、卫星等)上，可确定其三维位置和飞行姿态；如果安置在海上船舶、钻井平台上，可以为海上航行及定位提供实时服务。多种陆海空交通运输工具的GPS自动导航系统和管理调度系统正在给整个世界带来新的变化。

8.2.1　基于差分技术的导航测量

1. GPS差分测量技术

差分导航是基于GPS差分技术实现的，首先在基准站设置一台接收机，并将其安设在坐标已知的基准站上，对所有可见卫星进行连续观测。利用基准站和运动目标上的GPS观测信息，根据某一历元的码观测量，计算基准站至所测卫星的距离 $D1$，进而可得基准站至所测卫星的相应伪距值。另外，根据基准站的已知坐标和所测卫星的已知瞬时位置，得到该距离的计算值 $D2$，将其与 $D1$ 相应伪距值之差作为伪距修正量传输给运动目标，用以修正运动目标同步观测的相应伪距值，并根据修正后的伪距值，实时计算运动目标的瞬时位置。

对于一个基准站而言，其有效作用范围(或称覆盖范围)将主要取决于以下因素：① 导航的精度要求；②数据传输系统的功能。

采用差分测量技术可以消除观测值中的卫星与接收机时钟误差、消除观测值中的卫星星历误差并将大气折射的影响削弱到最低程度，因此可以大大提高导航精度。随着广域差分技术(WDGPS)的成熟应用，卫星导航已应用到更广域、更快速运动的目标上，尤其是航海、航天领域。其提供的修正量的精度一般可达米级或更优。

在差分导航系统中，基准站提供的修正量的形式主要有：①伪距修正量；②坐标修正量。其中，伪距修正量较为灵活，应用较普遍。

对于单个基准站的精密导航系统，在其覆盖范围内，可应用于飞机进场与着陆船只进港以及各种运动目标的精密监控与管理。

单基准站的GPS导航系统即DGPS，其精度随运动目标与基准站之间距离的增加而降低。实践表明，当所述距离超过100km时，其所提供的修正量的精度便难以满足飞机进场和船只进港的要求。而多基准站的导航系统(LADGPS)，在其覆盖范围内，定位精度比较均匀，但应保障各基准站的分布均匀，密度充分。因此，在广大区域内，为了提高导航的精度，目前已成功地发展了一种广域差分GPS(wide area differential GPS，WADGPS)精密导航系统。该系统主要由监测站、主站、数据链和用户设备组成。

为了扩大导航系统的覆盖范围，在较大的区域内实现精密导航，可以布设多个基准站，以构成广域差分条件下的基准站网。图8-8为美国WADGPS导航基准站网分布。

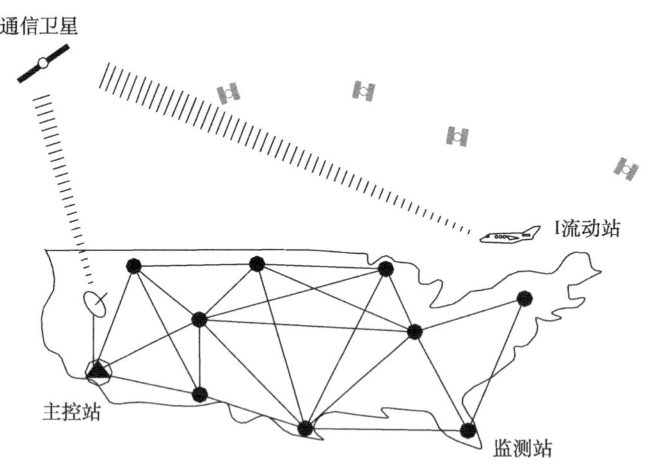

图8-8 美国WADGPS导航基准站网分布

对于WADGPS网，其工作特点如下所述。

(1) 各基准站均以标准化的格式发射各自的修正量信息，而用户接收机根据接收到的各基准站的修正量，取其加权平均值，作为用户的伪距修正量。其中，修正量的权可根据用户接收与基准站的相对位置来确定。这种方式因为应用了多个高速的差分数据流，所以要求多倍的通信带宽，效率较低。

(2) 根据各基准站的分布，预先在网中构成以用户站与基准站相对位置为函数的修正量的加权平均值模型，并将其统一发射给用户。这种方式不需要增加通信带宽，是一种较为有效的方法。

在 WADGPS 网覆盖的区域内，修正量的精度是比较均匀的，目前其水平定位精度可达 1m，高程精度约为 1.5m。

另外，为了在全球范围内提高导航的安全性、可靠性和精确性，近年来，在利用现有卫星导航系统和数据链技术的基础上，美国正在开发一种全球导航卫星系统即组合导航系统。

IMS 是国际海事卫星组织的简称。该组织利用所属的通信卫星，可提供全球移动通信服务。国际海事卫星组织计划利用其第三代卫星转发导航信息，为全球各地的用户提供导航服务。这样，在任何时间、地点，用户均可通过该系统的终端，实时地获得所需导航信息。国际民航组织 ICAO 也拟采用这一组合系统，作为其第一代全球卫星导航系统。这一组合导航系统的开发受到广大用户的普遍关注，它显示了现代化精密导航技术发展的一个趋势。

2. 便携式导航型 GPS 及其在车辆导航中的应用

一般便携式(手持型)GPS 接收机多为导航使用或精度要求在 10m 左右的定位使用，这一类型的手持机所具有的特点如下所述。

1) 体积小，重量轻，携带方便，耗电量小

手持导航型 GPS 接收机外形及重量如同普通移动电话，使用普通干电池操作，一般一组新电池可连续工作 6～12h。

2) 导航画面清晰，功能键齐全

每一台手持机都有液晶显示画面，而且都配有背景灯，方便夜间操作。对于一些常用的功能如存储、领航等都设计有单独的操作键，方便紧急情况下的操作。

3) 导航无需地面设备辅助，形式多样

所有手持机只要能接收到卫星信号，就能快速定位，不受天气、行政界域的限制，而且可以计算出当地的国际标准时间。如果是处在运动状态下，还能为您指出正北方向。为了方便各类用户使用，可以将曾经历过的路点、路线记录在机器内

部,在返回时对使用者起到提示、告警的作用。有些机器还加入了计算两点间距离,坐标系间相互转换,计算日升、日落时间等功能。所以目前的手持机功能性越来越强,已不是简简单单的定位工具,而是微型智能化电子向导。

例如,eTrex SUMMIT 就是美国 Garmin 公司生产的手持 GPS 系列之一,它体积小、重量轻、功能强、携带方便。在区域地质填图、资源调查、林业、交通、测量及导航方面具有广泛的应用。

eTrex SUMMIT 机身上有 5 个按钮,分别是电源键、翻页键(后退键)、向上键、向下键和输入键,如图 8-9 所示。

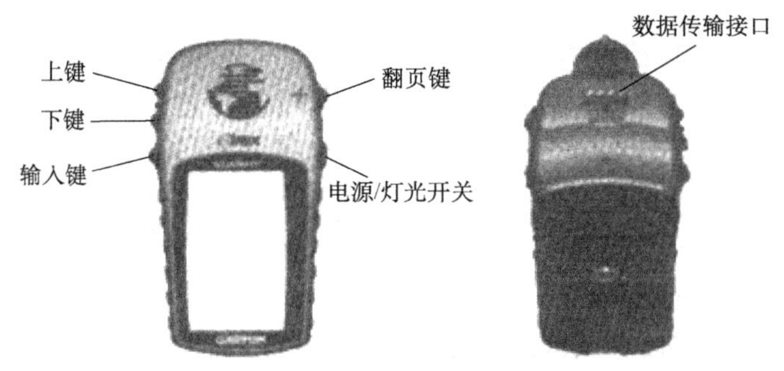

图 8-9 eTrex SUMMIT 手持 GPS 仪

eTrex SUMMIT 基本导航性能包括以下四个方面。

(1) 航路点:500 个可命名及定义图标字符的航点;

(2) 航迹:10 条可自动生成的航迹;

(3) 航线:1 条包含 50 个航点的航线;

(4) 旅行提示器:当前速度、平均速度、最大速度、日出/ 日落时间、航程、航程时间、高度。

GPS 配合电子地图在车辆出行时提供了丰富和多样化的导航服务,具体内容见 8.7.3 节介绍。

8.2.2 GPS 定位技术在航空导航中的应用

1. GPS 航空导航应用

尽管从纯技术革新和进步的意义上讲,第一代 TRANSIT 子午卫星导航系统已开创了导航技术的新纪元,但 TRANSIT 并未在航空导航领域得到应用,卫星导航技术真正用于航空导航可以说是始于 GPS。20 世纪 70 年代初期,GPS 计划伊始,就有人提出用 GPS 卫星和高度计进行组合,实现飞机飞行和起降的导航。

20世纪80年代后期，GPS用户设备的价格逐年下降，体积也越来越小；各种增强技术、差分技术和组合技术日趋成熟，这些都为GPS在航空导航中的应用带来了广阔的前景。

今天，GPS在航空导航中的应用可谓无孔不入，从大洋区空域航路、内陆空域航路到终端区导引、进场/着陆、机场场面监视和管理等各方面。

按照机载导航系统的功能划分，GPS在航空导航中的应用有以下几个方面。

1）航路导航

航路主要指大洋区和大陆空域航路。各种研究和实验已经证明，GPS和一种被称为接收机自主完善性监测（RAIM）的技术能满足大洋区航路对GPS的导航精度、完善性和可用性的要求，而且精度也能满足大陆空域航路的要求。GPS和广域增强系统也能满足大陆空域航路精度、完善性和可用性的要求。GPS的精度远优于现有任何航路用导航系统，这种精度的提高和服务连续性的改善有助于有效利用空域，实现最佳的空域划分和管理、空中交通流量管理以及飞行路径管理，为空中运输服务开辟了广阔的应用前景，同时也降低了营运成本，保证了空中交通管制的灵活性。

GPS的全球、全天候、无误差积累的特点，更使其成为中、远程航线上目前最好的导航系统。按照国际民航组织的部署，GPS将逐渐替代现有的其他无线电导航系统。GPS不依赖于地面设备，可与机载计算机等其他设备一起进行航路规划和航路突防，增强了军用飞机导航的灵活性。

2）进场、着陆导航

包括非精密进场/着陆、CAT-1、2、3类精密进场/着陆。GPS及其广域增强系统能完全满足非精密进场/着陆对精度、完善性和可用性的要求；再用局域伪距差分技术/系统增强，能满足CAT-1、2类精密进场的要求。目前实验表明，采用载波相位差分技术，精度可达到CAI-3b类的要求。可以肯定，各种增强和组合系统（如LAAS、WAAS、INS等）与GPS将成为进场/着陆的主要手段，仪表着陆最终将被取代。由于GPS着陆系统设备简单、无需复杂的地面支持系统，它将适合于任何机场，包括私人机场和山区机场。理论上，GPS着陆系统可以引导飞机沿着任意一条飞行剖面和进场路径着陆，这就增强了各种机场着陆的灵活性和盲降能力。

3）场面监视和管理

场面监视和管理的目的就是要减少起飞和进场滞留时间，监视和调度机场的飞机、车辆和人员，最大效率地利用终端空间和机场，以保证飞行安全。GPS、数字地图和数字通信链为开发先进的场面导航、通信和监视系统提供了全新的技术，可以确信，基于GPS/数字地图的场面监视和管理将为机场带来很大效益。

4）航路监视

目前的监视系统是一种非相关监视系统，主要是利用各种雷达系统，可以与机载导航系统互成备份。但这种监视系统的地面和机载设备复杂、价格高、监视精度随距离变化，作用距离有限，不可能实现全球覆盖和全球无间隙监视。GPS和航空移动卫星系统的出现将改变这种传统的监视方法，机载GPS导航系统通过通信自动报告自己的位置这种“自动相关监视系统ADS”已经被提出，目前的演示和实验已经证明ADS为飞行各阶段的监视都会带来益处，特别是为洋区和内陆边远地区空域实现自动监视业务提供了可能。这将有效地减轻飞行员/管制人员的工作负担，同时也增加ATM的灵活性。

5）飞行试验与测试

在新机型、新机载设备、机载武器系统或地面服务系统设计、定型、测试中，基于GPS的飞行状态参数测量系统将使飞行试验及数据处理和飞行测试变得简单并节省开支。

6）特种飞机的应用

在航空母舰上飞机着舰/起飞导引系统中，直升机临时起降导引、军用飞机的编队、突防、空中加油、空中搜索与救援等，均有GPS的用武之地。

7）航测

除了一般飞机要求的导航、起降功能外，GPS还可用于航测的飞机中航线轨迹记载、摄影测量设备的位置确定及时空信息数据采集等方面。

众所周知，在航空摄影测量中，为了航摄像片的定位和定向，通常需首先采用经典的大地测量方法，在测区建立航测地面控制网。这一方法不仅劳动强度大，而且周期长、费用高。若采用机载GPS动态相对定位法（图8-10）实施，精度高、费用少、速度快，所以它将成为取代地面控制测量的一种简便而富有潜力的方法。

8）巡航导弹

随着卫星全球导航定位功能的发展，它在实战中的作用发生了实质上的改变，从辅助变为主导，从被动变为主动（主动不仅表现在它与具体作战行动和武器打击直接结合，甚至表现在它直接成为某种攻击武器），从单一功能变成多功能。过去卫星在军事上的用途主要是侦察，在数字化时代以前，早期的卫星即便是侦察也只

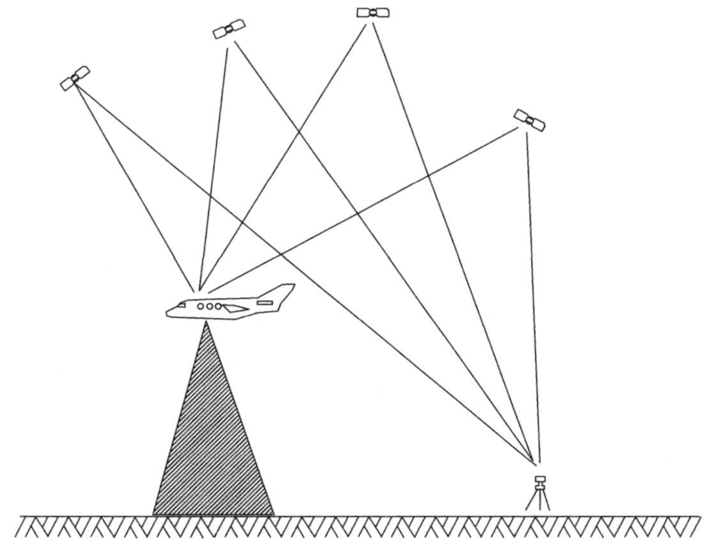

图 8-10　GPS 用于航空摄影测量示意图

能靠投放和回收光学胶卷来实现，只能与飞机侦察、人工侦察起到互补作用。而在这种情况下，弹道导弹和巡航导弹便只能靠被精密划分了“网格”的地图程序结合若干次地标识别来导航，打击精度在数百米以内就算很不错了。但是在与具有定位能力的卫星系统结合以后，导弹的导航、制导方式就发生了革命性的变革。而且，战术导弹、航弹乃至单兵直瞄火力也可以借助卫星全球定位系统而提高命中率。同时，战场上各战术单位的排兵布阵、态势变化和诸兵种合成，结合战场电视系统等，已达成了从前线到统帅部的“透明化”，极大地保障了战斗主动权的掌握。

导弹试验与鉴定需要实时跟踪测量其飞行弹道，实时地提供一定精度的弹道数据作为安控和指显信息源；事后提供精度较高的弹道，用于射击精度评估和误差系数的分离。目前，靶场常用的外测系统无论从增加测量站或改善测量几何强度着手还是从提高测量设备的精度着手来提高弹道精度，都已不可能取得明显效果，而且像巡航导弹这种远程低飞目标的高精度弹道测量，现有的靶场测控系统更是无能为力。但利用 GPS 的独特能力，则可以方便地满足这些目标的跟踪测量要求。GPS 在导弹试验中可采用两种结构方案。

9）多通道高动态 GPS 接收机

导弹上装有一台多通道的 GPS 接收机，同时接收 4 颗以上 GPS 卫星的信号，得到目标到 GPS 卫星的伪距及其变化率，并解调导航电文，解算出弹道数据。这些数据可能通过遥测送到地面站。

10) L-S 频段转发器

在导弹上装一个 L/S 波段变频转发器，接收从视场内各 GPS 卫星来的信号，变换到 S 波段后通过遥测信道转发到地面接收站，在地面完成信息解调和对目标位置、速度的计算。在导弹试验中，为了得到高精度的测量数据，必须在地面设差分基准站。

8.2.3 GPS定位技术在航海导航方面的应用

GPS 技术在海洋上的应用体现在多方面，包括远洋船最佳航程航线测定、船只实时调度与导航、海洋救援、海洋探宝、水文地质测量以及海洋平台定位、海平面升降监测等。

在人类航海历史上，最初航海是属地文航海，即以山形水势及地物为导航标志；随后则是以星辰日月为引航标志的天文航海；而指南针的发明给航海技术带来了飞跃，开创了仪器导航的先例。近代无线电技术和卫星技术的出现，使导航出现真正的技术革命，尤其是近 30 年出现的 GPS 技术，为现代导航技术的发展奠定了坚实的基础。

1. GPS 技术与现代航海导航

GPS 航海导航用户繁多，其分类标准也各不相同。按照航路类型划分，GPS 航海导航可以分为五大类：远洋导航、海岸导航、港口导航、内河导航、湖泊导航。

不同阶段或区域，对航行安全的要求也因环境不同而各异，但最终都是为了保证最小航行时不产生交通冲突，最有效地利用日益拥挤的航路，保证航行安全，提高交通运输效益，节约能源。

按照导航系统的功能划分大致有以下几类。

1) 自主导航

自主导航系统适于上述五种航路的任何一种，它基本上是一种单纯的导航系统，其主要特征是仅向用户提供位置、航速、航向和时间信息，也可包括海图航迹显示，不需通信系统。适合于任何海面、湖面和内河上航行的船舶，从大型远洋货轮到私人游艇。

2) 港口管理和进港引导

这种系统主要用于港口/码头的船舶调度管理、进港船舶引导，以确保港口/码头航行的安全和秩序。该系统需要双向数据/话音通信，以便于领航员引导船舶；

需要港区情况/海图显示，以表明停泊的船舶和可利用的进港航线，避免冲撞。这种系统对导航系统的精度要求高，要采用差分 GPS 和其他增强技术。

3）航路交通管理系统

这类系统与 2)类似，但主要用于近海和内陆河航路上的船舶导航和管理，通常需要卫星通信系统支持，如国际 INMARSAT 等。

4）跟踪监视系统

这类系统主要用于海上巡逻艇、缉私艇及各种游艇，特别是私人游艇以防盗。根据具体的使用对象，有些系统需要给出导航参量和双向数据/话音通信，如缉私艇；而有时则不需要给出导航参量，如用于私人游艇防盗，仅需要单向数据通信，一旦发生被盗，游艇上的导航系统会不断把自己的位置和航向送到有关中心，以便于跟踪。

5）紧急救援系统

用于搜寻和救援各种海面、湖面、内河上的遇险、遇难船舶和人员。这类系统需要双向数据/话音通信，要求响应时间短、定位精度高。

6）GPS/声纳组合用于水下机器人导航

该类组合系统可用于水下管道铺设和维修(需要视觉系统)、水文测量以及其他海下作业，如用于港口/码头水下勘测，以便于进场航道阻塞物清除，保证航道畅通，也可用于远洋捕捞、渔船作业引导等。

7）其他应用

所采用的导航技术主要包括：GPS(GNSS)；声纳技术；INS(惯性导航)；航海图无线电导航技术；影像匹配技术；其他技术。

2. 海上导航信标差分技术

信标(Beacon)即前面提到的 GPS 差分改正信号。

为了适应国民经济、国际贸易和社会发展的需要，满足航行在我国主要港口、重要水道和沿岸的运输船舶以及国防、海洋测绘、海洋石油及海洋渔业海上交通安全、疏浚、引航等多种高精度用户的需求，由交通部安全监督局布局规划了我国在沿海海域的无线电差分信标台，如图 8-11 所示。

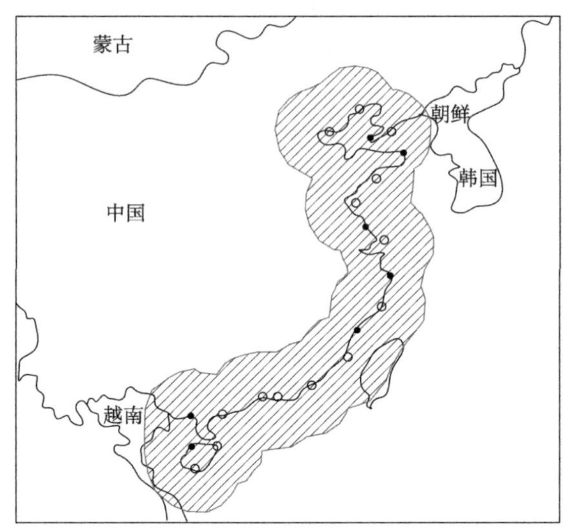

图 8-11　中国沿海信标台站分布及其覆盖范围示意图

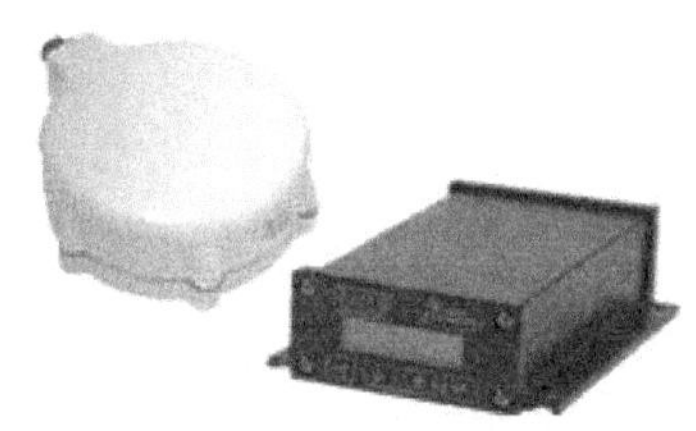

图 8-12　信标/GPS 二合一接收机

遍及中国沿海的各信标台站都在实时地不间断发布信标信号。这样，若拥有一台信标接收机，再配合 GPS 接收机使用，就可以得到高精度的实时定位结果。

信标/GPS 二合一接收机是将信标接收机、GPS 接收机集成为一体的接收机（图 8-12）。它的特点是系统极为简单，定位精度高，单机即可得到优于 1m 的定位精度，相对于自建基准站的差分系统而言，信标/GPS 二合一接收机的价格要低廉得多。

信标接收机同时也存在它的弱点，一旦超出了信标台站的覆盖范围，它的定位精度会大大降低，基本完全等同于单 GPS 定位精度。所以，是否选择使用信标/GPS 二合一接收机与测量精度需求和使用地点有着直接的关系，信标/GPS 二合一接收机最适合于沿海信标信号覆盖地区使用。

图 8-13 为信标作业中的技术流程图，不同的实时差分定位方法，可以获得从亚米级到 20cm 级再到 2cm 级的测量精度。

而信标导航作业系统中所采用通信技术主要包括：FM 和 TV 副载波单向数据/话音通信；信标台网双向数据通信；集群通信；蜂窝通信；陆基移动数字通信；卫星移动通信；流量余迹通信等。前 5 种通信技术主要用于近海、内河和湖泊区域。

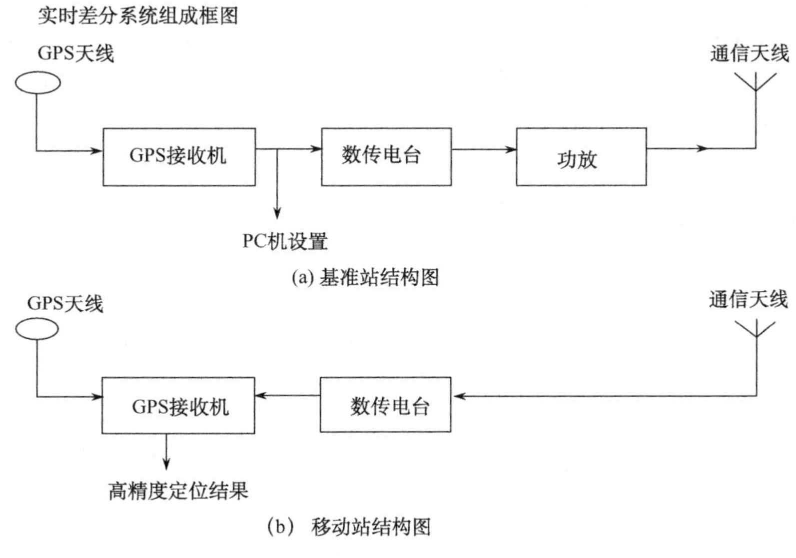

图 8-13　信标作业中的技术流程图

8.3　GPS 在工程测量中的应用

GPS 定位技术在工程测量中的主要应用范围包括多等级测量平面控制网建立、精密工程测量、地形及地籍测量、建筑物放样等。

8.3.1　平面控制测量

全球定位系统在平面控制测量方面的应用，是目前 GPS 技术应用的一个重要领域。它的主要作用是：

(1) 建立和维持高精度三维地心坐标系统；

(2) 进行不同大地控制网之间的联测和转换；

(3) 建立新的地面控制网(点)；

(4) 检核和改善已有地面网；

(5) 对已有的地面网进行加密；

(6) 研究与精化大地水准面。

GPS 技术以其精度高、速度快、费用低、操作简便等优良特性被广泛应用于大地控制测量中。时至今日，可以说 GPS 技术已完全取代了用常规测角、测距手段建立大地控制网。我们一般将应用 GPS 卫星定位技术建立的控制网称为 GPS 网。归纳起来大致可以将 GPS 网分为两大类：一类是全球或全国性的高精度

GPS网，这类GPS网中相邻点的距离在数千千米至上万千米，其主要任务是作为全球高精度坐标框架或全国高精度坐标框架，为全球性地球动力学和空间科学方面的科学研究工作服务，或用以研究地区性的板块运动或地壳形变规律等问题；另一类是区域性的GPS网，包括城市或矿区GPS网、GPS工程网等，这类网中的相邻点间的距离为几千米至几十千米，其主要任务是直接为国民经济建设服务。

1. 全国性的高精度GPS网

1991年，国际大地测量协会(LAG)决定在全球范围内建立一个IGS(国际GPS地球动力学服务)观测网，我国借此机会由多家单位合作，在全国范围内组织了一次盛况空前的"中国'92 GPS会战'"。目的是在全国范围内确定精确的地心坐标，建立起我国新一代的地心参考框架及其与国家坐标系的转换参数；以优于10^{-8}量级的相对精度确定站间基线向量，布设成国家高精度卫星大地网的骨架，并奠定地壳运动及地球动力学研究的基础。

作为我国高精度坐标框架的补充并为满足国家建设的需要，在国家A级网的基础上建立了国家B级网(又称国家高精度GPS网)。全网基本均匀布点，范围覆盖了全国，共布测730个点左右，总独立基线数2200多条，平均边长在我国东部地区为50km，中部地区为100km，西部地区为150km。经整体平差后，点位地心坐标精度达±0.1m，GPS基线边长相对中误差可达2.0×10^{-8}，高程分量相对中误差为3.0×10^{-8}。

国家A、B级网已成为我国现代大地测量和基础测绘的基本框架，并以其特有的高精度对我国传统天文大地网进行了全面改善和加强。通过求定A、B级GPS网与天文大地网之间的转换参数，建立起了地心参考框架与我国国家坐标之间的数学转换关系，从而使国家大地点的服务应用领域更宽广。利用A、B级GPS网的高精度三维大地坐标，并结合高精度水准联测，大大提高了确定我国大地水准面的精度，特别是克服了我国西部大地水准面存在较大系统误差的缺陷。

随着GPS软、硬件技术的发展，我国已完成全国两级GPS网的建设。其中国家A级(图8-14)和B级GPS大地控制网分别由30和800个点构成。它们均匀地分布在中国大陆上，平均边长相应为650km和150km。这两个网的数据处理采用了后处理精密星历和ITRF坐标框架，以便使中国国家A级和B级GPS网能准确地定位在这个全球性的参考系中。

2. 区域性GPS大地控制网

区域性GPS网，是指国家C、D、E级GPS网或专为工程项目布测的工程GPS网。这类网的特点是控制区域有限(或一个市，或一个地区)，边长短(一般从几百米到20km)，观测时间短（从快速静态定位的几分钟至一两个小时）。由于GPS

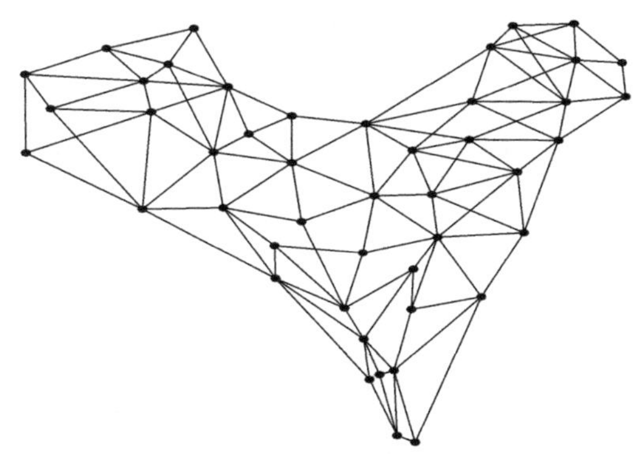

图 8-14　全国 A 级 GPS 网略图

定位的高精度、快速度、低费用等优点，在我国建立区域大地控制网的手段已基本被 GPS 技术所取代。就其作用而言，分为建立新的地面控制网；检核和改善已有地面网；对已有的地面网进行加密；拟合区域大地水准面。

1）建立新的地面控制网

尽管我国在 20 世纪 70 年代以前已布设了覆盖全国的大地控制网，但由于人为的破坏，现存控制点已不多，当需要在某个区域建立大地控制网时，首选方法就是用 GPS 技术来建网。

2）检核和改善已有地面网

由于经典观测手段的限制，对于已有的地面控制网，精度指标和点位分布都不能满足国民经济发展的需要，但是考虑到历史的继承性，最经济、有效的方法就是利用高精度 GPS 技术对原有老网进行全面改造，合理布设 GPS 网点，并尽量与老网重合，再对 GPS 数据和经典控制网一并联合进行平差处理，从而达到对老网的检核和改善的目的。

3）对老网进行加密

对于已有的地面控制网，除了本身点位密度不够以外，人为的破坏也相当严重，为了满足基本建设的急需，采用 GPS 技术对重点地区进行控制点加密是一种行之有效的手段。布设加密网要尽量和本区域的高等级控制点重合，以便较好地把新网同老网匹配起来，从而避免控制点误差的传递。

4）拟合区域大地水准面

GPS 技术用于建立大地控制网，在确定平面位置的同时，能够以很高的精度确定控制点间的相对大地高差，如何充分利用这种高差信息是近几年许多学者热烈讨论的一个话题。由于地形图测绘和工程建设都依据水准高程，因此必须把GPS测得的大地高差以某种方式转化成水准高差，才便于工程建设使用。通常的方法是：①采用一定密度及合理分布的GPS水准高程联测点（即GPS点上联测水准高程），用数学手段拟合区域大地水准面；②利用区域地球重力场模型来改化GPS大地高为水准高。

3. 工程测量GPS网

工程测量，通常是指与工程勘察设计、施工、验收与设备安装有关的应用性测量工作。工程测量的范围极广，而GPS测量技术能应用到几乎所有的工程测量中。GPS测量具有精度高、速度快、作业简便等特点，在特殊工程中，针对工程本身的特点，GPS网也有特殊的选择。

1）高精度专门网

例如，在美国斯坦福直线加速器（Stanford Linear Collider）精密控制测量中就采用了Macrometre v-100 GPS接收机，GPS控制网的布设如图8-15所示。

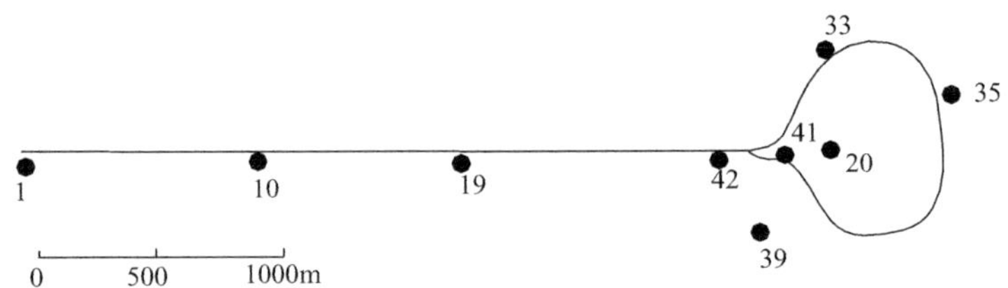

图8-15 GPS测量在斯坦福加速器控制工程中的应用

直线加速器安置在直线部分，粒子要在直径约为1km的环形通道上相撞。为此，大环形通道内安装了上千块磁铁，必须布设一个高精度的控制网，其点位误差要求不大于±2mm。由于该网布设范围仅约4km，在GPS相对定位中，卫星轨道误差的影响不大，电离层和对流层的影响也基本可以消除，定位的精度将主要受相位观测误差、天线相位中心偏差和多路径效应的影响。该公司用上述接收机，在9个测站（直线部分4个站，其余位于环形部分）上进行了精密的GPS测量，观测数据经综合处理后得出，控制点的水平位置精度约为1mm，高程的精度约为2mm，基本上满足了上述加速器设备安装的要求。

2）道路工程布网形式

下面以西安—南阳段GPS控制网为例，说明GPS线路控制网的布设和应用情况。

铁道部《铁路测量技术规程》规定，1∶2000 比例尺地形图测绘中，起、闭于高级控制点的导线全长不得大于 30km(公路线路一般规定小于等于 10km)。据此，铁路 GPS 线路控制网布设应满足以下几条：①作为导线起闭点的 GPS 应成对出现；②每对点必须通视，间隔以 1km 为宜(不宜短于 200m)；③每对点与相邻一对点的间隔不得大于 30km。具体间隔视作业条件和整个控制测量工作计划而定，一般 5～15km 布设一对点。这些点均沿设计线路布设，其图形类似线形锁。

图 8-16 显示了西安至南阳段 GPS 控制网的布设网形。

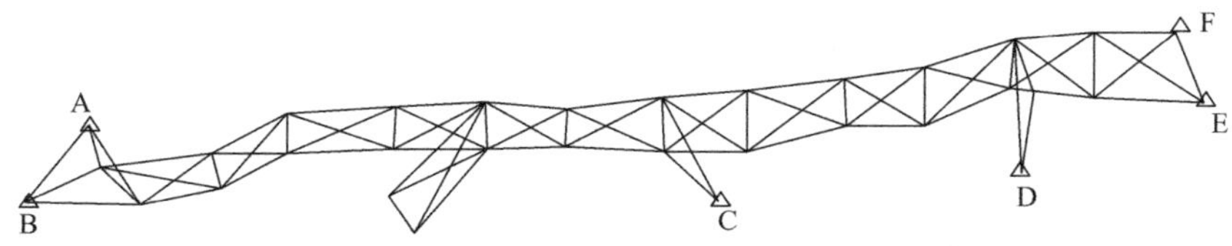

图 8-16 西安—南阳段 GPS 控制网

安康至南阳段线路长度 450km，勘测设计工作由铁道部第一勘测设计院承担。线路通过秦岭山脉东段和豫西山区。GPS 定位测量是为初测导线提供起闭点。GPS 网由 13 个大地四边形和 2 个三角形组成。待定点(GPS 控制点)24 点为 12 个点对，相邻点对间的平均距离为 18km。联测了 6 个国家控制点，选用其中 5 个点作为已知点参与平差。

3) 桥梁网

GPS 大桥控制网通常采用桥梁轴线坐标系。具体做法是：联测或者假定桥梁主轴线上的一个控制点坐标为位置基准，以正桥轴线为 y 轴，并以此确定 GPS 网的方位基准，而网的尺度基准由高精度测距仪器(如 ME5000 等)测定的正桥轴线两端控制点间的长度来确定。GPS 大桥控制网的投影面可以选用正桥高程面。

图 8-17 为江阴长江大桥 GPS 控制网形状，全网由 12 个控制点组成，两岸各布设 6 个，其中 1、2 点分布在桥主轴线上，并以其连线为 y 轴。

GPS 大桥控制网的测量精度，对于正桥轴线长度超过 2km 的大型铁路桥而言，长度相对精度应当不低于 1/200 000。这样的精度要求对于 GPS 静态定位来说并不困难。由于桥梁控制网三维精度高，且有方向性要求，GPS 基线处理可以采用一般商用静态后处理软件和广播星历，有条件的话，可使用高精度软件和精密星历。如果已经选定了正桥高程面作为大桥控制网的投影面，那么，就应当事先将正桥轴线边长和联测得到的控制点坐标投影到该高程面上，然后再进行二维坐标变换和 GPS 网的约束平差。

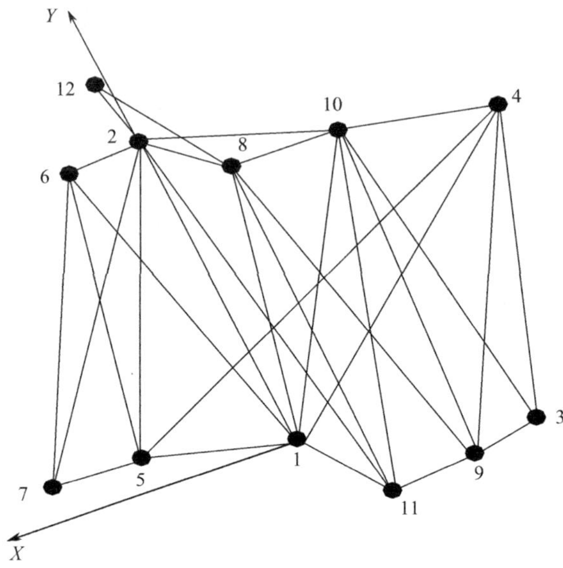

图 8-17　江阴长江大桥 GPS 控制网

8.3.2　RTK 技术在工程测量中的应用

1. RTK 技术及其发展

常规的 GPS 测量方法，如静态、快速静态、动态测量，都需要事后进行解算才能获得厘米级的精度，而 RTK 是能够在野外实时得到厘米级定位精度的测量方法。如前所述，它采用了载波相位动态实时差分（real-time kinematic）方法，是 GPS 应用的重大里程碑，它的出现为工程放样、地形测图以及各种控制测量带来了新的曙光，极大地提高了外业作业的效率。

GPS 新技术的出现，可以高精度并快速地测定各级控制点的坐标。特别是应用 RTK 新技术，甚至可以不布设各级控制点，仅依据一定数量的基准控制点，便可以高精度并快速地测定界址点、地形点、地物点的坐标，利用测图软件可以在野外一次性测绘成电子地图，然后通过计算机和绘图仪、打印机输出各种比例尺的图件。

应用 RTK 技术进行定位时，要求基准站接收机实时地把观测数据（如伪距或相位观测值）及已知数据（如基准站点坐标）传输给流动站 GPS 接收机，流动站快速求解整周模糊度，在观测到 4 颗卫星后，可以实时地求解出厘米级的流动站动态位置。这与 GPS 静态、快速静态定位需要事后进行处理相比，其定位效率会大大提高。故 RTK 技术一出现，其在测量中的应用便立刻受到人们的重视和青睐。

目前 RTK 技术在设备硬件上有很大发展，主要包括以下几个方面。

1）GPS-RTK 配合蓝牙技术

借助于蓝牙技术，大量的有线数据传输方式都可用无线通信代替，其中蓝牙技术已普遍应用到 GPS-RTK 作业中。

基本上，“GPS-RTK＋蓝牙”的应用可分为两类：一类是单独的“GPS＋蓝牙”型产品，然后利用蓝牙把定位信息传送给主机设备，即具有蓝牙功能的 PDA 或手机；另一类是直接将 GPS 和蓝牙集成到手机或 PDA 中。前者主要适用于一般手持设备，如具有蓝牙的 feature phone 或 PDA，然后可将“GPS＋蓝牙”设备放置于接收环境较好的位置，此时蓝牙的作用就纯粹是替代电缆（cable replacement）；后者主要适用于较高端的智能电话，并可通过手机的通信协议加载定位信息而具备 A-GPS 的功能。

2）网络 GPS-RTK 作业技术

RTK 技术是建立在流动站与基准站误差强相关这一假设的基础上的。GPS 流动站距离基准站的距离无论从电台传输距离还是精度上都是受限的，如当流动站与基准站间的距离大于 50km 时，常规 RTK 的单历元解一般只能达到分米级的精度。

网络 RTK 技术的基本原理是借鉴广域差分 GPS 和具有多个基准站的局域差分 GPS 的基本原理和方法，在一个较大的区域内稀疏地、较均匀地布设多个基准站，构成一个基准站网，消除或削弱各种系统误差的影响，获得高精度的定位结果。这一技术又称 VRS 虚拟参考站技术。如图 8-18 所示，网络 RTK 是由基准站网、数据处理控制中心和移动站组成的。与传统 RTK 技术相比，网络 RTK 具有覆盖范围大、测量成本低、精度高、可靠性强以及应用范围广等优点。

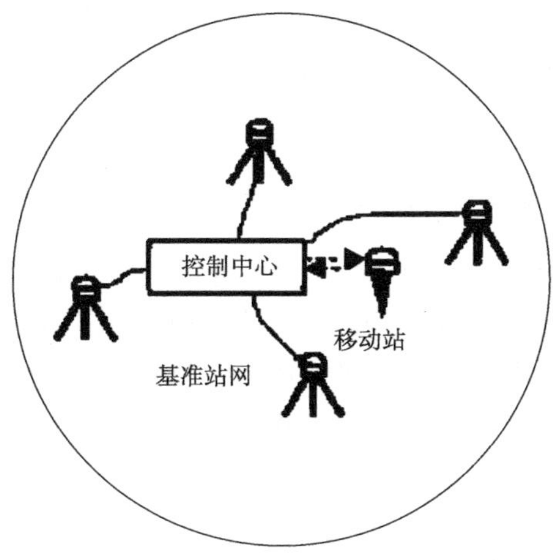

图 8-18　网络 GPS-RTK 系统构成

2. RTK技术用于普通测量

用RTK技术进行图根控制测量时，既能实时知道定位结果，又能实时知道定位精度(2cm级的精度)，这样可以大大提高作业效率。因此，除了高等级控制测量采用GPS静态相对定位技术之外，RTK技术完全可用于地形测图中的控制测量和碎部测量以及地籍和房地产测量中的界址点点位测量。

采用RTK技术进行测图时，仅需一人背着仪器在要测的碎部点(或界址点)上待上1～2s同时输入特征编码，通过电子手簿或便携微机记录，在点位精度合乎要求的情况下，把一个区域内的地形地物点位测定后回到室内或在野外，由专业测图软件可以输出所要求的地形图。用RTK技术测定点位时，不要求点间通视，仅需一人操作，便可完成测图工作，大大提高了测图的工作效率。

图8-19为典型的RTK地形测量作业模式。

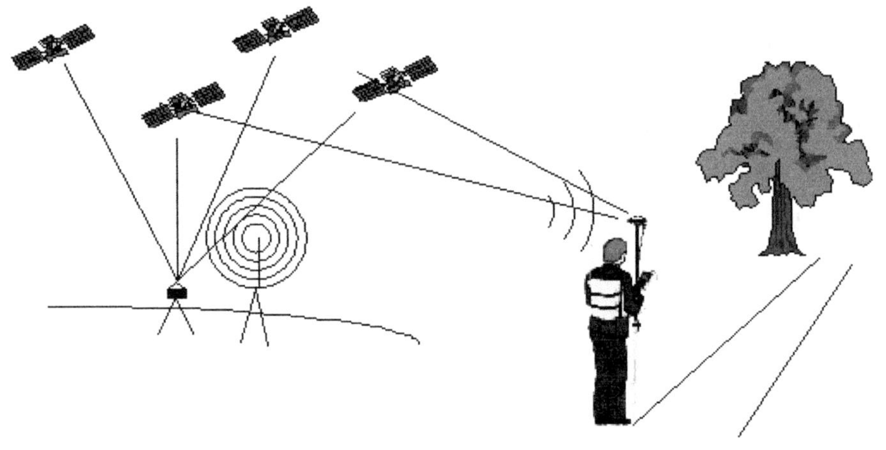

图8-19　RTK地形测量

1) RTK技术在地籍和房地产测量中的应用

地籍和房地产测量中应用RTK技术测定每一宗土地的权属界址点以及测绘地籍与房地产图，同上述测绘地形图一样，能实时测定有关界址点及一些地物点的位置并能达到要求的厘米级精度。将GPS获得的数据进行处理后直接录入GPS系统，可及时、精确地获得地籍和房地产图。但在影响GPS卫星信号接收的遮蔽地带，应使用全站仪、测距仪、经纬仪等测量工具，采用解析法或图解法进行细部测量。

在建设用地勘测定界测量中，RTK技术可实时地测定界桩位置，确定土地使用界限范围，计算用地面积。利用 RTK 技术进行勘测定界放样是坐标的直接放样，建设用地勘测定界中的面积量算实际上由 GPS 软件中的面积计算功能直接计算并进行检核，避免了常规的解析法放样的复杂性，简化了建设用地勘测定界的工作程序。

在土地利用动态检测中，也可利用 RTK 技术。传统的动态野外检测采用简易补测法或平板仪补测法，如利用钢尺用距离交会、直角坐标法等进行实测丈量，对于变动范围较大的地区则采用平板仪补测。这种方法速度慢、效率低。而应用 RTK 新技术进行动态监测则可提高检测的速度和精度，省时省工，真正实现实时动态监测，保证了土地利用状况调查的现时性。

2）RTK 技术在道路施工放样中应用

动态定位模式在公路勘测领域有着广阔的应用前景，可以完成地形图测绘、中桩测量、横断面测量、纵断面地面线测量等工作。测量 2～4s，精度就可以达到 1～3cm，且整个测量过程不需通视，有着常规测量仪器（如全站仪）不可比拟的优点。

除具有 RTK 的一般优势外，RTK 技术在道路施工测量中还具有其他优点：

（1）实时动态显示经可靠性检验的厘米级精度的线路测量成果（包括高程）；

（2）彻底避免了由于粗差造成的返工，提高了 GPS 作业效率；

（3）作业效率高，每个放样点只需要停留 1～2s，流动站小组作业，每小组（3～4 人）可完成中线测量 5～10km，其精度和效率是常规道路测量所无法比拟的；

（4）在中线放样的同时完成中桩抄平工作；

（5）应用范围广——可以涵盖公路测量（包括平、纵、横）、施工放样、监理、竣工测量、养护测量、GIS 前端数据采集等诸多方面；

（6）如辅助相应的软件，RTK 可与全站仪联合作业，充分发挥 RTK 与全站仪各自的优势。

3）RTK 技术在水下地形测绘中的应用

传统水下平面定位方法简洁，但有很大局限性，在面对大范围、离岸距离远的水下测量的情况时，测量（包括平面定位和水面高程推算）精度就会大大降低，而且大雾、超远距离作业会使传统水下测量方法不能实施。

GPS-RTK 定位法则是近 10 年才应用于水上测量的。目前利用差分 GPS 进行实时动态定位的定位精度已达到厘米级精度。相比传统水下测绘方法，差分 GPS 具有灵活、不受距离和气候的限制、自动化程度高的特点，也不会出现微波定位时由于干扰或图形条件不佳而造成掉信号或定位精度降低的现象。同样，采用基于实时动态载波相位测量的 RTK 技术，还可以实现满足基本测量精度条件下的 GPS 无验潮模式水下地形测量。作业时，测船上 GPS 设备只需连续接收到一个岸基台的GPS差分信号，就可以实现实时的连续定位，并且可以实现与测深点同步的自动采集和记录，借助动态吃水改正实时获得水下测点的三维空间信息。因此，GPS技术的应用使得水下测绘实现了真正的自动化。

一般水深测量中可以根据不同的测量模式和需要配置GPS接收机设备，有如下三种方案：①信标机；②单基站RTK；③网络GPS。

其中利用信标测量模式，GPS仅能获得亚米级平面坐标，同时需要单独设立水位观测站，并对观测数据进行事后改正，方能获得不同时刻采点的水面高程，并进而得到水下高程。

单基站RTK作业模式又称为无验潮模式水下地形测量，它是借助GPS RTK测量模式实现的，能够实时地获得测点在指定坐标系中的三维定位结果，并达到厘米级精度。在水下RTK作业模式下，基准站通过数据链将其观测值和测站坐标信息一起传送给船上的流动点(其与测深仪位于同一条垂线上)。流动点可在静止状态，也可在运动状态下进行初始化，然后再进入动态作业，按与测深仪采集频率同步的模式下进行三维坐标采集，因此可以直接获得测深点的三维空间坐标。

RTK作业方法受限于岸上基站发射信号的距离覆盖。就目前的RTK技术来说，作用距离最大可达到30km；如果测量区域与基准站距离过远，就需要采用RTD事后处理的模式进行或者按第三方案的网络GPS进行。

网络RTK技术代表着GPS的发展方向。利用GPRS数据传输业务传送GPS差分数据，有效地解决了控制中心与移动站之间的数据传输的难题，而且费用低、速度快、无延时，真正实现了高精度的实时动态定位。

图8-20为基于RTK的无验潮模式水下地形测量技术图。

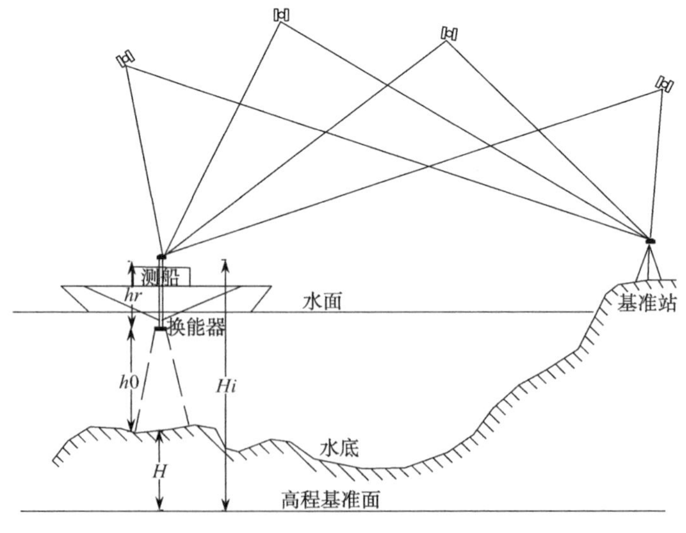

图8-20 无验潮模式水下地形测量

利用GPS-RTK能够实时获得水面上的三维位置即X、Y、H(其中H为测深仪探头的高程),同时测深仪同步获得水深数据值,所有的平面位置和水深数据可以通过一个简单的接口水上测量软件,与用户预定的方式一一对应,如按时间或按距离进行对应。同时如果选用的软件合适的话,利用GPS的双频RTK技术还可以实现水上测量的波浪平滑测量和海洋的潮汐数据的采集,这样对于高精度的水上测量来说意义更加重要。

8.4　GPS技术在林业工作中的应用

GPS在林业建设行业中市场广阔,应用潜力巨大,已在森林资源调查、规划设计林区物探、荒漠化监测、森林防火、森林病虫害防治等方面取得了可喜的成绩。

将GPS这一先进的测量技术应用在林业工作中,能够快速、高效、准确地提供点、线、面要素的精密坐标,完成森林资源调查与管理中各种境界线的勘测与放样落界工作。GPS技术已成为森林资源调查与动态监测的有力工具。

1. 森林资源管理

森林资源管理是林业当前乃至今后重中之重的工作。如采用GPS进行管理,可提高工作的准确性和高效性。传统的森林分布面积的量测是建立在模拟地图或经纬仪等外业测图的基础之上的,最后利用诸如方格网法、条带网法、图形称重法、机械求积仪法、电子求积仪法、解析法等求算面积,这些方法环节多,测定结果精度较低。而现在只要利用GPS技术和相应的软件,沿林区周边使用直升机就可以对林区的面积进行测量。在使用GPS进行测量时,对周边每点都进行了测量,而且测量的精度很高。有试验证明,对于一块用经纬仪测量过面积的林区,沿林区周边及拐角处进行了GPS(eTrex SUMMIT手持GPS仪,图8-9)定位测量并进行偏差纠正,得到的结果与已测面积误差为0.03%。

2. 森林资源分布定位

在我国森林资源清查中,固定样地的定位与复位测量是采用地形图引线定位和直接搜寻样地的方法实现的,此法费工、费时而且精度较低。GPS技术的快速动态定位特性为上述工作提供了有力的技术支持。利用手持GPS导航确定开伐境界线,确立标桩。以往该类工作采用角规、拉线等方法,工作强度大,误差大,准确度低,经常需要返工,浪费严重。采用GPS后,利用其航迹记录和测角、测距功能,不但降低了劳动强度,而且准确度高,落图简便,极大地提高了效率。

3. 建立林区GPS控制网点

利用差分或测量GPS建立林区GPS控制网点，这些具有精密坐标的基准点，是林区今后各种工程测量作业必须参照的位置基准。

利用这些控制点，可以对林区各种境界线实施精确勘测、制图和面积求算，如各种道路网、局界、场界地类位置等，并将其转绘于林业基本用图上，达到对各种森林地类变化进行动态监测的目的，测量精度可以达到分米级。

4. 林地作业管理

利用差分或测量型GPS进行图面区划界线的精确现地落界，如两荒界、行政区界等，解决现地界线不清和标志位置不准等普遍存在的问题。

例如，使用GPS可对准备采伐的伐区、小班进行踏查，初步确定小班及伐区的位置、面积、运材线路等，经过内业进一步筛选后，确定需采伐的小班；对占用的林地，使用GPS进行初步定位、量测，以决定是否审批或初步计算各种补偿费用。

而在采伐设计中，可使用GPS进行定位、求面积、割分采伐小班，将GPS采集的数据提供给资源管理地理信息系统，能够绘制采伐设计图，还可用于运材林道的设计等。

在对采伐的小班进行验收时，使用GPS可快速、准确地定位所采伐的小班位置是否正确、面积是否准确、是否超边越界等。

5. 森林防火

利用手持GPS进行火场定位、火场布兵、火场测面积、火灾损失估算，精确度高，安全性强，能够实时、快速、准确地测定火险的位置和范围，为防火指挥部门提供决策依据，已为国内外防火机构广泛采用。例如，我国黑龙江沾河林业局利用差分GPS技术，在防火飞机的环动仪上安装热红外系统和GPS接收机。防火飞机巡飞时，如有火情，热红外系统会立刻发现并利用GPS确定发生位置的精确坐标，配合地面防火塔，迅速向地面接收站报告。GPS和地形图配合使用，可以确定林火的进展情况：用GPS确定林火的位置，在地形图上绘制火场示意图。这样就可以及时地掌握林火的发生范围、面积等，为采取相应的扑救措施提供了依据。依靠GPS的导航功能，可实施飞机直接灭火措施。首先把火场的位置信息输入到GPS接收机中，然后利用它进行导航，快速寻找火场，实施快速灭火（如喷洒灭火剂、运送灭火队伍等）。

6. 利用GPS进行飞机播种造林

在没有采用GPS之前，飞行员很难对已播和未播林地进行判断，经常会出现重播和漏播的情况，飞播效率很低。采用 GPS 之后，利用其航迹记录功能，飞行员可以轻松了解上次播种的路线，从而有效地避免了重播和漏播。此外，利用航线设定功能，飞行员可以在地面对飞行距离和航线进行设定，在飞行中按照预先设定好的航线工作飞行，极大地降低了作业难度。利用 GPS 的导航和航迹记录功能，可以更有效地实施飞播造林工程。这种方法可以减少地面工作人员的数量、降低劳动强度、节约飞播经费、加快飞播进度，为实施大面积、大规模造林工程提供了技术保障。

7. 利用 GPS 进行病虫害防治

病虫害防治是天然林保护工程中必须考虑的问题，研究利用 GPS 进行大面积病虫害防治具有现实意义。应用 GPS 为林业管理进行飞机巡视导航，可以摆脱庞大的地面指挥和信号导航系统，减少车辆、通信设备和人员的使用，降低组织工作的难度，减少人力、物力和财力的浪费，降低防治成本；免除地面指挥人员和信号队员的日晒和药薰之苦，降低劳动强度，提高工作效率；对于山高林密的作业区，信号队员不易到达或不能及时到位，人工导航漏喷或重喷现象严重，GPS 导航也很好地解决了这一问题。

8.5　GPS 在农业、旅游、气象中的应用

8.5.1　GPS 在农业领域中的应用

农业生产中，增加产量和提高效益是根本目的。要达到增产高效的目的，除了采取适时种植高产作物，加强田间管理等技术措施外，弄清土壤性质、检测农作物产量和分布、合理施肥以及播种和喷洒农药等也是农业生产中重要的管理技术。尤其是现代农业生产走向大农业和机械化道路，大量采用飞机撒播和喷药，为降低投资成本，引导飞机作业做到准确投放是十分重要的。

利用 GPS 技术，配合遥感技术(RS)和地理信息系统(GIS)，能够做到监测农作物产量分布、土壤成分和性质分布，做到合理施肥、播种和喷洒农药，节约费用、降低成本，达到增加产量、提高效益的目的。利用差分 GPS 技术可以做到以下几个方面。

1. 土壤养分分布调查

在播种之前，可用一种适合于在农田中运行的采样车辆按一定的要求在农田中采集土壤样品。车辆上配置有 GPS 接收机和计算机，计算机中配置地理信息系统软件。采集样品时，GPS 接收机把样品采集点的位置精确地测定出来，将其输入计算机，计算机依据地理信息系统将采样点标定，绘出一幅土壤样品点位分布图。

2. 监测作物产量

在联合收割机上配置计算机、产量监视器和GPS接收机，就构成了作物产量监视系统。对不同的农作物，需配备不同的监视器。例如，监视玉米产量的监视器，当收割玉米时，监视器记录下玉米的接穗数量和产量，同时GPS接收机记录下收割该株玉米时所处位置，通过计算机最终绘制出一幅关于每块土地产量的产量分布图。通过和土壤养分含量分布图进行综合分析，可以找出影响作物产量的相关因素，从而进行具体的田间施肥等管理工作。

3. 精确农业管理

依据农田土壤养分含量分布图，设置有GPS接收机的"受控应用"的喷施器，在GPS的控制下，依据土壤养分含量分布图，能够精确地给田地的各点施肥，施用的化肥种类和数量由计算机根据养分含量分布图控制。

在作物生长期的管理中，利用遥感图像并结合GPS可绘出作物色彩变化图。利用GPS定位采集一定数量的土壤及作物样品进行分析，可以绘制出作物不同生长时期的土壤养分含量的系列分布图。这样可以做到精确地对作物生长进行管理。

利用飞机进行播种、施肥、除草等工作，作业费用昂贵。合理地布设航线和准确地引导飞机，将大大节省飞机作业的费用。据国外介绍，利用差分GPS对飞机进行精密导航，估计会使投资降低50%。具体应用中，利用GPS差分定位技术可以使飞机在喷洒化肥和除草剂时减少横向重叠，节省化肥和除草剂用量，避免过多的用量影响农作物生长；还可以减少转弯重叠，避免浪费，节省资源。对于夜间喷施，更有其优越性。因为夜间蒸发和漂移损失小，另外夜间植物气孔是张开的，更容易吸收除草剂和肥料，提高除草和施肥效率。依靠差分GPS进行精密导航，引导农机具进行夜间喷施和田间作业，可以节省大量的农药和化肥。

GPS技术在农业领域的应用不仅在于大面积种植，在小面积的农田，特别是在格网种植的小面积内，应用小型自动化设备，配合差分GPS导航设备、电子监测和控制电路，能够适应科学种田的需要，做到精确管理。这种投资较低、安装方便、操作灵活。

总之，GPS技术在农业领域将发挥重要作用。在我国，尚需积极开展在农业中的应用研究以及相关设备的研制，特别在大平原地区、利用大规模的机械化生产的地区，应当重视GPS技术在农田作业和管理中的应用。

8.5.2 GPS在出行、旅游中的应用

利用GPS技术开发的汽车导航系统，是当今人们出行时路线规划中一项重要

的辅助工具，它包括自动线路规划和人工线路设计。自动线路规划由计算机软件按要求自动设计最佳行驶路线，包括最快的路线、最简单的路线、通过高速公路路段次数最少的路线等。人工线路设计是由驾驶者根据自己的目的地设计起点、终点和途经点等，自动建立线路库。线路规划完毕后，显示器能够在电子地图上显示设计线路，并同时显示汽车运行路径和运行方法。通过路线规划，可以缩短上路时间、寻找最佳路径，大大提高工作车辆的效率。

伴随着都市人生活质量的提高，GPS 服务将逐步应用到私人旅游及野外考察中，例如到风景秀丽的地区去旅游，到原始大森林、雪山峡谷或者大沙漠地区进行野外考察，安装于车内的 GPS 接收机将充分发挥其全球定位的功能，成为驾驶者最忠实的向导。在驱车浏览风景的途中，乘车者可以随时知道车辆所在位置及行走速度和方向，从而避免迷失路途。同时，GPS 监控中心将实时为车辆提供导航及其他信息服务（ITS 系统），如“前方路口左转”、“您已经偏离航线”等信息提示。即使您途中出现麻烦，也无须惊慌，因为 GPS 监控服务中心会及时为您指示、连接最近的救援机构，积极采取行动。通过 GPS 监控中心提供的友情远程服务，即使乘车者车行万里，仍不失在家的感觉。

目前掌上型导航接收机已经问世，不久会生产出手表式的 GPS 导航接收机，携带和使用就更方便。可以说，GPS 的应用将进入人们的日常生活，其应用前景非常广阔。

8.5.3　GPS 在气象领域中的应用

利用 GPS 理论和技术来遥感地球大气，进行气象学理论和方法的研究，如测定大气温度及水汽含量、监测气候变化等，称为 GPS 气象学（GPS/MET）。而根据 GPS/MET 观测站的空间分布来分类，GPS 气象学可以分为两大类：①地基 GPS 气象学（Ground-based GPS/MET）；②空基 GPS 气象学（Space-based GPS/MET）。

大气温度、大气压、大气密度和水汽含量等量值是描述大气状态的最重要的参数。无线电探测、卫星红外线探测和微波探测等手段是获取气温、气压和湿度的传统手段。但是与 GPS 手段相比，就可明显地看出传统手段的局限性。无线电探测法的观测值精度较好，垂直分辨率高，但地区覆盖不均匀，在海洋上几乎没有数据。被动式的卫星遥感技术可以获得较好的全球覆盖率和较高的水平分辨率，但垂直分辨率和时间分辨率很低。利用 GPS 手段来遥感大气的优点是：它是全球覆盖的，费用低廉，精度高，垂直分辨率高。根据 1995 年 4 月 3 日美国发射的用于 GPS 气象学研究的 Microlab-1 低轨卫星的早期结果显示，对于干空气，在从 5～7km 到 35～40km 的高度上，所获得的温度可以精确到± 1.0℃之内。正是这些优点，使得 GPS/MET 技术成为大气遥感的最有效、最有希望的方法之一。

当 GPS 发出的信号穿过大气层中的对流层时，受到对流层的折射影响，GPS 信号要发生弯曲和延迟，其中信号的弯曲量很小，而信号的延迟量很大，通常在 2.3m 左右。在 GPS 精密定位测量中，大气折射的影响被当作误差源而要尽可能将它的影响消除干净。而在 GPS/MET 中，与之相反，所要求得的量就是大气折射量。通过计算可以得到所需的大气折射量，再通过大气折射率与大气折射量之间的函数关系可以求得大气折射率。大气折射率是气温 T、气压 P 和水汽压力 e 的函数，通过一定关系，则可以求得我们所需要的量。

因此，GPS/MET 探测数据具有覆盖范围广（全球）、垂直分辨率高、精度高和长期稳定的特点。对它的研究将给天气预报、气候和全球变化监测等领域产生深刻的影响。

1. 天气预报

我们知道数值天气预报（NWP）模式必须用三维温、压、湿和风数据作为初值。目前提供这些初始化数据的探测网络的时空密度极大地限制了预报模式的精度。无线电探空资料一般只在大陆地区存在，而在重要的海洋区域，资料极为缺乏。即使在大陆地区，探测一般也只是每隔 12h 进行一次。虽然目前通过气象卫星资料可以反演得到温度轮廓线，但这些轮廓线有限的垂直分辨率使得它们对预报模式的影响相当小。而 GPS/MET 观测系统可以进行全天候的全球探测，加上观测值的高精度和高垂直分辨率，使得 NWP 精度的提高成为可能。这样，可以提高 NWP 的准确性和可靠性。

2. 气候和全球变化监测

全球平均温度和水汽是全球气候变化的两个重要指标。与当前的传统探测方法相比，GPS/MET 探测系统能够长期稳定地提供相对高精度和高垂直分辨率的温度轮廓线，尤其是在对流层顶和平流层下部区域。更重要的是，由 GPS/MET 数据计算得到的大气折射率是大气温度、湿度和气压的函数，因此可以直接把大气折射率作为“全球变化指示器”。

8.6 基于 GPS 技术的建筑结构健康监测

结构健康监测是个交叉学科，涉及模糊数学、神经网络、位移确定模型以及有限元工程正反分析等知识。从仿生学角度来看，结构健康监测系统可以说是一种智能系统，它对力学意义上的结构赋予智能功能与生命特征，使其以生物界的方式感知结构系统的内部状态（结构整体形变、局部应力应变、强度和刚度等）与外部环境，在线监测结构的健康状态。当遇到突发事故或环境危险时，系统甚至可通过调节与控制使整个结构系统恢复到最佳工作状态。可见,它能对结构的整体状况进行实时的诊断,及时发现结构部件的损伤,并对损伤进行探测和定位,使整个结构系统的功效始终处于被监测状态,为工程结构的安全使用提供重要依据。可以说,健康监测是将目前广泛采用的离线、静态、被动的损伤检测,转变成了在线、动态、实时的监测。一般认为,现代结构健康监测系统主要包括传感系统、数据采集系统、数据处理与分析系统,整个系统的工作流程如图 8-21 所示。

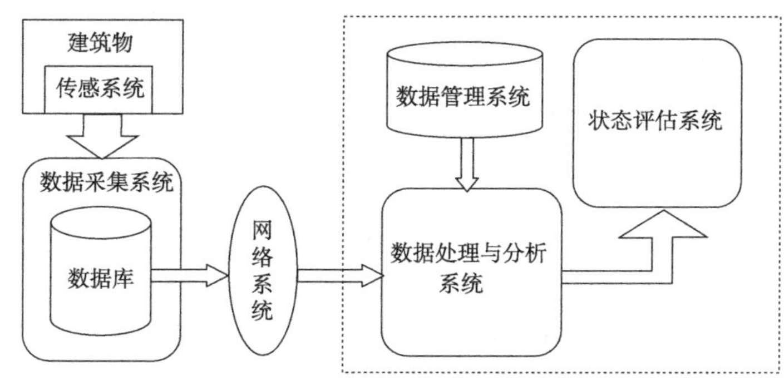

图 8-21　健康监测系统工作流程

GPS 测量技术用于结构健康监测是近些年出现的新型健康监测方法,并在多项工程实践中得到应用和验证。

基于 GPS 技术的监测系统以现代卫星大地测量理论和技术为基础,以基于多元统计分析的数据处理和变形分析理论、技术为核心,以现代通信和计算机网络技术为手段,实现精密监测工程自动化的监测系统。它是 GPS 定位技术、数字通信技术、计算机网络技术、自动控制技术、精密工程测量技术和现代数据处理技术等高新技术的集成。图 8-22 为基于 GPS 的某建筑物健康监测系统的组成。

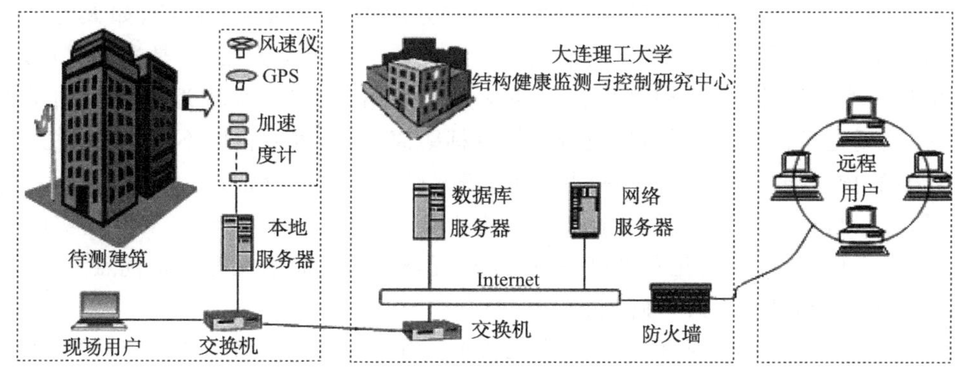

图 8-22　基于 GPS 的建筑物健康监测系统

早期的GPS监测主要是静态或者准静态的监测，直到近几年随着OTF(动态初始化)问题的解决和RTK技术的诞生，长期的实时动态监测才得以迅速发展。例如，1989年，美国USACE用两台基准站和六台移动站建成了全自动高精度变形监测系统(CMS)，用于监测爱达荷州的dworshak大坝，采用的是10通道的Trimble4000SL接收机和Trimvec后处理软件，垂直和水平精度均可达3mm；对艾伯塔西部高达160m的卡尔加里塔，加拿大的Loves等于1993年11月用Novatel公司的GPS Card™951型接收机进行了强风作用下的振动测量，测得南北、东西方向的振动频率均为0.3Hz，没有超过允许的0.1～10Hz范围，证实了GPS可作为一种建筑物振动测量的标准方法；法国的Leroy等对全长为241m、中央跨度为856m的诺曼底大桥于1995年1月交付使用前进行了测试，证明了GPS能够以厘米级精度进行实时水平位移监测。

GPS连续参考站系统COR的发展，使得实现24h连续GPS健康监测成为可能，同时GPS多天线阵列变形监测系统的出现，使之系统建立的成本大幅下降。GPS多天线阵列变形监测系统，即通过多路天线共享器使接收机能控制多个接收天线(天线阵列)，由此使用少量接收机即可监测多个天线相位中心的变化量。多路天线共享器的输入端口与GPS天线连接，在实用中，为了防止GPS高频信号在传送过程中发生损耗，可在天线与共享器之间设置一个GPS信号放大器。基于COR的GPS多天线阵列变形监测系统已成功用于大坝与滑坡的变形监测以及桥梁的健康监测中。

1. GPS用于桥梁结构动态检测

大桥建成通车后，受环境因素影响及在运营荷载和特殊荷载(如台风、地震、特种运输等)作用下，其强度和刚度可能会降低，结构性能发生劣化，这将影响行车安全和桥梁的使用寿命。因此，对大桥的结构特性和安全状况进行监测和评价是保证大桥安全的主要依据。而传统的桥梁检查方法难以达到这个目的，如大跨度悬索斜拉桥在强风作用下会产生振动式位移。经典位移测量方法：一是光学仪器，当结构位移变化迅速时，这种测量方法通常是不适用的；二是采用近景摄影测量方法，但受场地条件限制，摄站到被研究的目标距离较远，因此精度不高；三是使用加速计表的物理测量方法也存在一些问题，需要确定二重积分常数。因此，建立一个实时动态、自动并全天候的健康监控系统十分有必要。而GPS技术以其实时性好、可全天候工作、自动化程度高、精度高和观测点间无需通视等诸多优点，已在多座大桥上用于大桥动态位移监测。

除风力效应监测、温度效应监测、公路负荷效应监测、铁路负荷效应监测、大桥钢索索力监测以及大桥主要构件应力监测外，大桥主梁和索塔轴线的空间位置是衡量大桥是否处于正常营运状态的一个重要标志。因此，获取不同工况下大桥主梁和索塔轴线特征点的空间位置变化是大跨度斜拉桥健康检测的重要组成部分。相对于传统桥梁变形监测手段，GPS 技术有如下优点：直接获取独立的三维绝对坐标，增强桥梁结构健康监测的可靠度；实时计算并显示三维位移；全天候 24h 连续观测；与已有系统的绝对位置独立检核。

建立大桥三维动态位移 GPS 监控系统的目的是：

(1) 对大桥三维（竖向、横向、纵向）动态位移和环境变化进行长期的实时性监测，实时获取大桥线形变化、结构体系动力特性信息以及环境参数；

(2) 对监测信息进行实时处理和模型分析，进一步反演分析结构内力和刚度变化，从而对结构承载力进行评价；

(3) 直观了解台风、地震、偏载、特种运输等特殊荷载下的结构响应，判断结构安全性和交通安全性；

(4) 根据设定的安全参数建立多等级报警系统，以可视化的三维动态形式及时了解和掌握大桥在各种条件下的工作状况，实现动态的结构危险性分析、评价和预警。

图 8-23 为某一桥梁 GPS 监测系统，它由包括 RTK 参考站、n 个监测站在内的 GPS 传感器、通信链路（无线通信系统及光纤通信系统）、数据处理和管理软件（控制中心）、附件和形变分析软件等在内的一个完整的系统组成。

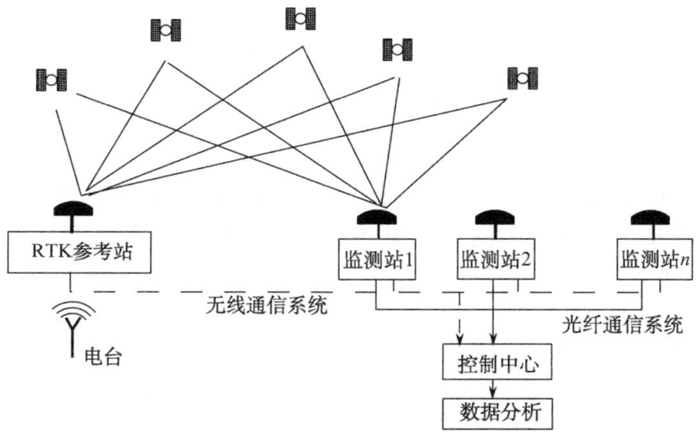

图 8-23　GPS-RTK 桥梁监测系统

利用建立的 GPS 监测系统可实现对桥梁的全天候自动检核和数据的实时获取。其中，通信网络系统负责传输 GPS 数据和遥控 GPS 接收机；控制中心分析和管理系统可以实现对数据的实时分析，输出检测结果，并实现自动报警功能。系统通过对桥梁位移和变形的高精度实时监测和分析，为桥梁的管理和维护提供了科学的依据。

图8-24为徕卡(Leica)GPS SPIDER Positioning监测系统中心由RTK软件得到的某大桥监测时所显示的卫星状况、监测点实时定位结果以及系统状态等。

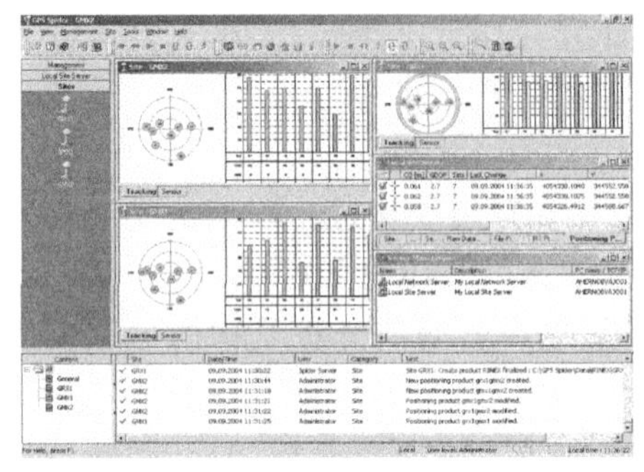

(a) 卫星分布状态

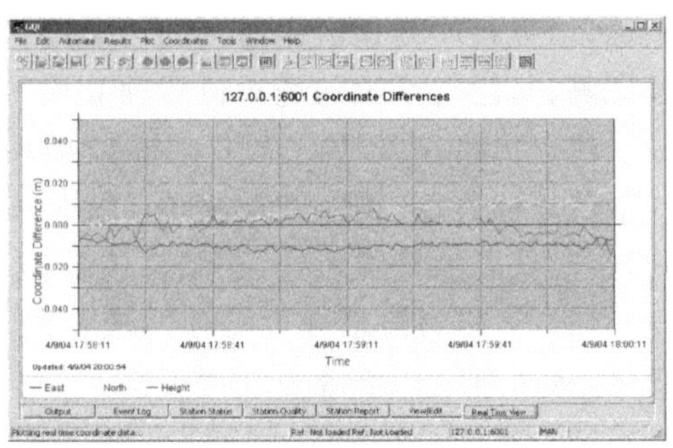

(b) 监测点实时位置变化

图8-24　大桥GPS监测时动态显示

利用GPS RTK实时定位技术可以按设定的采样频率采集桥梁动态变化时监测特征点的空间位置数据。目前,双频GPS接收机的最高采样频率为10Hz(事后数据处理方式),这就意味着在实时监测点测量时,流动站上的GPS接收机可以达到每秒10个数据的采集率,因此它完全可以用于振动频率在1Hz以下的桥梁振动变化的监测并为结构和物理分析提供必要的数据。

利用谱分析工具,可以从桥梁的水平振动和垂直振动过程中振幅和频率的变化过程曲线上得到更加精确的频率估计;结合不同条件下的振动状态,得到不同频谱特性曲线图。

实践结果表明,动态GPS技术能监测到大桥一阶谐运动的动态变化特征。

图8-25为某大桥两个监测点获得的某时刻车辆动荷载条件下大桥桥梁振动时一阶谐运动曲线。

2. GPS用于大坝变形检测

水电站大坝由于水负荷的重压等因素的影响可能产生变形,危及坝体的安全,故需要对大坝的变形进行连续而精密的监测。GPS定位技术同样可以满足这类工程安全监测的精度,而且比常规方法更容易实现监测工作的自动化。

传统的大坝外观变形监测是采用全站仪进行的,按传统的人工观测方式采集数据,自动化程度比较低,同时存在很大的局限性。首先,由于监测环境的通视障碍,不得不在基准点和大坝变形监测点之间增加若干中间点,这样不但要浪费一部分工作量,而且观测误差的传递、积累,必然会影响监测精度;其次,人工观测难以实现对大坝的自动化连续监测。

而用GPS大地连续参考站系统(CORS)监测大坝相对于基准点的整体位移,

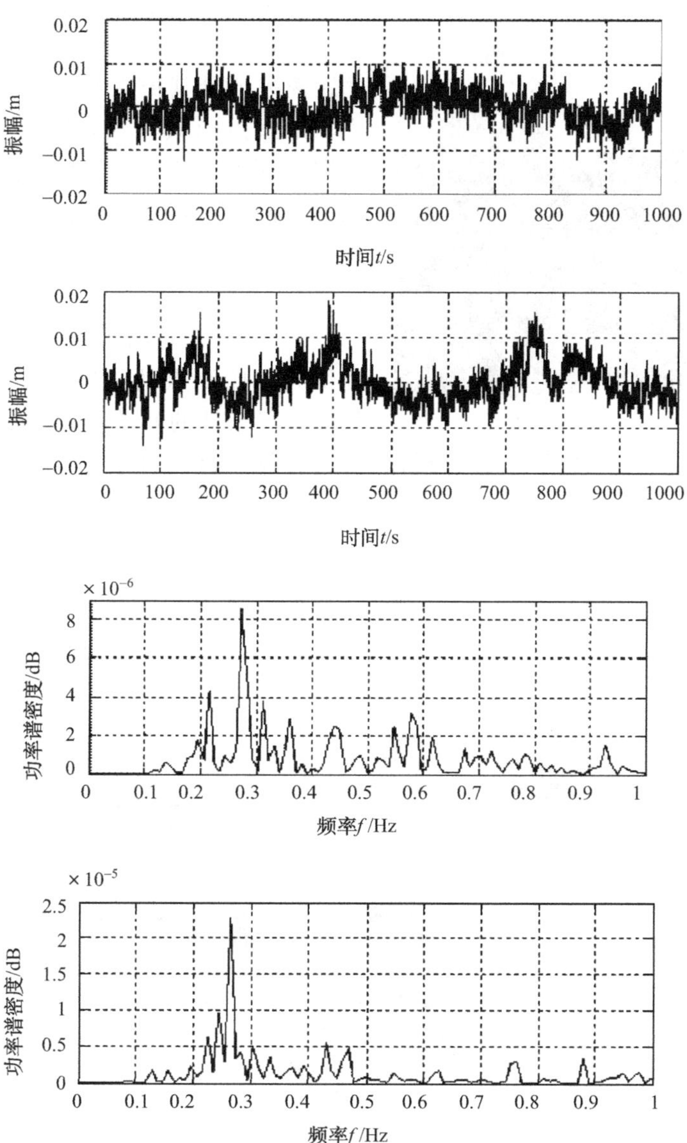

图 8-25　大桥桥梁振动时一阶谐运动曲线

不仅精度高，而且不受通视限制，可以在无人值守的情况下实现 24h 连续监测，确保大坝安全。

图 8-26 为 CORS 某基准点 GPS 接收天线安置的情形。

GPS 大地连续参考站系统一般由监测（数据采集）单元、数据传输单元和数据处理、分析、管理单元组成。

图 8-26　CORS 基准站

参考基准要建在大坝邻近地区的稳定基岩上，并通过定期精确复测两基准点间的距离来评价其稳定性。监测点可布设在大坝的冠点及其两侧，监测点的个数可根据实际需要确定。布设基准点与监测点时，应特别注意选择天空观测环境良好的地点建立监测墩，以免环境干扰降低监测精度。

大坝 GPS 监测系统应能同步、实时地提供大坝监测点的三维变形量，且不受气候等外界条件的影响，可全天候监测；系统应能实现数据采集、传输、处理、分析、显示、存储全过程自动化且水平和垂直位移监测精度能达亚毫米级。

系统硬件一般组成如图 8-27 所示。

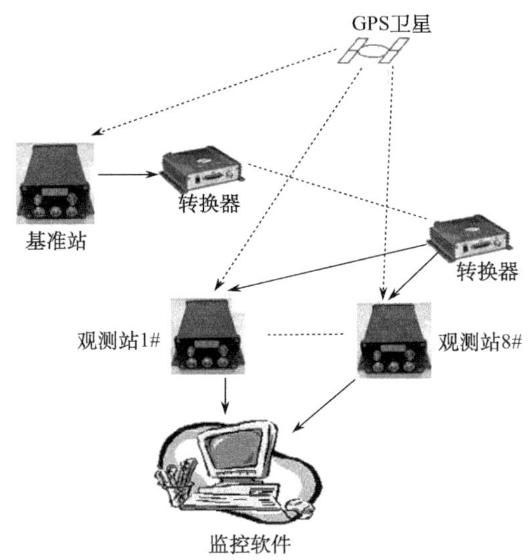

图 8-27　大坝 GPS 监测系统构件示意图

系统数据流图如图 8-28 所示。

数据处理模块由总控、数据处理、数据分析、数据管理四个模块组成，这是 GPS 自动化监测系统的核心。

其中，总控模块负责整个系统的数据传输控制，数据流的分发、管理和对 N 台 GPS 接收机工作状况的实时监控；数据处理模块负责数据格式转换、清理、基线解

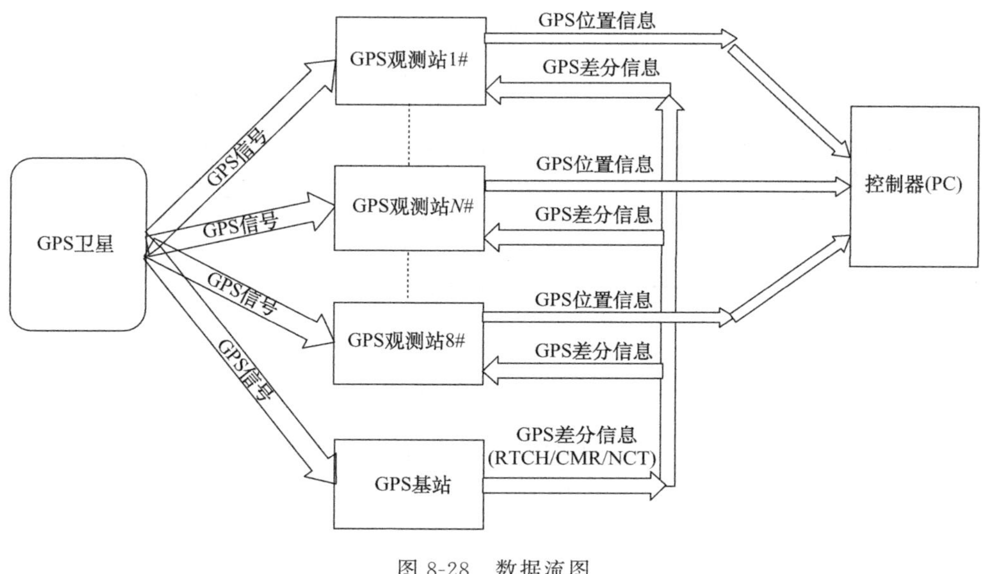

图 8-28　数据流图

算、平差计解算、坐标转换、输出、精度评定等；数据分析模块负责变形参数精度、灵敏度分析、基准稳定性分析、变形量时序、频谱分析、变形直观图输出、显示等；数据管理模块负责数据压缩、进库、转储、库文件管理、打印各种报表等。

系统连接方式如图 8-29 所示。

监测系统由 N 台 GPS 组成，其中 1 台基准站，$(N-1)$台为观测站。GPS 通信系统是 GPS 大坝监测最基本的环节，系统的设计应本着简单、先进、可靠、易于维护的原则，可采用光纤通信。数据采集、传输、处理三大部分采用局域网络，联成一个有机的自动化系统。

利用优秀的后处理软件，如 GAMIT、Bernese 等；采用高精度的 GPS 卫星星历，如 IGS 精密星历；确保基线起算点有足够的精度，并使监测点的测量精度能达到亚毫米级。

3. 用 GPS 定位技术进行高精度海洋平台监测

用经典的大地测量方法监测海上平台位移，一般是极其困难的。而 GPS 测量技术由于其操作简单、快速，监测点之间不但不需通视，且距离一般也不受限制，所以它为海上勘探平台的监测工作开辟了重要途径。

在海上，石油和天然气的开采可能会引起海底地壳的沉降，从而引起勘探平台的下沉。根据北海油田的经验，典型的沉降速度每年可达 10～15cm。因此，随时监测海上勘探平台的水平和垂直位移情况，对于保障安全生产而言显然是极为重

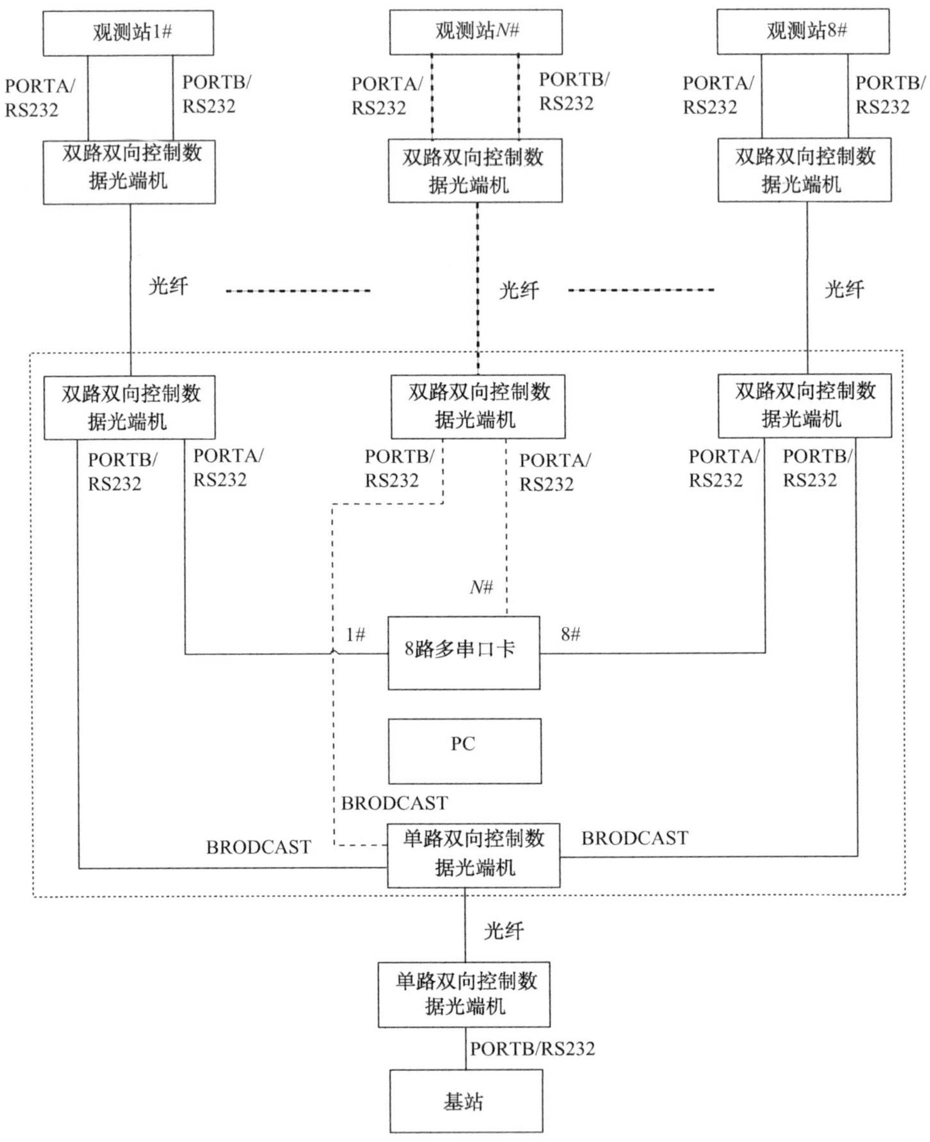

图 8-29 系统控制连接方式

要的。随着我国海上资源勘探工作的发展,这项工作日益引起人们的关注。

利用高精度的 GPS 静态相对定位法对海上平台进行监测,应定期地重复观测。重复观测周期的长短视相对定位的精度和平台可能的沉降量而定(如每月一次或每半年一次)。因为平台位移监测的精度要求很高,所以在实际工作中,要注意削弱多路径效应等系统性误差的影响,同时在数据处理中要使用精密星历以减弱卫星轨道误差的影响。

为了获得较好的海上定位精度，将GPS接收机与船上的导航设备组合起来进行定位。例如，在利用GPS伪距法定位的同时，用船上的计程仪（或多普勒声纳）、陀螺仪的观测值联合推求船位。

8.7　智能运输系统和GPS车辆导航

8.7.1　智能运输系统（ITS）简介

自20世纪90年代以来，包括GPS在内的电子信息技术越来越多地进入交通运输部门，并逐渐形成一个崭新的工程领域，即智能运输系统（Intelligent Transportation System，ITS）。智能运输系统，就是通过采用先进的电子技术、信息技术、通信技术等高新技术，对传统的交通运输系统及其管理体制进行改造，从而形成一种信息化、智能化、社会化的新型现代交通系统。ITS强调的是运输设备的系统性、信息交流的交互性以及服务的广泛性。

ITS涵盖的内容十分广泛，根据权威的美国ITS协会的观点，从技术领域、工作特点和应用场合等方面，可把从事ITS产业的众多部门大致概括为以下三大类。

1）车辆控制和车载单元

主要包括自动高速公路系统、不停车收费系统、智能运行控制系统、视觉增强系统、汽车电子子系统、车道跟踪/变更/交汇系统、自动刹车系统、精确停车系统、车牌自动识别系统、电子黄页和其他非地图数据库。

2）远程信息处理

主要包括导航数据库、车载硬件系统和元件、实时交通/气象信息服务、紧急辅助通信和服务、GPS和元件、事故检测系统、互联网接入、碰撞告警系统。

3）车队信息系统和导航

主要包括车队跟踪软件和服务、车队管理和燃油系统、运动称重设备和系统、贵重器材运输车辆跟踪系统、计算机辅助调度系统、航位推算装置、差分GPS修正、其他有关硬/软件。

发展ITS所需的主要技术有微电子技术、计算机网络及软件技术、移动通信技术、系统控制和集成技术等。具体包括互联网技术、GPS导航定位技术、GIS技术、GSM（全球移动通信系统）技术、光纤网络技术、IC卡技术、电子标签技术、信息自动采集技术、航位推算技术、大屏幕显示技术、智能信号控制技术、信息系统集成技术和网络软件技术等。

在上述种种技术中，核心部分都是GPS导航定位技术。

8.7.2 智能运输系统(ITS)的基本原理

如果将运动载体的瞬时位置及其他有关信息进一步通过无线电传输系统发送给监控与管理中心，并在以数字化地图为背景的屏幕上实时地加以显示(图8-30)，那么，便可构成一简单的基于运动目标监控与管理的ITS系统。

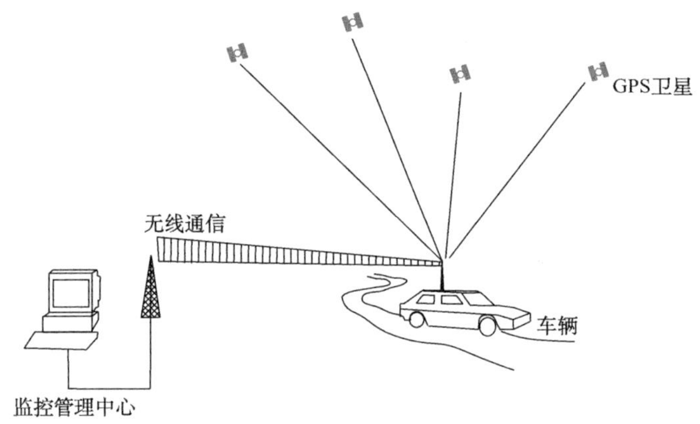

图8-30 GPS运动目标监控系统示意图

图8-30中运动目标(如车辆、船只和飞机等)除应配有GPS卫星信号接收设备外，还需数据传输与通信设备，以便将运动目标的实时位置和其他有关信息传输给管理中心并接收管理中心的指令。而监控与管理中心主要设有数据的接收与通信设备和具有地图数据库的计算机系统，以便接收运动目标的瞬时位置和其他有关信息，并实时地处理和显示以及传输管理中心的指令。

图8-31为本系统主要设备与工作原理图。

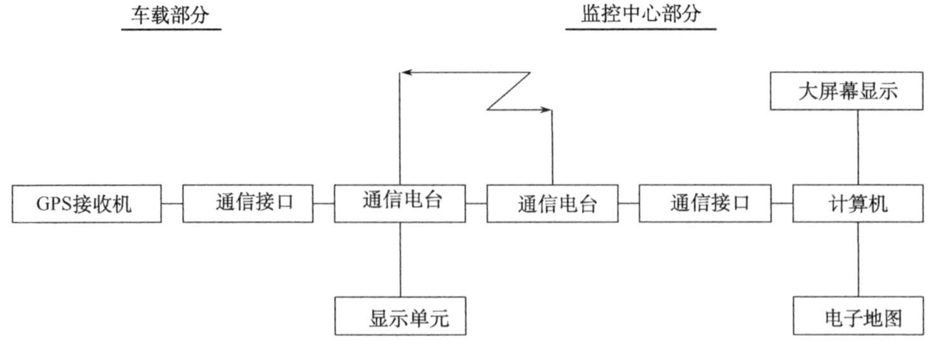

图8-31 车辆GPS定位管理系统原理图

其中，监控中心部分的主要功能有以下几个方面：

（1）数据跟踪功能。将移动车辆的实际位置以帧列表的方式显示出来，如车号、经度、纬度、速度、航向、时间、日期等。

（2）图上跟踪功能。将移动车辆的定位信息在相应的电子地（海）图背景上复合显示出来，电子地（海）图可任意放大、缩小、还原、切换。可提供是否要车辆运行轨迹的选择功能。

（3）模拟显示功能。可将已知的目标位置信息输入计算机并显示出运动轨迹。

（4）决策指挥功能。决策指挥命令以通信方式与移动车辆进行通信，实现调度指挥。通信方式有文本、代码或语音等。

车载部分的主要功能有以下几个方面：

（1）定位信息的发送功能。GPS 接收机实时定位并将定位信息通过电台发向监控中心。

（2）数据显示功能。将自身车辆的实时位置在显示单元上显示出来，如经度、纬度、速度、航向等。

（3）调度命令的接收功能。接收监控中心发来的调度指挥命令，在显示单元上显示或发出语音。

（4）报警功能。一旦出现紧急情况，司机启动报警装置，监控中心立即显示出车辆情况、出事地点、出事时间、车辆人员等信息。

8.7.3　GPS 在交通出行中的应用

GPS 的多领域应用特点正在生活中的各个领域不断得到应用，如在企事业、运输单位，如何更低成本、更低能耗地实现运输价值；在医疗、救援等及时性行业，如何提高反应速度等，GPS 都成为一个很好的帮手。

1. GPS 在长途运输车监控中的应用

GPS 在长途运输车监控中的应用体现在对车辆行驶状态的管理以及货物流动的查询。用户只需在每辆长途运输车辆上安装 GPS 接收设备，便可实现实时跟踪、管理记录功能。运输公司可以通过 GPS 监控中心或互联网了解车辆工作状态，例如，查看车辆是否按预定轨迹接送货物，中间有无停车，在哪里停的车，停了多少次等。同时，对于货物的委托用户，可以通进行网上查询，及时了解货物运转状态。此外，GPS 带来了多种增值服务功能，如天气、路况信息播报，公务信息传递等，利用 GPS 防暴反劫功能，为货主、运输公司提供了更多的安全保障。

2. GPS 在运钞车领域的应用

GPS在运钞车领域的应用更多地体现在线路控制中，与出租、运输行业不同，运钞车辆按照固定线路行使，GPS只需通过GSM短消息方式，定时将车辆行驶的位置发送给监控中心，就可以完成对车辆行驶状态进行掌握的监控工作。在这种方式下，当运钞车在路上遭遇抢劫等意外事件时，押运员触发报警装置，监控中心的电子地图上会自动显示报警车辆的位置、车速、行驶路线等信息，同时系统自动将信息传到公安局指挥中心的电子地图上，警方迅速调动警力进行围堵。从而可以在最短时间内集合各方力量，进行有效的协作，对犯罪行为进行直接打击。

3. GPS 在汽车租赁行业的应用

国内的汽车租赁业务起步较晚，骗租、骗盗、逾期不还车、租金无法收回、超出约定范围行驶等行为时有发生，成为目前制约国内租赁行业发展的主要原因。通过汽车租赁行业的GPS解决方案，可以实时记录车辆的状态信息，限定车辆的行驶范围，实现历史信息回放等功能。

4. GPS 在出租车行业的应用

GPS在出租车行业的应用主要体现在灵活的出租车调度系统中。用户只需要拨打调度中心电话，中心将自动寻找最近的空车，在电话还没挂断之前，便可以告诉乘客“车牌号为×××的车将在×分钟之内到达”。这种“叫车服务”在给乘客带来了很大便利的同时，减少了车辆的空驶率，提高了出租车运营的工作效率，并从一定程度上缓解交通拥堵，为城市交通的疏导管理起到积极作用；从环保的角度和司机个人来看，也是大有益处的。

5. GPS 在公共运输领域的应用

GPS车辆中心监控调度系统针对公交线路安排，并结合各车辆发回的信息（如交通阻塞、机车故障等），将调度命令发送给司机，及时调整车辆运行情况，具有车辆、路线、道路等有关数据的查询功能，利于实现有效管理。与其他车调系统相比，其特色是实时电子播报站名或介绍沿途景点以及电子站牌。电子站牌通过无线数据链路接收即将到站车辆发出的位置和速度信息，显示车辆运行信息，并预测到站时间，为乘客提供方便。可以预见，GPS技术在公共运输领域的应用，将为百姓出行带来更多的便捷。

习　　题

1. 简述影响高精度 GPS 板块测量的因素及补偿方法。
2. GPS 系统在交通出行中的应用主要体现在哪几个方面？
3. GPS 在工程测量中的主要应用范围包括哪些？
4. GPS 全球定位系统在平面控制测量方面的主要作用是什么？
5. 工程测量 GPS 网包括哪些？
6. RTK 技术用于普通测量体现在哪些领域？各自的优点是什么？
7. GPS 技术在林业工作中的应用主要表现在哪几个方面？.
8. GPS 技术的建筑结构健康监测的工作过程是什么？
9. 建立大桥三维动态位移 GPS 监控系统的目的有哪些？
10. GPS 运动目标监控系统的监控中心部分都有哪些功能？
11. GPS 在交通出行中的应用主要是表现在哪几个方面？

主要参考文献

边少锋，李文魁. 2005. 卫星导航系统概论. 北京：电子工业出版社.
蔡昌昕，皮亦鸣. 2006. 高灵敏度 GPS 技术的研究进展. 全球定位系统,(2):1-4.
陈俊勇. 2009. 全球导航卫星系统及其对导航空位的改善. 大地测量与地球动力学,(4):1-3.
高成发. 1999. GPS 测量. 北京：人民交通出版社.
胡明城. 2003. 现代大地测量学的理论及应用. 北京：测绘出版社.
胡伍生，高成发. 2002. GPS 测量原理及其应用. 北京：人民交通出版社.
胡友健，罗昀，曾云. 2003. 全球定位系统(GPS)原理与应用. 北京：中国地质大学出版社.
黄卫，陈里得. 1999. 智能运输系统(ITS)概论. 北京：人民交通出版社.
蒋向前. 2007. 新一代 GPS 标准理论与应用. 北京:高等教育出版社.
赖锡安，黄立人，徐菊生，等. 2004. 中国大陆现今地壳运动. 北京：地震出版社.
李德仁，郑肇葆. 1992. 解析摄影测量学. 北京：测绘出版社.
李天文. 2003. GPS 原理及应用. 北京：科学出版社.
李征航，黄劲松. 2005. GPS 测量与数据处理. 武汉：武汉大学出版社.
刘本培，蔡运龙. 2000. 地球科学导论. 北京：高等教育出版社.
刘大杰，施一民，郭静君. 1996. GPS 的原理与数据处理. 上海：同济大学出版社.
刘基余. 2003. GPS 卫星导航定位原理与方法. 北京:科学出版社.
刘林. 1992. 人造地球卫星轨道力学. 北京：高等教育出版社.
马利民. 2006. 新一代产品几何量技术规范(GPS)理论框架体系及关键技术研究. 武汉：华中科技大学博士学位论文.
宁津生，陈俊勇，李德仁，等. 2004. 测绘学概论. 武汉：武汉大学出版社.
沈镜祥，刘基余，施品浩，等. 1990. 空间大地测量. 武汉：中国地质大学出版社.
施品浩. 1994. GPS 定位技术的又一里程碑——RTK. 导航,(3):1-12.
施一民. 1996. GPS 技术用于高等级公路勘测的若干问题. 同济大学学报，24(1):105-110.
陶本藻. 1992. 测量数据统计分析. 北京：测绘出版社.
王甫红. 2006. 星载 GPS 自主定轨理论及其软件实现. 武汉:武汉大学博士学位论文.
王惠南. 2003. GPS 导航原理与应用. 北京：科学出版社.
王伟，徐定杰. 2003. 基于 FFT 的伪码快速捕获. 哈尔滨工程大学学报，(6):46-50.
魏二虎，黄劲松. 2004. GPS 测量操作与数据处理. 武汉：武汉大学出版社.
熊志昂，李红瑞，赖顺香. 2005. GPS 技术与工程应用. 北京：国防工业出版社.
徐绍铨. 1998. GPS 测量原理及应用. 武汉：武汉测绘科技大学出版社.
徐绍铨，吴祖仰. 1994. 大地测量学. 武汉：武汉测绘科技大学出版社.
徐绍铨，张华海，杨志强，等. 2002. GPS 测量原理及应用. 武汉：武汉大学出版社.
薛文芳，邵定蓉，李署坚. 2003. GPS 接收机中伪随机码快速捕获技术的研究. 北京航空航天大学学报,(6):489-492.

姚连避，朱照宏. 2000. RTK技术在道路测量中的应用的研究. 中国公路学报，13(1)：14-17.

张勤，李家权. 2001. 全球定位系统(GPS)测量原理及其数据处理基础. 西安：西安地图出版社.

张勤，李家权. 2005. GPS测量原理及应用. 北京：科学出版社.

周建郑. 2004. GPS测量定位技术. 北京：化学工业出版社.

周忠汉，易杰军，周琪. 1992. GPS卫星测量原理与应用. 北京：测绘出版社.

朱华统. 1986. 1986大地坐标系的建立. 北京：测绘出版社.

Basu S, Groves K M, Quinn J M, et al. 1999. A comparison of TEC fluctuations and scintillations at ascension island. Journal of Atmospheric and Solar-Terrestrial Physics, 61 (11) : 1219-1226.

Hargreaves J K. 1992. The Solar-Terrestrial Environment. Cambridge: Cambridge University Press.

Jakowski N, Heise S, Wehrenpfennig A, et al. 2002. GPS/GLONASS-based TEC measurements as a contributor for space weather forecast. Journal of Atmospheric and Solar-Terrestrial Physics, 64: 729-735.

Kaplan E D. 2002. GPS原理与应用. 邱致和，王万义译. 北京：电子工业出版社.

Pi X, Mannucci A J, Lindqwister U J, et al. 1997. Monitoring of global ionospheric irregularities using the worldwide GPS network. Geophys Res Lett, 24 (18):2283-2286.

Rashid Z A A, Momani M A, Sulaiman S, et al. 2006. GPS ionospheric TEC measurement during the 23rd November 2003 total solar eclipse at Scott Base Antarctica. Journal of Atmospheric and Solar-Terrestrial Physics, 68 (11):1219-1236.

Schaer S. 1999. Mapping and Predicting the Earth's Ionosphere Using the Global Positioning System. Berne: University of Berne Press.

附录　其他卫星定位系统

附录1　全球卫星导航系统介绍之一
——俄罗斯“格洛纳斯”系统(GLONASS)

1. 系统介绍

GLONASS是Global Navigation Satellite System俄罗斯“格洛纳斯”系统的字头缩写，是苏联国防部从20世纪80年代初开始建设的与美国GPS相抗衡的全球卫星导航系统，与GPS原理、功能十分类似，耗资30多亿美元，1995年投入使用，现在由俄罗斯联邦航天局管理。

GLONASS卫星的设计工作寿命只有3年，系统建成后原来在轨卫星陆续退役，系统的大部分卫星老化。俄罗斯由于财政困难，航天拨款严重不足，无法发射足够的新卫星取代已到寿命的卫星，到20世纪90年代后期工作卫星的数量减少到不足10颗，已不能独立组网，事实上陷入功能不完善的状态，只能与GPS联合使用。

GLONASS系统1995年完成24颗中高度圆轨道卫星加1颗备用卫星组网，成为世界上第二个独立的军民两用全球卫星导航系统。该系统由卫星星座、地面监测控制站和用户设备三部分组成。卫星星座由24颗工作星和3颗备份星组成，均匀地分布在三个近圆形的轨道面上，每个轨道面8颗卫星，轨道高度19 100km。18颗卫星就能保证该系统为俄罗斯境内的用户提供全部服务。地面支持系统原来由前苏联境内的许多监控站完成，随着前苏联的解体，GLONASS系统的地面支持已经减少到只有俄罗斯境内的场地了，系统控制中心和中央同步处理器位于莫斯科，遥测遥控站位于圣彼得堡、捷尔诺波尔、埃尼谢斯克和共青城。

俄罗斯对GLONASS系统采用了军民合用、不加密的开放政策。与美国的GPS相较，GLONASS导航精度相对较低(单点定位精度水平方向为16m，垂直方向为25m)，应用普及情况远不及GPS，其最大价值在于抗干扰能力强。

2003年的伊拉克战争对俄罗斯产生了相当大的震动，迫使俄罗斯领导层再次对太空的军事用途重视起来。俄总统多次强调重视发展独立的全球定位系统，表示“格洛纳斯”系统对于国防和经济发展的意义极为重大，俄罗斯绝不会放弃“格洛纳斯”；2005年指示要求2007年恢复该系统独立工作，开拓广大的民用市场，并为该系统拨款36亿卢布，将其列为俄国防部优先发展项目之一。俄政府计划用4年时间将GLONASS修复、更新为GLONASS-M系统(附图1-1)，预计到2007年使

GLONASS 系统的工作卫星数量至少达到 18 颗的最低水平，全面开始运转，为俄罗斯用户提供导航定位服务。整个系统 2009 年完成全部 24 颗卫星的部署，届时导航范围可覆盖整个地球表面和近地空间，开始为全球用户提供导航服务，定位精度可达 1m，足以与美国的 GPS 相媲美。计划包括发射新一代的“GLONASS-M”卫星(工作寿命为 7 年)和“GLONASS-K”型卫星(工作寿命为 10 年)，逐渐替代老式卫星，完成该系统卫星的新老更替和升级。截至 2005 年 12 月底，俄罗斯新发射了 9 颗“格洛纳斯”系统卫星，使该系统在轨卫星数量达到 17 颗。

附图 1-1 GLONASS 卫星

与美国的 GPS 系统不同的是，GLONASS 系统采用频分多址(FDMA)方式，根据载波频率来区分不同卫星(GPS 是码分多址(CDMA)，根据调制码来区分卫星)。每颗 GLONASS 卫星发播的两种载波的频率分别为 $L1=1602+0.5625k$(MHz)和 $L2=1246+0.4375k$(MHz)，其中 $k=1\sim24$，为每颗卫星的频率编号。所有 GPS 卫星的载波的频率是相同，均为 L1=1575.42MHz 和 L2=1227.6MHz。

GLONASS 卫星的载波上也调制了两种伪随机噪声码：S 码和 P 码。

GLONASS 卫星由质子号运载火箭一箭三星发射入轨，卫星采用三轴稳定体制，整体质量 1400kg，设计轨道寿命 5 年。所有 GLONASS 卫星均使用精密铯钟作为频率基准。第一颗 GLONASS 卫星于 1982 年 10 月 12 日发射升空。截至 2009 年 3 月 12 日，GLONASS 在轨运行的工作卫星为 20 颗。俄罗斯计划 2011 年将 GLONASS 恢复到 24 颗在轨运行的工作卫星。

GLONASS 系统的主要用途是导航定位，当然与 GPS 一样，也可以广泛应用于各种等级和种类的测量应用、GIS 应用和时频应用等，二者比较如附表 1-1 所示。

附表 1-1　GLONASS 系统和 GPS 系统的比较

项目	GPS 系统	GLONASS 系统
星座卫星数	24	24
轨道面个数	6	3
轨道高度	20 183km	19 100km
运行周期	11h58min	11h15min
轨道倾角	55°	65°
载波频率	L1:1575.42MHz	L1:1602.56～1615.50MHz
	L2:1227.60MHz	L2:1246.44～1256.50MHz
传输方式	码分多址	频分多址
调制码	C/A-码和 P-码	S 码和 P 码
时间系统	UTC	UTC
坐标系统	WGS-84	SGS-E90
SA	有(2000 年 5 月 1 日取消)	无
AS	有	无

2. GPS+GLONASS 系统对纯 GPS 的改进

1）可见卫星数增加一倍

GLONASS 卫星星座组网完成后，可用于导航定位的卫星总数将增加一倍。在地平线以上的可见卫星数，纯 GPS 一般为 7～11 颗；GPS+GLONASS 系统则可达到 14～20 颗。在山区或城市中，有时因障碍物遮挡，纯 GPS 可能无法工作，GPS+GLONASS 则可以工作。

2）提高生产效率

在测量应用中，GPS 测量所需要的观测时间取决于求解载波相位整周模糊度所需要的时间。观测时间越长或可观测到的卫星数越多，则用于求解载波相位整周模糊度的数据也就越多，求解结果的可靠性越高。为了提高生产效率，常使用快速定位、实时动态测量或后处理动态测量。可观测到的卫星数增加得越多，则求解载波相位整周模糊度所需要的观测时间就可缩短得越多，因此 GPS+GLONASS 可以提高生产效率。

3）提高观测结果的可靠性

用卫星系统进行测量定位的观测结果的可靠性主要取决于用于定位计算的卫星颗数，因此 GPS+GLONASS 将大大提高观测结果的可靠性。

4）提高观测结果的精度

观测卫星相对于测站的几何分布（DOP 值）直接影响观测结果的精度。可观测到的卫星多，则可以大大改善观测卫星相对于测站的几何分布，从而提高观测结果的精度。

附录 2 全球卫星导航系统介绍之二——中国的北斗卫星导航系统

1. 系统简介

卫星导航系统是重要的空间基础设施，为人类带来了巨大的经济效益和社会效益，涉及政治、经济、军事等领域，对维护国家利益具有重大意义。中国作为发展中国家，拥有广阔的领土和海域，有必要也有能力拥有自己的全球卫星定位系统。我国政府高度重视卫星导航系统的建设，努力探索和发展拥有自主知识产权的全球卫星导航定位系统。目前，世界上只有少数国家具备自主建设卫星导航系统的能力，正在运行的卫星导航系统有美国的 GPS 和俄罗斯的 GLONASS，中国参与的欧洲伽利略全球卫星定位计划也正在紧锣密鼓地进行。

我国从 1994 年开始自行研制建设具有自主知识产权的中国第一代卫星导航定位系统“北斗卫星导航系统”（Compass Navigation Satellite System，CNSS，为英文名称；Beidou 为中文音译名称）。先后于 2000 年 10 月 31 日、12 月 21 日和 2003 年 5 月 25 日成功发射了 3 颗“北斗一号”导航试验卫星，在此基础上建成了中国“北斗一号”导航试验系统（附图 2-1），使我国成为世界上继美国、俄罗斯之后第三个拥有卫星导航系统的国家，同时 CNSS 是继美国的 GPS、俄罗斯的 GLONASS 之后世界上第三个成熟的卫星导航系统。这个系统是一种全天候、全天时提供卫星导航信息的区域性导航系统，通过双星（另有一颗在轨备份卫星）定位方式来工作，具备在中国及其周边地区范围内定位、授时、报文和 GPS 广域差分功能，运行至今工作稳定、状态良好，并已在测绘、电信、水利、交通运输、渔业、勘探、森林防火和国家安全等诸多领域发挥重要作用。

2007 年 2 月 3 日，我国在西昌卫星发射中心用“长征三号甲”运载火箭，成功将第四颗北斗导航试验卫星送入太空。这次发射的卫星将进一步提高我国北斗导航试验系统的性能和可靠性，此外，我国还将进行北斗卫星导航系统的有关试验。目前我国的卫星导航定位系统只是区域性有源三维卫星定位与通信系统，在“北斗一号”导航试验系统的基础上。

目前，中国已成功发射了 5 颗“北斗导航试验卫星”，建成“北斗导航试验系统”（第一代系统）。这个系统具备在中国及其周边地区范围内的定位、授时、报文和

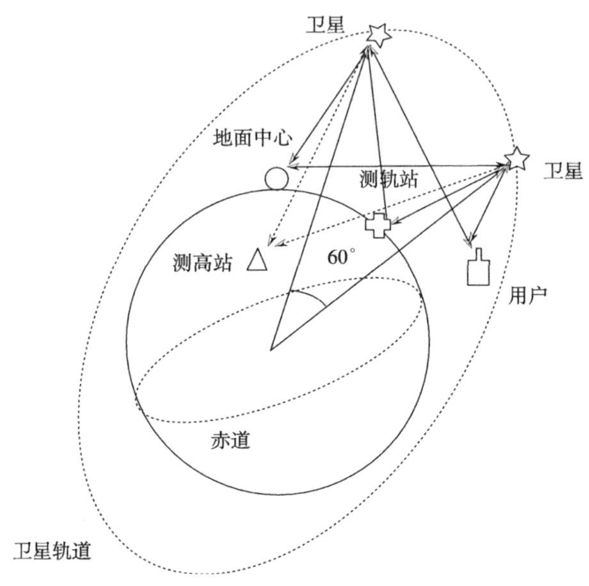

附图 2-1 北斗卫星导航定位系统

GPS广域差分功能，并已在测绘、电信、水利、交通运输、渔业、勘探、森林防火和国家安全等诸多领域逐步发挥重要作用。

中国正在建设的北斗卫星导航系统空间段由5颗静止轨道卫星和30颗非静止轨道卫星组成，提供两种服务方式，即开放服务和授权服务（属于第二代系统）。开放服务是在服务区免费提供定位、测速和授时服务，定位精度为10m，授时精度为50ns，测速精度0.2m/s。授权服务是向授权用户提供更安全的定位、测速、授时和通信服务以及系统完好性信息。

根据系统建设总体规划，2012年左右"北斗"系统将首先具备覆盖亚太地区的定位、导航和授时以及短报文通信服务能力；2020年左右，建成覆盖全球的"北斗卫星导航系统"。

2. 系统构成与工作原理

北斗卫星定位系统由2颗地球静止卫星（800E和1400E）、1颗在轨备份卫星（110.50E）、中心控制系统、标校系统和各类用户机等部分组成。如附图2-2所示，系统的工作过程是：首先由中心控制系统向卫星Ⅰ和卫星 Ⅱ同时发送询问信号，经卫星转发器向服务区内的用户广播。用户响应其中一颗卫星的询问信号，并同时向2颗卫星发送响应信号，经卫星转发回中心控制系统。中心控制系统接收并解调用户发来的信号，然后根据用户申请的服务内容进行相应的数据处理。对定位申请，中心控制系统测出两个时间延迟，即从中心控制系统发出询问信号，经某一颗卫星转发到达用户，用户发出定位响应信号，经同一颗卫星转发回中心控制系统的延迟；以及从中心控制发出询问信号，经上述同一卫星到达用户，用户发出响应信号，经另一颗卫星转发回中心控制系统的延迟。由于中心控制系统和两颗卫星的位置均是已知的，因此由上述两个延迟量可以算出用户到第一颗卫星的距离以及用户到两颗卫星距离之和，从而知道用户处于以第一颗卫星为球心的一个球面和以两颗卫星为焦点的椭球面之间的交线上。另外，中心控制系统从存储在计算机内的数字化地形图上查寻到用户高程值，又可知道用户处于某一与地球基准椭球面平行的椭球面上，从而中心控制系统可最终计算出用户所在点的三维坐标，这个坐标经加密由出站信号发送给用户。

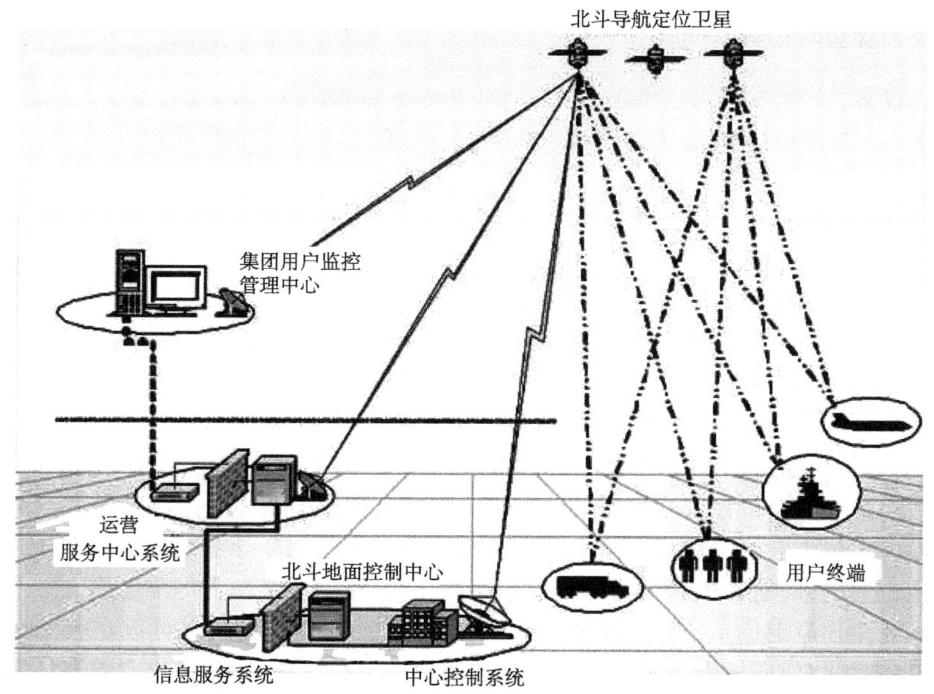

附图 2-2　北斗导航系统工作原理

北斗卫星定位系统覆盖范围是北纬 5°～55°N，东经 70°～140°E 的心脏地区，上大下小，最宽处在北纬 35°左右。其定位精度为水平精度 100m(1σ)，设立标校站之后为 20 m(类似差分状态)，工作频率为 2491.75MHz。系统能容纳的用户数为每小时 540 000 户。

由于在定位时需要用户终端向定位卫星发送定位信号，由信号到达定位卫星的时间的差值计算用户位置，所以被称为“有源定位”。

3. 系统的功能与特点

北斗系统三大功能

快速定位：北斗系统可为服务区域内的用户提供全天候、高精度、快速实时的定位服务，定位精度为20～100m；

短报文通信：北斗系统用户终端具有双向报文通信功能，用户可以一次传送40～60个汉字的短报文信息；

精密授时：北斗系统具有精密授时功能，可向用户提供20～100ns时间同步精度。

系统的优势与劣势

优势：

(1) 与美国的GPS、俄罗斯的GLONASS相比，增加了通信功能；

(2) 全天候快速定位，与GPS精度相当；

(3) 安全可靠，保密性强。

劣势：

北斗系统属于有源定位系统，系统容量有限，定位终端比较复杂。

北斗系统属于区域定位系统，目前只能为中国以及周边地区提供定位服务。

北斗系统的应用

2000年，北斗导航定位系统2颗卫星成功发射，标志着我国拥有了自己的第一代卫星导航定位系统，这对于满足我国国民经济、国防建设的需要，促进我国卫星导航定位事业的发展具有重大的经济和社会意义。北斗导航定位系统由北斗导航定位卫星、以地面控制中心为主的地面部分、北斗用户终端三部分组成。

北斗导航定位系统服务区域为中国及其周边国家和地区，它可以在服务区域内任何时间、任何地点为用户提供其所在的地理经纬度信息，并提供双向短报文通信和精密授时服务。北斗系统可广泛应用于船舶运输、公路交通、铁路运输、海上作业、渔业生产、水文测报、森林防火、环境监测等众多行业以及军队、公安、海关等其他有特殊指挥调度要求的单位。

附录3　全球卫星导航系统介绍之三——欧洲“伽利略”卫星导航系统

为了打破美国全球卫星定位系统的垄断地位，帮助欧洲摆脱对GPS的依赖，欧盟于1999年提出了建立欧洲自主、独立的民用全球卫星定位导航系统的“伽利略”(Galileo)计划。“伽利略”计划是全球多模式卫星定位导航系统，原理和GPS相似，将实现完全非军方控制、管理，可以进行覆盖全球的导航和定位功能，为用户提供误差不超过1m的高精度、高可靠性的定位服务。“伽利略”计划的投资总额估计高达38亿欧元，预计将在2010年投入使用。

“伽利略”计划是一种中高度圆轨道卫星定位方案，系统的基本构成包括导航卫星星座与地面设施、服务中心、用户接收机等。“伽利略”卫星导航系统将总共发射30颗卫星，其中27颗运行卫星，3颗为预备卫星(附图3-1)。卫星高度为24 126km，位于3个倾角为56°的轨道平面内。该系统除了30颗中高度圆轨道卫星外，还有两个地面控制中心。2003年3月，“伽利略”卫星导航系统计划正式启动，首颗实验卫星“GIOVE-A”于2005年12月28日由俄罗斯“联盟-FG”火箭从哈萨克斯坦的拜科努尔航天中心发射升空，第二颗卫星已在2007年初发射，到2010年“伽利略”卫星导航系统将包含30颗卫星，并在当年年底正式启用。

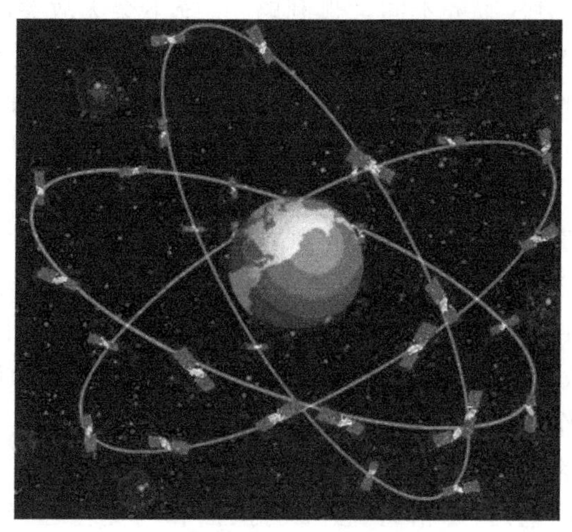

附图3-1　伽利略星座

欧洲航天业过去一直专注于卫星制造和火箭发射，避免参与美俄卫星导航领域的竞争。“伽利略”计划的实施引人注目，其中有着深刻的经济和政治考虑。伴随着欧洲一体化的进程，巨大的经济利益成了欧洲希望发展卫星定位系统的首要动机。发展“伽利略”卫星定位技术每年将带来90亿欧元的效益，这还不算各种太空探索、科学试验间接带来的效益以及可观的卫星研制和发射市场，预计到2020年，“伽利略”计划的经济收益将达740亿欧元。“伽利略”计划还将为欧洲带来巨大的社会效益。“伽利略”卫星定位系统作为未来交通管理和测量系统的核心部分，将是降低有关成本、产生宏观经济效益的关键。在公路导航系统应用方面，旅行时间、交通堵塞、大气污染和交通事故每减少1%，就会节约2000亿欧元；在民用航空方面，相应的数字约为5亿欧元。

此外，随着欧洲经济实力的壮大，欧盟的独立意识大大增强，安全上也力图减少对美国的依赖，保持战略上的独立性。目前世界上正在运行的全球定位系统由美国军方研发并控制，美国GPS长期垄断全球的格局是欧洲不能接受的，欧盟发展"伽利略"卫星定位系统可以减少欧洲对美国军事和技术上的依赖，提升欧盟在这一领域的实力。法国前总统希拉克曾表示，没有"伽利略"计划，欧洲"将不可避免地成为附庸，首先是科学和技术，其次是工业和经济"。

与美国的GPS相比，"伽利略"系统在许多方面都具有优势。首先定位精度更高、也更可靠。美国GPS向别国提供的卫星信号只能发现地面大约10m的物体，而"伽利略"的卫星则能发现1m的目标。有关专家形象地比喻说，如今的GPS只能找到街道，而"伽利略"系统却能找到车库的门。"伽利略"系统是世界上第一个基于民用用途的全球卫星导航定位系统，将实现非军方控制、管理。与美国在战争或危机时可以关闭GPS服务不同，"伽利略"系统不会无故关闭服务，保证了用户在任何时候都能不受限制地使用卫星信号，可靠性和稳定性更高。

"伽利略"系统的另一个优势在于它能够和美国的GPS、俄罗斯的GLONASS系统实现多系统间的相互兼容。任何用户将来都可以用"伽利略"系统的接收机采集各个系统的数据，或者通过各系统数据的组合来满足定位导航的要求。此外，同GPS相比，"伽利略"系统的防干扰性更强，技术更先进。

与GPS由政府全额投资、军方严格控制的军民两用系统不同的是，"伽利略"系统的投资、运作和管理模式均采取开放的方式，允许非欧洲国家参与，它由欧盟和欧空局(ESA)策划和组织实施，欧洲各国政府和企业分摊建设费用，是采用公私伙伴关系的商业运作模式共同运营和管理的民用卫星系统；但该系统所发送的公共特许服务(PRS)信号也可用于军事目的。除欧盟国家外，还有6个非欧盟国家——中国、印度、以色列、摩洛哥、沙特阿拉伯和乌克兰已经加入该计划。参与"伽利略"计划是迄今为止我国与欧洲最大的合作计划，2003年10月，中国与欧盟正式签署双边合作协议，成为参加"伽利略"计划的第一个非欧盟成员国，并成为伽利略联合执行体中与欧盟成员国享有同等权利和义务的一员。协议规定中欧双方将在卫星导航技术、工业制造、服务和市场开发、产品标准化和频率等方面进行合作，中国将投入约2亿欧元。

由于欧盟各国政府之间利益冲突、政府与开发商之间矛盾重重、研发成本激增等原因，"伽利略"计划目前进展缓慢，面临暂时搁浅的危险。原定的计划时间表不断推后，预计系统要在2011年后才开始运行。